從執行到升級

從偶然
到必然

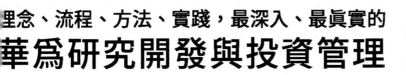

理念、流程、方法、實踐，最深入、最眞實的
華爲研究開發與投資管理

FROM **FROM**
IMPLEMENTATION **COINCIDENCE**
TO UPGRADE **TO CERTAINTY**

夏忠毅——編著

華爲官方權威認證

— 作序推薦 —
徐直軍
華爲副董事長

★ **非單一視角！非道聽塗說！華爲內部編寫！**

歷經20多年，從變革想法產生到執行和升級，
華爲不斷在進行探索、實踐、歸納、總結。

★ **本書帶你一窺華爲如何變革，並一步步成爲全球領先企業**

目錄

3

目錄

第 7 章　品質管理

第 8 章　成本管理

第 9 章　變革管理和持續改進

縮略語表

後記

目錄

序言

我經常在機場書店裡看到各式各樣介紹華為研究開發的書，有些是在華為工作過的工程師從自己的角度看華為研究開發 —— 他們多是從其視角和其所在華為期間看華為研究開發；有些完全是道聽塗說或基於華為一些刊物的文章來看華為研究開發 —— 這僅僅是編輯而已。

隨著社會上越來越注意華為的研究開發投資與研究開發管理實踐，隨著華為員工越來越多，而沒有一個有效途徑去了解華為研究開發投資與管理實踐，我們決定編寫一本介紹華為研究開發投資與管理實踐的書，一來可以讓社會上關心華為的人了解真實的華為研究開發，二來可以讓華為員工以及未來進入華為的員工清晰理解真實的華為研究開發投資與管理。於是就有了此書。

「從偶然到必然」這六個字是對華為研究開發變革成果的總結。華為歷經二十多年，從變革想法產生、到變革、到執行和升級，圍繞研究開發投資與研究開發管理一直在探索、實踐、歸納、總結。與時俱進，支持了華為成為全球領先的公司。

成功並不是未來的嚮導，華為的研究開發變革從開始到現在二十多年，IPD（整合產品開發）流程與管理體系越來越完善。隨著華為進入「無人區」，創新和技術驅動將發揮越來越重要的作用，曾經完善的以客戶需求為導向的流程與管理體系也會面臨諸多挑戰。我們將進一步變革自己，實現從不可能到可能。

徐直軍

華為投資控股有限公司副董事長、輪值董事長

序言

第 1 章　IPD 的價值

引進 IPD 是華為從本土走向國際化，從偶然成功走向必然之路的開始。隨著華為業務的發展，華為客觀、主觀上都必須努力改進管理。為了實現華為成為世界領先企業的追求，學習和引進業界最佳的管理體系是華為一直堅持的變革方針。實施 IPD 變革並持續不斷實踐、升級使華為建立了一套適合華為的，能制度化、持續穩定提供高品質產品的研究開發管理體系。這不僅獲得了國際市場的認證基準，更重要的是在產品領域不再依賴於「英雄」而是基於流程，可以開發出滿足客戶要求，有品質保障的產品。這套體系強調產品規劃和開發基於客戶需求導向，保證了投資和研究開發始終做正確的事、正確的做事及持續做正確的事。開發從僅僅是研究開發部門的事，轉變為全公司跨部門團隊的模式，使得華為能快速有序的提供品質好、成本低、滿足客戶需求且有市場競爭力的產品。經過二十年的發展證明，華為的成功不是偶然的。

1.1 引入 IPD 的背景

1.1.1 華為的追求是成為世界級領先企業

華為 1987 年創立，剛開始代理銷售用戶專用交換機（PBX），然後開始研究開發模擬到數位程控交換機。1995 年，華為自主研究開發萬門 C&C08 數位程控交換機並成功商用後，營收及規模呈現快速成長態勢。這一年銷售額為 70 億元，到 1998 年，年銷售額達到 445 億元，較 1995 年成長了 6 倍多。1995 年，公司員工為 1,200 人，1998 年公司員工大約為 9,000 人。

公司快速的發展，使華為總裁任正非早在 1994 年就喊出了大家不相信的預言：「十年以後，世界通訊行業將三分天下，華為占一分。」

1996 年年初，任正非將華為組織建設、管理制度建設以及文化建設安排進了議事日程。他在市場部整訓工作會議上提出起草《華為公司基本法》，透過兩年多的討論和制訂過程，八易其稿，《華為公司基本法》於 1998 年 3 月 23 日獲得通過。

《華為公司基本法》闡明了華為公司的追求和願景：「華為的追求是在電子資訊領域實現顧客的夢想，並依靠點點滴滴、鍥而不捨的艱苦追求，使我們成為世界級領先企業。」早日成為世界級領先企業，成為華為「第二次創業」的內在動力。

1.1.2
主觀、客觀上都逼著華為必須努力改進管理

從萬門 C&C08 數位交換機投入商用後，華為業務也不斷向相關領域擴展：1998 年，華為在中國傳統交換機市場的市場占比達到 22%，接入網市場占比超過 50%，智慧型網路、接入伺服器等產品市場占比超過 30%，光纖網路產品市場占比為 10%。業務開始向行動通訊領域擴展。

但是，管理上存在的弱點日益制約華為業務發展：收入快速成長的同時，毛利率卻在逐年下降；客戶需求與華為解決方案的差距在擴大，且在產品開發過程中一變再變；產品開發週期是業界最佳的兩倍以上；有相當一部分研究開發資金所支持的產品在上市之前就被取消；新產品收入占銷售收入的比率也一直徘徊不前，類似的問題還有很多⋯⋯從中可以清楚的看出，儘管華為當時已經成為中國電信設備製造商的領先者，但把華為放在世界的天平上，與國際間的大型跨國公司相比，華為與世界級企業之間仍存在很大的差距。

華為的當務之急是需要一場變革，改進華為的開發模式和開發方法。通訊領域產品，是營運商長線投資營運的複雜產品，需要很多人同時作業，合作開發。華為行動產品就曾經有超過 3,000 人同時開發。所以，華為需要先進的管理方法來加強資源配置的密度，縮短開發週期，提高產品的先進水準和品質水準，避免效率低下造成的資源浪費。當然華為也沒有多少資源可以浪費和允許多次失敗。

隨著中國加入世界貿易組織（WTO）腳步的臨近，WTO 已經為中國電信設備製造商未來的生存與發展帶來了嚴峻的挑戰。中國是世界上最大的新興市場，中國要參加 WTO，美國對中國什麼都不要求，只要求中國開放農業和通訊產品市場，這樣，海外電信設備製造廠家可以更直接的進入中國市場，以更優惠的條件參與競爭。1998 年，隨著中國加入 WTO 日益逼近，通訊、資訊技術市場即將全面開放，資訊技術產品零關稅即將到來。中國國內市場將面臨白熱化的國際龍頭強大競爭，這場競爭對包括華為在內的中國電信設

備製造商無疑是一場生死攸關的激戰，而華為由於當時在中國國內的地位，無疑更是這場激戰的先鋒。華為沒有背景，也不擁有任何稀缺的資源，更沒有什麼可依賴的，也沒有任何經驗可以借鑑。還很弱小的華為能否打贏活下去？已經沒有更多的時間讓華為自己去摸著石頭過河、試錯了。華為必須在不斷發展的過程中理順內部的管理，為即將到來的更加白熱化的市場競爭做好各方面的準備。

任正非在 1999 年 IPD 大會上指出：「從客觀和主觀上，公司都需要一場變革。各級部門要緊密配合起來，努力改進我們的方法。」

「企業縮小規模，就會失去競爭力；擴大規模，不能有效管理，就會面臨死亡。管理是內部因素，是可以努力的。規模小，面對的都是外部因素，是客觀規律，是難以以人的意志為轉移的，它必然抗不住風暴。因此，我們只有加強管理與服務，在這條『不歸路』上，才有生存的基礎。」任正非 1998 年年初在〈我們向美國人民學習什麼〉一文中強調說：「這就是華為要走規模化、活化內部動力機制、加強管理與服務的策略出發點。」

1.1.3
全力以赴學習 IBM，保證研究開發變革的成功

任正非多次去美國，看到了美國的先進和強大，美國人的創新機制、創新精神和文化讓他留下了深刻印象。

1997 年年末，任正非及一行人訪問了美國休斯公司、IBM 公司、貝爾實驗室與惠普公司，了解了這些公司的管理。IBM 副總裁送了任正非一本哈佛大學出版的《The Power of Product and Cycle-time Excellence》，書中主要介紹了大型專案的管理方法。在 IBM 整整聽了一天管理後，對專案從研究到生命週期終結的投資評估、綜合管理、結構化專案開發、決策模型、通路管理、非同步開發、跨功能部門團隊、評分模型等有了深刻的理解。任正非對 IBM 的管理模式十分欣賞，後來發現朗訊也是這麼管理研究開發的，這都源自美

國哈佛大學等著名大學的一些管理著述。

「華為沒有一個人曾經經營過大型的高科技公司，從開發到市場，從生產到財務……全都是外行，是未涉世事的學生一邊摸索一邊前進，跌跌撞撞走過來的。」1998 年年初，任正非在〈我們向美國人民學習什麼〉一文中寫道，「我們只有認真向這些大公司學習，才會使自己少走彎路，少交學費。IBM 是付出數十億美元直接代價總結出來的，他們經歷的痛苦是人類的寶貴財富。」

1980 年代初期，IBM 處在盈利的顛峰，也成為世界上有史以來盈利最大的公司。進入 1990 年代初期，面對激烈的市場競爭，IBM 遇到了嚴重的財政危機，1993 年虧損 80 億美元，管理的混亂，幾乎令其解體。為了扭轉這種局面，IBM 聘請外行郭士納（Louis Gerstner）出任 IBM 總裁，花了 5 年左右的時間，採用 IPD[01]，從流程重整和產品重整兩個方面對其產品開發模式進行了變革，獲得了極大的成功，顯著縮短了產品上市時間，減低了開發成本，開發效率穩步提高。歷時 5 年銷售額成長了 100 億美元，達 750 億美元，IBM 減少了 15 萬名員工，2000 年盈利 80 億美元。IBM 成功的實踐是華為選擇引進 IPD 原因之一。

「有許許多多優秀的管理顧問公司也深深的吸引著華為，但 IBM Global Business Services 不僅有管理理論和資料庫，更重要的是 IBM 還是一個成功營運的公司，所以我們期望 IBM 能像其他管理顧問一樣提供詳實周到的設計，還能夠有很多經驗豐富的專家顧問幫助華為實現落地。」華為副董事長、輪值董事長郭平在 IPD 顧問答謝晚宴上次憶說。

「IBM 是世界上很優秀的公司。華為和 IBM 公司之間的競爭性不是很強，但互補性很強，我們的合作對於兩家公司都有意義。在利益驅動和各種方面的驅動下，我們逐漸走得更加緊密一點，也使我們有條件、有可能向 IBM 學習好的方法。」任正非在 IPD 大會上強調，「我們唯有全力以赴去努力學習 IBM，才能保證 IPD 業務變革的成功。」

01　IPD，Integrated Product Development，整合產品開發，是一套產品開發的模式、理念與方法。

1.1.4　IPD是業界最佳產品開發管理方法

　　IPD 是透過對產品開發中各種最佳實踐進行整合，實現對產品開發工作有效管理的理念和方法。它的思想來源於美國 PRTM 公司最先於 1986 年提出的基於產品及生命週期最佳化法（Product And Cycle-time Excellence，簡稱 PACE），PACE 現已成為業界產品開發管理的通用參考模型。同年，加拿大羅伯特 ·G· 庫伯（Robert G. Cooper）博士在其著作《*Winning at New Products：Accelerating the Process from Idea to Launch*》中，總結了新產品成功的關鍵要素，第一次提出了系統化的新產品開發流程，對很多公司產生了重大影響，寶鹼、杜邦、惠普、北電（Nortel）等公司都採用了他的階段 —— 門徑系統的理念。IBM 吸收了 PACE 的很多理論精華，更強調跨部門合作的重要性，特別強調市場的驅動作用；也把階段 —— 門徑的理念整合到了自己的 IPD 流程中，最終形成了一套 IBM 關於產品開發的方法論體系，就是著名的 IPD。華為從 1999 年引進 IPD 後，根據自己的實踐，不斷最佳化和發展，最終形成了華為特色的 IPD 整套方法論和可操作體系。華為二十年的實踐走到今天進入世界 100 強，證明這套產品開發管理方法論體系是有效的。

　　IPD 變革是從流程重整和產品重整兩個方面來變革整個產品開發業務和開發模式，主要包括 7 個關鍵要素：結構化流程，跨部門團隊，專案及通路管理，業務分層、非同步開發與共用基礎模組 CBB[02]，需求管理，投資組合管理，衡量指標。流程重整聚焦在產品開發流程，產品重整聚焦在非同步開發與共用基礎模組的重用。IPD 透過分析客戶需求，最佳化投資組合，保證產品投資的有效性；透過運用結構化流程，採用專案管理與通路管理方法，保證產品開發過程的規範進行；透過業務分層打造並重用共用基礎模組，採用非同步開發模式縮短開發週期，降低綜合成本；透過建立重量級的跨部門

02　CBB，Common Building Block，共用基礎模組。指那些可以在不同產品、系統之間共用的單元。

管理團隊和開發團隊，建立配套的管理體系來保證整個產品管理和開發的有效進行。IPD管理體系是用來保障IPD有效運作的管理支援系統，包括組織、角色與職責，考核與激勵，決策與評審機制等。IPD把上面的所有各項業界最佳要素緊密結合起來，一體化運作，保證了產品開發的高效。

1.2　IPD 變革替華為帶來的價值

總結二十年華為的 IPD 變革，我們認為 IPD 替華為帶來的價值主要是實現了以下三個轉變。

1.2.1
從偶然成功轉變為建構可複製、持續穩定高品質的管理體系

一個企業如果成功不能複製，不能持續推出高品質的產品，是很容易經不起風浪而自己倒下的，更何況面對資金雄厚，技術先進的國際龍頭的競爭。建構一套世界先進管理制度在 WTO 緊鑼密鼓逼近之際，對華為極其重要。產品是公司的引擎和發展的泉源和原動力，華為首先向 IBM 學習 IPD 及其管理方法，其目的是希望將過去 10 年的偶然成功變成必然，並且能持續成功。

2014 年，郭平在「藍血十傑」頒獎大會上說：「記得我剛進公司做研究開發的時候，華為既沒有嚴格的產品工程概念，也沒有科學的流程和制度，一個專案能否獲得成功，主要靠專案經理和運氣。我負責的第一個專案是 HJD 48，運氣不錯，為公司賺了些錢。但隨後的局用交換機就沒那麼幸運了，虧損了。再後來的 C&C08 交換機和 EAST 8000，又重複了和前兩個專案同樣的故事。這就是 1999 年之前華為產品研究開發的真實狀況，產品獲得成功具有一定的偶然性。可以說，那個時代華為研究開發依靠的是『個人英

雄 』。正是看到了這種偶然的成功和個人英雄主義有可能對公司帶來的不確定性，華為在 1999 年引入 IPD，開始了管理體系的變革和建立。我們經歷了削足適履、『 穿美國鞋 』的痛苦，實現了從依賴個人的、偶然的推出成功產品，到可以制度化可持續的推出滿足客戶需求的、有市場競爭力的成功產品的轉變。」

　　華為副董事長、輪值董事長徐直軍在 2006 年一次表彰大會上指出：「IPD 本身不僅僅是流程，更是流程＋管理體系。也就是說華為公司推 IPD，不僅僅是推流程，而是包含了從行銷到產品開發的整個管理體系。只要我們不斷的按照 IPD 管理體系和流程來要求，我們的能力是能不斷提升的，我們開發出來的產品是能有保證的，我們是能擺脫英雄式的產品成功模式，轉變成有組織保證的產品成功模式的。任何合格的 PDT[03] 經理們透過發揮自己的能力，按照 IPD 管理體系和流程的要求就能開發出成功的產品。而不是像當時我們做 08 機那樣，恰好是人選對了，08 機就出來了。」

　　「IPD 流程解決的一個核心問題，就是在產品領域不再依賴『 英雄 』，而是基於流程就可以做出一個基本上能滿足客戶要求、品質有保障的產品。」徐直軍在 2014 年市場大會變革與管理改進專題演講上如是說。

　　建立 IPD 流程及管理體系除了擺脫對人的依賴外，還使華為學到了業界最佳的研究開發管理方法，擁有了國際交流的共同語言，減少了開拓國際市場的障礙。

　　「如果我們不走向國際市場，如果我們僅僅為中國，或為低開發國家開發產品，IPD 的價值是顯現不出來的。當我們為已開發國家的營運商開發產品，在 BT、O2、Vodafone、Orange 來認證，高度認可華為整個產品開發流程、文件體系、品質控制體系的時候，我們才深刻感受到，如果當時不推行 IPD，沒有一個很好的流程體系、管理體系支持，我們就無法與營運商進

03　PDT，Product Development Team，產品開發團隊，詳見 2.6.3。

行對話和交流，就無法通過認證，甚至連對話和交流的基礎都沒有。」徐直軍在 2006 年優秀 PDT ／ TDT[04] 經理高階研討會上說，「我們推行 IPD 至今，不管是與競爭對手進行合作，還是與客戶進行交流，彼此的語言是一致的。這個語言並不是指英語，而是指我們融入了整個國際大環境，按國際標準、規範、流程來發展工作。」

在推行 IPD 之前，華為的程控交換機的大量用戶板，生產直通率非常低，為此公司還組織攻關。公司支付高昂成本，大家很疲憊，效率很低。2000 年，公司研究開發體系特地召開了「研究開發體系發放呆死料、機票」活動暨反思交流大會，希望建立一支專業化的研究開發團隊，按流程做事規範和高效。IPD 提供了一套一致的方法，產品開發的每個階段都要有清晰的目標和要求，有規範的做事流程和步驟。在開發早期就考慮可製造性、可靠性、可服務性等需求的實現，縮短了產品開發週期，保證了產品高品質大規模交貨。

原華為產品與解決方案體系總裁費敏在談到 IPD 為公司帶來的好處時說：「IPD 的流程體系和管理體系，使公司在產品開發週期、產品品質、成本、回應客戶需求、產品綜合競爭力上都獲得了根本性的改善，從依賴個人英雄轉變為依靠管理制度來推出有競爭力的高品質產品，有力的支持了華為快速發展和規模的國際化擴張。」

從圖 1-1 可以看出，華為 2003 年正式推行 IPD 後，經過 5 年的實踐，研究開發專案平均週期持續縮短 50%，產品故障率減少 95%，客戶滿意度持續上升。

04　TDT，Technology Development Team，技術開發團隊，詳見 5.3.2。

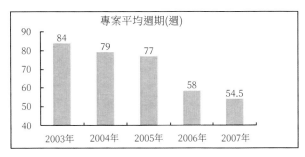

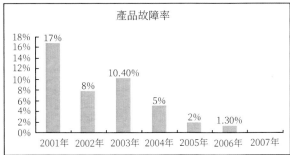

圖 1-1　IPD 推行 5 年的效果

　　徐直軍在 2005 年優秀 PDT ／ TDT 團隊表彰大會上總結道：「IPD 推行最大的感受，就在於產品品質的提升。現在推出的產品，不管程式碼量多大，開發難度多大，只要嚴格按照流程走，達到了可以投向市場的點，品質基本上還是不錯的，很少看到正式版本上網以後會當機。這也是我們按 IPD流程執行的結果。記得 1997 年我負責銷售，每天都接到很多電話，到處是當機，而現在我們有這麼多的產品，而且複雜程度、程式碼數量遠遠超過當

時，但是當機的情況基本上沒有了。我們現在能感受到 IPD 流程為產品開發帶來越來越多的好處。」

徐直軍在 2012 年接受《財富》（*Fortune*）專訪時談道：「7 萬多人的研究開發團隊，還能有序的展開工作，這是我們 1999 年與 IBM 合作開始進行產品開發變革獲得的成果，我們稱之為 IPD。從 1999 年開始到現在，廣大研究開發人員不斷最佳化研究開發流程，不斷最佳化組織結構，不斷提升研究開發能力，從來沒有停過。現在別說 7 萬人的研究開發團隊，即使再加 7 萬人，也能夠有序的運作，確保把產品做出來，並且做出來的產品是穩定的、能達到品質要求的，這是我們多年來管理體系和研究開發流程最佳化的結果。」

華為 IPD 變革成功帶來的好處還在於能夠快速複製一套流程及管理體系，用於新產品開發或新的行業。例如，華為做消費者業務，做雲端業務，可以快速組建團隊，對公司 IPD 流程及管理體系適當適配最佳化後，用於該業務的研究開發管理。

1.2.2　技術導向轉變為客戶需求導向的投資行為

與研究機構不同，企業是一個商業組織，透過為客戶提供產品和服務獲得持續活下去、擴大再生產的資金。因此企業的一切經營活動都是圍繞商業利益的，最終目標只有一個：商業成功。

華為前董事長孫亞芳 1999 年在 IPD 培訓會議上指出：「做事情一定要以商業的眼光，要從公司的角度來看問題，不要只是從部門的角度看問題。在美國，我也曾經問他們『IPD 領導方式的背景和品質要求』這個問題，他們說『不要把 IPD 看成是研究開發部門的事，一定要從商業的角度看問題』。這一點讓我留下了很深的印象。」

華為公司是由大量高學歷人才組成的技術公司，研究開發體系中的大多數人都是工程師，產品開發有非常嚴重的技術情結，認為把技術做好才能展現自己的價值。為了改變這種思維，任正非多次強調產品研究開發反對技術

導向，要以客戶需求為導向，並號召大家做工程商人。

2002 年，任正非在與光纖網路部門員工交流會上說：「華為公司不是為了追求名譽，而要的是實在，希望大家不要老想著做最先進的設備，做最新的技術。我們不是做院士，而是工程商人。工程商人就是做的東西有人買，有錢賺。」

回顧華為開發 NGN[05]、軟交換、核心網路等很多產品過程，都是走過錯路的，過分依賴技術導向。因為走錯了路，營運商開始不准華為入網。後來雖然經過努力，勉強獲得了一些機會，但浪費了大量的資金。

人類的需求是隨生理和心理進步而進步的，但人的生理和心理進步過程是緩慢的，跟不上日新月異的技術發展。一味崇拜技術，可能帶來的是「洗了煤炭，花了鋪路的錢」，沒有帶來收益，最終導致公司破產。

「只有在客戶需求真實產生的機會窗口出現時，科學家的發明轉換成產品才產生商業價值。投入過早，也會洗了商業的鹽鹼地，損耗本應聚焦突破的能量。例如：今天，光纖傳輸是人類資訊社會最大的需求，而十幾、二十年前，貝爾實驗室是最早發現波分，北電是首先產業化的。北電的 40G 投入過早、過猛，遭遇挫折，前車之鑑，是我們的審慎的老師。」這段話是任正非在與英國研究所、北京研究所、倫敦財經風險管控中心座談時指出的。

自身的教訓和業界公司的倒閉，時刻提醒華為，商業組織不能以技術為導向，華為必須轉變為以客戶需求為導向，技術只是企業實現商業成功的一種方法和工具。

「超前太多的技術，當然也是人類瑰寶，但必須犧牲自己來完成……我們一定要記住：客戶需求就是我們的產品發展導向，我們發展企業的目的是為客戶服務。」任正非說，「產品的技術是充分滿足客戶需求。」

IPD 基於市場和客戶需求驅動的產品開發理念非常適合華為，因為當時通訊行業技術發展太快，超過客戶需求的發展速度。IPD 強調以市場需求作

05　NGN，Next Generation Network，次世代網路，是一種業務驅動型的分組網路。

為產品開發的驅動力，它包括市場管理、需求管理和產品開發三個業務流。市場管理透過理解和細分市場，進行組合分析，制定商業策略和計畫，以市場驅動研究開發，做正確的事，確保商業成功。需求管理負責客戶需求的收集、分類、分發，將客戶需求納入產品版本路線規劃。緊急需求快速納入當前版本中按照規範的 IPD 流程進行開發，保證開發出高品質產品或解決方案，及時滿足客戶需求，從而幫助客戶在競爭中獲得優勢地位。

尤其重要的是，IPD 將產品開發作為一項投資來管理：首先透過組合管理對投資機會進行優先級排序，確定投資開發的產品，保證資源投入，並在產品開發的每一個階段，都從商業的視角，而不只是從技術和研究開發的視角對產品開發進行財務指標、市場、技術等方面的評估，以確定開發專案是繼續還是終止。其目的在於確保產品投資報酬的實現，或盡量減少投資失敗造成的損失。

實施 IPD 前，華為缺乏市場管理，缺乏有效的需求管理等方法。實施 IPD 變革後，華為開發專案建議來自客戶需求，實現了從技術導向往客戶需求導向的轉變，保證了公司投資做正確的事。

2003 年，任正非在產品路線規劃評審會議上談到 IPD 時說：「現在分析一下，IBM 顧問提供的 IPD、ISC[06] 有沒有用，有沒有價值？是有價值的。回想華為公司到現在為止所犯過的錯誤，我們怎樣認知 IPD 是有價值的？我說，IPD 最根本的是使行銷方法發生了改變。我們以前研究開發產品時，只管自己做，做完了向客戶推銷，說產品如何好。這種我們做什麼客戶就買什麼的模式在需求旺盛的時候是可行的，我們也習慣於這種模式。但是現在形勢發生了變化，如果我們埋頭做出『好東西』，然後再推銷給客戶，那東西就賣不出去。因此，我們要真正認知到客戶需求導向是一個企業生存發展的

06　ISC，Integrated Supply Chain，整合供應鏈。它是由原材料、零件的廠家和供應商等整合起來組成的網絡，透過計畫、採購、製造、訂單履行等業務運作，為客戶提供產品和服務的供應鏈管理體系。

一條非常正確的道路。從本質上講，IPD 是研究方法、開發模式、策略決策的模式改變，我們堅持走這一條路是正確的。」

「IPD 本質是從機會到商業變現。」任正非這句話深刻的詮釋了 IPD 的核心內涵。

1.2.3
從純研究開發轉變為跨部門團隊合作開發、共同負責

早期華為的開發流程是先由研究開發人員確定產品規格並開發出樣品，然後進行少量驗證後交給測試人員，經過測試後安排生產發貨。開發人員往往不懂生產工藝等後續工序，後續環節發現的任何問題，例如功能、性能、工藝、製造等問題都要回饋給開發人員進行修改，然後重複後續過程，導致產品開發週期長。產品開發專案組只是來自研究開發的一個部門，研究開發人員只對研究開發成果負責，不太關心產品能否成功的量產出來，也不關心產品推向市場後是否成功。顯然，接力棒的串行開發方式無法保障對產品成功負責，交接點的責任劃分和要求無法量化，形成互推責任，延長了產品開發時間，不利於綜合能力的提升。

IPD 採用跨部門團隊來負責產品開發，按規劃和專案任務書定義的範圍、規模、進度等要求，透過先進的專案管理方法，將產品開發到發表過程中需要的相關部門的代表及成員加入，對產品從開發、測試、生產、上市，一直到生命週期的全過程共同負責。每個團隊成員貢獻自己及其所屬領域的專業智慧，形成合力，保證產品快速、高品質推向市場。跨部門團隊也能保證從產品設計前端就關心產品的可靠性、可生產性、可供應性、可銷售性、可交付性、可服務性等方面的需求，減少了修改後端問題帶來的開發時間延長。同時，跨部門團隊也使得並行開發成為可能：開發人員在開發測試產品時，製造人員可同時準備批量生產工藝和製造裝備；採購人員認證新器件、

確定供應商，為產品批量生產準備好所需物料；行銷人員可以為產品上市和市場宣傳銷售提前做好準備；服務人員在產品上市前提前做好產品安裝和服務培訓賦能。顯然，這種跨部門團隊開發模式大大縮短了開發週期，降低了開發成本。

業界最佳企業大多採用跨部門團隊開發模式，特別是大型、複雜的產品研究開發專案。阿波羅登月專案參與者多達 42 萬人，只由研究開發人員完成是無法想像的。通訊產品就是大型複雜的產品，適合採用跨部門團隊的開發模式。

華為要從對研究開發成果負責轉變到為產品成功負責。採用 IPD 跨部門團隊模式，現在看來，已經實現了這一目標。華為現在所有的開發專案，都採用跨部門團隊的模式來管理和完成。

從下一章開始，將詳細介紹華為研究開發管理理念和華為研究開發投資與管理實踐。

第 2 章　投資組合管理

　　企業研究開發投資受客戶需求、競爭、產業鏈、市場和技術的變化等諸多外部不可控因素影響，是風險大、週期長的投資行為。華為投資以商業成功為導向，將研究開發作為一項投資進行謹慎科學化的管理。投資組合管理是降低風險的一種有效方式。華為的投資目標是追求價值最大化，而不是股東利益最大化，要兼顧利潤和長期核心競爭力的再投入，還有客戶和產業鏈生態合作夥伴的利益，追求合理的投資報酬。

　　產品投資組合管理是受策略驅動的投資行為，除了考慮投資報酬率，關鍵看業務上的策略選擇，包括方向的選擇和定位的選擇。方向的選擇決定投還是不投，定位的選擇決定投入強度和投入節奏。為保證產品投資的正確性，做正確的事，必須以客戶需求為導向，以市場驅動研究開發，透過需求管理、組合管理，將寶貴而有限的資源聚焦到高價值客戶需求和市場機會上，投入能創造最大價值的方向上，不將策略競爭力量消耗在非策略機會點上。

　　產品解決方案的競爭力是從產品規劃開始構築的。好的商業計畫書，能提升研究開發投資的品質，減少投資浪費。一個企業的研究開發投資真正投在新產品上的比例實際上並不大。在華為，大量的研究開發投資都是投在大規模銷售的產品的不斷演進和發展上。透過生命週期管理，監控銷售產品的市場表現，不斷調整產品組合。透過開發新產品和產品的新特性，能發揮產品最大價值，提高客戶滿意度，獲取最佳報酬。

　　團隊決策管理模式能降低個人決策失誤帶來的投資損失。集體決策能有效提高決策整體品質和綜合效率。在華為，對產品投資的商業成功負責的是各級重量級團隊，他們組成了華為產品投資的決策體系。重量級團隊的有效運作，是 IPD 過去這些年在華為真正推行和落實的基礎；重量級團隊成員履行好使命與職責，是 IPD 成功的關鍵。

　　本章主要講述華為產品投資及其組合管理相關活動，如市場細分和選擇、組合排序、商業計畫制定、商業設計、生命週期管理等，內容涉及理念、流程、組織和管理體系等關鍵要素。過去的 30 年，華為透過有效的產品投資組合管理，實現了長期有效的成長。

2.1 產品投資組合管理的目標是商業成功

　　華為的投資組合管理基於市場管理流程,透過市場發展趨勢、企業策略訴求分析,對產品進行合理組合和資源配置,形成產品投資組合沙盤,明確產品投資合理的報酬預期、投資方向與策略、投資額度。

　　華為產品投資組合管理是透過 IPD 來實現的。在華為,IPD 包含市場管理和整合產品開發等。其中,市場管理為公司各產業及各產品實現價值創造,提供一致的分析方法和流程,對產品策略、組合排序和產品投資進行決策。

2.1.1 產品投資組合管理追求價值最大化

　　一般公司通常以股東利益最大化為原則,但華為公司不是這樣。華為產品投資目標是追求價值最大化,而不是股東利益最大化。華為產品投資兼顧利潤和長期核心競爭力的再投入,兼顧客戶和產業鏈生態合作夥伴的利益,追求合理的投資報酬。

　　商業活動的基本規律是等價交換,如果能夠為客戶提供及時、準確、優質、低成本的服務,所付出的努力就是有效的,公司也必然獲取合理的報酬。這些報酬,有些表現為當期商業利益,有些表現為中長期商業利益,但最終都必須呈現在公司的收入、利潤、現金流等經營結果上。

　　《華為公司基本法》第十一條規定:「我們將按照我們的事業可持續成長的要求,設立每個時期的足夠高的、合理的利潤率和利潤目標,而不單純追求利潤的最大化。」華為長期堅持在研究開發上大規模投資,將銷售收入的10%以上投入研究開發。2018 年研究開發經費達到 5,075 億元,占全年收入的 14.1%,近 10 年累計研究開發投入達到 24,250 億元,其目的就是要構築華為可持續發展的核心競爭力。

　　都江堰為兩千多年前戰國時期李冰父子修建的,至今仍然在灌溉造福於

成都平原。「深淘灘，低作堰」，是李冰父子留下的治水準則，其中蘊含的智慧和道理，遠遠超出了治水本身。華為公司一貫主張賺小錢不賺大錢，「王小二賣豆腐，薄利多銷」，正契合了這一深刻的管理理念。

華為公司追求的是如都江堰一樣長存不衰，「深淘灘，低作堰」是華為的商業模式和生意經。2009 年，任正非在運作與交付體系表彰大會上做的題為〈深淘灘，低作堰〉的演講中指出：「深淘灘，就是不斷的挖掘內部潛力，降低運作成本，為客戶提供更有價值的服務。客戶是絕不肯為你的光鮮以及高額的福利多付出一分錢的。我們的任何渴望，除了用努力工作獲得外，別指望天上掉餡餅。公司短期的不理智的福利政策，就是飲鴆止渴。低作堰，就是節制自己的貪慾，自己留存的利潤低一些，多一些讓利給客戶，以及善待上游供應商。將來的競爭就是一條產業鏈與一條產業鏈的競爭。從上游到下游的產業鏈的整體強健，就是華為的生存之本。」

理念決定政策，在保障公司商業利益的前提下，合理分配產業鏈利潤，保證供應商合理的利潤，維護健康產業環境，打造華為／供應商合作雙贏的可持續發展的有競爭力的產業鏈，從而保障華為獲得相對競爭優勢。

2.1.2　策略聚焦，有所為有所不為

任何公司都是一個資源和能力有限的公司，如果產品投資不聚焦，就不能夠打造企業核心競爭力，就不能有所突破。華為只擅長電子資訊領域，不涉足不熟悉的和不擁有資源的領域。華為投資開發的產品和技術，均專注於 ICT[01] 領域技術的研究與開發，不盲目的做大，不盲目的擺攤子。

2013 年，在企業業務座談會上，任正非指出華為要堅持聚焦的好處：「華為在這個世界上並不是什麼了不起的公司，其實就是堅持活下來，別人死了，我們就強大了。所以現在我還是認為不要盲目做大、盲目鋪開，要聚焦在少量有價值的客戶和少量有競爭力的產品上，在這幾個點上形成突破。所

01　ICT，Information and Communication Technology，資訊和通訊技術。

以，我們在作戰面上不需要展開得那麼寬，還是要聚焦，獲得突破。當你們獲得一個點的突破的時候，這個勝利產生的榜樣作用和示範作用是強大的，這個點在同一個行業複製，你可能會有數倍的利潤。」

2014 年 11 月 14 日，任正非在公司策略會議上發表演講指出：「公司要像長江水一樣聚焦在主航道，發出強大的電來。無論產品大小都要與主航道相關，新生幼苗也要聚焦在主航道上。不要偏離了主航道，否則公司就會分為兩個管理平臺。」

2017 年 6 月 2 日至 4 日，任正非在公司策略會議上強調：「華為不是萬能的公司，不可能一直成長下去，要練好內功，要做減法，聚焦到主航道來，否則樣樣都會，樣樣都不精通。如果我們不主動降低產值，就像『騾子』背上加上太多包袱，爬不上坡。長期馱重東西，還可能會被壓死。如果我們希望長期生存下來，就可以減少一些銷售收入，但是利潤不能減少。因為『騾子』馱的東西輕了，跑得也就更快。經營能力增強，我們為客戶創造價值，客戶也會給我們相應利潤。」

要做到策略聚焦，在執行上需要有所為有所不為，勇於進行取捨。關於投資聚焦的策略性考量，任正非在 2018 年的 IRB[02] 會議上談道：「現在每條產品線都很積極的橫向擴張，我們這麼大的平臺去做一個搶先者很容易，搶先者對策略沒有意義，會削弱進攻主戰場的力量。我們要堅持不在非策略機會點上消耗策略競爭力量。公司這些年在營運商業務上管得嚴，希望營運商逐步收縮，不要去做一些搶先者。企業網也要控制自己的橫向擴張，收縮到合理程度，聚焦攻擊，做充分的策略準備。」

正因為有所不為，才有了華為產品投資的「壓強原則」。早在 2000 年的時候，任正非就在其〈創新是華為發展的不竭動力〉一文中闡述了華為的產品投資邏輯：「華為從創業一開始，就把它的使命鎖定在通訊網路技術的

02　IRB，Investment Review Board，投資評審委員會，是華為公司負責業務領域的產品與解決方案的投資組合和生命週期管理，對投資的損益及商業成功負責的組織。

研究與開發上。我們把代理銷售獲得的點滴利潤，幾乎全部集中到研究小型交換機上，利用『壓強原則』，形成局部的突破，逐漸獲得技術的領先和利潤空間的擴大。技術的領先帶來了『機會窗口』利潤，我們再將累積的利潤又投入升級換代產品的研究開發中，如此周而復始，不斷的改進和創新。今天，儘管華為的實力大大的增強了，但我們仍然堅持『壓強原則』，集中力量只投入核心網路的研究開發，從而形成自己的核心技術，使華為一步一步前進，逐步累積到今天的世界先進水準。」

　　如何在主航道和非主航道間進行取捨與管理，任正非 2012 年在聽取網路能源產品線的簡報時指出：「不賺錢的產品就關閉壓縮。我不會投資非策略性的產品，除了你們滾動投入，又能交出高利潤。」2013 年，任正非在〈要培養一支能打仗、打勝仗的團隊〉的演講中，進一步闡述了如何避免非主航道業務擠占主航道資源：「公司策略要聚焦到大流量的主航道上來，不能持續投資的專案，堅決不投資，避免分散精力，失去策略機遇。我們只可能在一個較窄的層面上實現突破，走到世界的前面來。我們不能讓誘惑把公司從主航道上拖開，走上橫向發展的模式，這個多元化模式，不可能使公司在策略機遇期中搶占策略高地。我們的經營，也要從過往的盲目追求規模，轉向注重效益、效率和品質上來。真正實現有效成長。我們對非主航道上的產品及經營單元，要苛以『重稅』，抑制它的成長，避免它分散了我們的人力。」

　　投資聚焦主航道、不在非策略機會點上消耗策略競爭力量。只有大市場才能孵化大企業，在主航道上投資能有大市場需求前景和趨勢、好的投入產出等的產品解決方案。即使不能滿足上述要求的產品，如果能在與上述產品組合形成解決方案中，具有策略位置和策略價值，也是要投資的，因為它可以帶來整體的市場和產品的更大報酬。在資源有限，全公司端到端加入，全生命週期計算投資報酬的約束下，必須把寶貴而有限的資源投入能創造最大價值的方向上。

2.1.3 加強市場管理，做好產品投資組合管理

對於產品的投資，選擇合適的目標市場、準確掌握客戶痛點、滿足客戶需求，都是至關重要的。2013 年，任正非在企業業務座談會上的演講中闡述了華為的思考邏輯：「華為的目標是建立全連接的社會，流量在哪裡，策略機會點就在哪裡。未來 3 ～ 5 年，可能就是分配這個世界的最佳時機，這個時候我們強調一定要聚焦，要搶占大流量的策略制高點，占住這個制高點，別人將來想攻下來就難了，我們也就有明天。」

在華為，這樣的思考邏輯依賴於市場管理（Marketing Management，簡稱 MM）流程的系統運作。市場管理運用科學、規範的方法，對市場走勢、競爭態勢、客戶要求及需求進行分析，建立合理的市場細分規則，對準備投資和希望獲得領先地位的細分市場進行選擇和優先級排序，制定可盈利、可執行的商業計畫，定義市場成功所需要執行的行銷、開發、上市銷售等活動。華為 MM 流程包括理解市場、市場細分、組合分析、制定商業計畫、融合和最佳化商業計畫、管理商業計畫並評估績效 6 個主要步驟。

一、理解市場

理解市場是指透過全面的市場調查研究，加強對自身所運作的環境及變化的深入了解，並對該環境進行明確描述。這裡的環境是指一個整體的市場，包括行業、客戶、競爭和技術，還包括政治和經濟環境等。理解市場為後續分析活動提供了所需要的基礎資料。

對市場的理解，還必須結合華為自身行業地位和策略進行思考，掌握正確的發展方向和節奏。徐直軍在 2015 年「產品與解決方案策略與業務發展部長角色認知研討會」上明確指出：「華為以前基本上是一個快速的跟隨

者和積極的競爭者，但是現在面臨越來越多的挑戰。過去，3GPP[03] ／ ITU[04] ／ IETF[05] 等標準定義好，甚至對手產品推出來後，我們快速跟進，照著做就行。現在，要跟產業界一起做，甚至要比產業界先做；過去市場的蛋糕是多大，怎麼能做得更大，我們不關心，我們更加關心如何『切蛋糕』。現在很多產業，我們已經成為事實上的行業領導者，我們必須關心產業發展方向以及市場空間如何持續擴大的問題；過去，我們和對手的關係很清晰、很簡單，就是競爭的關係，但現在我們新進入的 IT 產業生態和以前不同，創新非常活躍，『你中有我，我中有你』，跟我們熟悉的做法又不一樣，我們要有新的思考和策略。

「過去，我們對產品線總裁的主要要求是把心中的『教堂』修好，把產品和解決方案的競爭力做到領先。因為以前是『分蛋糕』的年代，反正『蛋糕』已經做好了，我們想辦法分一塊，分得多就更好了。但是在新的歷史時期，可能『蛋糕』沒看見，不知道在哪裡，比如 5G 的『蛋糕』到底有多大，誰也不清楚。所以，面向未來，公司對產品線總裁提出了新的要求，希望各產品線總裁從原來的位置再向上一點，更加跳出來，更常去看產業，更加面向全球。一是要能夠深入洞察產業趨勢，能夠做正確的事情，確保華為在產業發展道路上不迷失方向，在關鍵節點上不犯方向性錯誤，能夠和行業一起尋找到正確的發展方向和節奏；二是要更追求自己去『做蛋糕』，或者跟產業界一起把『蛋糕』做大，而不僅僅是『分蛋糕』。」

03　3GPP，The 3rd Generation Partnership Project，第三代行動通訊合作計畫，是一個國際電信標準化組織，3G 技術的重要制定者。

04　ITU，International Telecommunication Union，國際電信聯盟。

05　IETF，Internet Engineering Task Force，網際網路工程任務組。

二、市場細分

在理解市場的基礎上，第二步是對市場進行細分，找到合適的劃分市場的要素，建立起市場細分的框架標準，並在框架下對市場進行細分，為後續的目標市場和客戶選擇做準備。Marketing 最基本的原理就是市場細分，以華為營運商業務為例，最簡單的市場細分是：已開發市場（Developed Market）如西歐、日本、韓國等成長平穩的市場，新興市場（Emerging Market）如非洲、拉美等快速成長的市場。

市場細分的目的是發現機會，以便確定細分市場策略。一個公司的能力有限，不可能為所有客戶提供服務，特別是不可能對所有客戶提供同等的服務，必須選擇性的放棄部分細分市場；而從業務發展的目標出發往往需要擴張市場，選擇性的尋找、進入更多的新的細分市場。準確的市場細分可以幫助企業一方面退出吸引力下降的市場，另一方面發掘新的、具有吸引力的潛在市場。

在評估不同細分市場時，必須考慮兩個角度：一個角度是看潛在的細分市場是否對公司有吸引力；另一個角度看細分市場的投入產出與公司的目標和資源是否相一致。

進行市場細分需要考慮產品的生命週期。產品處於生命週期的不同階段，隨著銷售的變化，競爭產品的推出，目標細分市場會發生變化，因此，必須針對生命週期的每個階段制定新的市場細分模型和新的商業策略。

市場細分的核心是找到有價值的客戶。任正非說：「我們是能力有限的公司，只能重點選擇對我們有價值的客戶為策略夥伴，重點滿足客戶一部分有價值的需求。策略夥伴的選擇有系統性，也有區域性，不可能所有客戶都是策略合作夥伴。」

如何做好價值客戶管理，徐直軍在 2006 年策略與 Marketing 體系研討會上以 GSM[06] 市場的細分為例，進行了說明：「以後每個產品做市場細分，

06　GSM，Global System for Mobile Communications，全球行動通訊系統。

比如 GSM 的價值客戶是哪些，首先公司有個大名單，在大名單裡把 GSM 的客戶選出來 20 家。對於這 20 家，規劃體系要做的貢獻就是，主動去了解它的需求，並且規劃怎樣把產品做出來滿足這 20 家的需求是最好的。」

三、組合分析

市場細分輸出了一系列的細分市場後，需要選擇目標細分市場和目標客戶。這時就需要進行組合分析，將劃分的細分市場透過統一的方法論與工具進行量化分析、排序，對最有吸引力的目標細分市場排序進行決策。組合分析包括策略定位分析、競爭分析、財務分析、差距分析、SWOT[07] 分析等多個方面，支持面向細分市場的投資機會選擇。

任正非在 2014 年策略會議上對市場細分選擇給出了指導意見：「我們要調整格局，優質資源向優質客戶靠近，可以在少量國家、少量客戶群中開始走這一步，這樣我們綁定一兩家強的，共築能力。」任正非同時對搭配細分市場選擇的產品投資策略做了提醒，「在向高階市場進軍的過程中，不要忽略低階市場。我們在爭奪高階市場的同時，千萬不能把低階市場丟了。我們現在是『針尖』策略，聚焦全力往前攻，我很擔心一點，『腦袋』鑽進去了，『屁股』還露在外面。如果低階產品讓別人占據了市場，有可能就培育了潛在的競爭對手，將來高階市場也會受到影響。」

組合分析要根據產業特點進行差異化管理，避免「一刀切」，比如不同產業生命週期階段的產業投資就存在差異。產業初期重點是「壓強式投入」構築競爭力，產業成熟期重點是在生命週期內追求高的投資報酬。任正非在 2010 年 4 月 EMT[08] 辦公例會上給過建議：「我們把成熟產業和新增產業的考核分開來，新增產業在三、五年的時間內，公司給你策略補貼，成長起來後再償還。不用一個成熟產業來扶植一個不成熟產業，扶植不成熟產業一定是

07　SWOT，Superiority Weakness Opportunity Threats，態勢分析法。

08　EMT，Executive Management Team，經營管理團隊，它是華為公司經營、客戶滿意度的最高責任機構。

由公司來扶植，不由哪條產品線來扶植。」

　　有這樣一種說法，「吃著碗裡的，看著鍋裡的，想著田裡的」。這就是華為的投資組合要包括的範圍。

　　前面講的主要是產品投資領域，在華為稱為確定性的部分，不確定性的主要是指研究和創新領域。對不確定性的投資管理，任正非同樣提出了要求：「我們對研究與創新的約束是有邊界的。只能聚焦在主航道上，或者略略寬一些。產品創新一定要圍繞商業需求。對於產品的創新是有約束的，不准胡亂創新。我們說做產品的創新不能無邊界，研究與創新放得寬一點但也不能無邊界。」關於研究和創新管理，詳見第 5 章。

四、制定商業計畫

　　明確選擇目標細分市場之後，是市場管理的第四步 —— 制定商業計畫，以目標細分市場和目標客戶驅動產品投資。商業計畫包括所有的規劃要素：產品定義、商業設計、供應製造、行銷、人力資源和執行計畫等。在華為，每一種需要投資的產品都要求制定產品的商業計畫。制定商業計畫需要遵循「聚焦策略，簡化管理，有效成長」的指導原則。要平衡短期經營績效提升和長期有效成長，堅定不移的掌握良好的策略機遇，將更多的精力和資源投向未來。在聚焦的策略領域、核心技術和策略客戶、策略市場格局上勇於進行策略投入，為華為公司未來發展奠定良好的基礎。

五、融合和最佳化商業計畫

　　商業計畫制定完成後，需要融合和最佳化商業計畫。這一步的核心是內部對齊、合作和整合，包括兩個層面：一是在公司層面對各部門、各產品線的業務策略和計畫，包括對資源、細分市場和產品組合（Offering[09]）／解決

09　Offering，產品組合，在華為是指為滿足外部或內部客戶需求而產生一套完整、可交付的有形和無形成果的集合。

方案策略進行整合、對齊、調配和最佳化；二是產品線內、各大部門內部進行溝通、分配和最佳化。對產品線而言，要在產品族／產品之間對齊，調配和最佳化資源。

　　商業計畫融合過程中往往也需要對不同的產品組合進行優先級排序，使優質資源向重點和高價值的專案靠近，但談起來容易，做起來難。2005 年，徐直軍在 IPD 推行交流研討會上強調了排序的重要性：「看了一下華為公司歷年來的虧損產品，有一些產品三年來一直是虧損的。我們發現這些虧損產品的投入並不少，但從來沒有人指出這種產品是虧損的。為了公司利益，把它收縮一下，或者砍掉，但很少有人做這方面的工作。如果不去做這方面的工作的話，我們的資源釋放不出來，排序排在前面的專案又沒有真正受到重視，PDC[10] 排序就成了虛的。我們每次都做了 PDC 排序，在配置資源的時候對 PDC 排序還是用的，但在通路管理過程中我們有多少次把排序排到末尾的專案砍掉？沒有！多少次把排在末尾的專案資源收縮，拿出來給排序排在前面的專案？很少！」

六、管理商業計畫並評估績效

　　管理商業計畫並評估績效，是市場管理流程最後一步，執行商業計畫並進行閉環管理。利用市場評估方法來管理和評估已批准的商業計畫和產品組合的執行，包括把公司商業計畫落實到各產品線進行執行，根據任務書進行產品和技術開發。還包括對商業計畫實施的市場表現和績效進行衡量和評估，以及及時制定任何需要的應對措施。

10　PDC，Portfolio Decision Criteria，組合決策標準，華為公司評估投資優先級的工具。

2.2 產品發展的路標是客戶需求導向

2.2.1 以客戶需求為導向

企業是一個功利組織，首先要活下去，活下去的根本是企業要有利潤。企業員工是要付薪資的，股東是要給報酬的，供應商也是要付款的，天底下唯一給華為錢的，只有客戶。華為的生存是靠滿足客戶需求，提供客戶所需的產品和服務並獲得合理的報酬來支撐的。為客戶服務是華為唯一存在的理由，因此產品路線要市場驅動，以客戶需求為導向。

現代科學技術發展日新月異，而人類的需求隨生理和心理變化進步緩慢。新技術突破，有時不一定會帶來很好的商機。過去一味的像崇拜宗教一樣崇拜技術，導致了很多公司全面破產。無線電通訊是馬可尼（Guglielmo Giovanni Maria Marconi）發明的，蜂巢式通訊是摩托羅拉發明的，光纖傳輸是貝爾實驗室發明的。歷史上很多東西，往往開路先鋒最後變成了失敗者。

回顧過去，華為早期開發的一些產品都是繞過彎路的。華為曾用 iNET 應對軟交換的潮流，結果中國電信選擇設備供應商做試驗時將華為排除在外；NGN 曾以自己的技術路線，反覆去說服營運商，聽不進營運商的需求，最後導致在中國電信選型時被淘汰出局，連一次試驗機會都不給。華為後來經過努力，糾正了錯誤，才獲得機會。因此，華為真正認知到客戶需求導向是一個企業生存發展的一條非常正確的道路。

產品路線不是自己畫的，而是來自客戶的。技術是實現客戶需求的一個重要的方法，但不是唯一方法。華為即使現在以客戶需求和技術雙輪驅動並強調技術牽引的時候，也是必須回答技術如何滿足客戶需求的。任何先進的技術、產品和解決方案，只有轉化為客戶的商業成功，才能產生價值。產品和解決方案必須圍繞客戶需求進行持續創新，才會有持續競爭力。

　　以客戶需求為導向，是華為踐行「以客戶為中心」理念的表現，貫穿產品開發的全過程。哈佛商業評論在〈華為成功的關鍵是什麼〉一文中，描述了華為早期是如何以客戶需求為導向的案例：「在中國偏遠的農村地區，老鼠經常咬斷電信線路，客戶的網路連接因此中斷。當時，提供服務的跨國電信公司都認為這不是他們該負責的問題，而是客戶自己要解決的問題。但華為認為這是華為需要想辦法解決的問題。此舉讓華為在開發防啃咬線路等堅固、結實的設備和材料方面，累積了豐富經驗。」

　　華為現在逐漸走在領先路上，沒有領路人了，就得靠我們自己。「領路」是什麼概念？就是像俄國神話人物「丹柯」一樣，把自己的心掏出來，用火點燃，為後人照亮前進的路。未來撲朔迷離，可能會付出極大的代價，華為也要像丹柯一樣，引領通訊領域前進的路。而找到方向，找到照亮這個世界的路，這條路就是「以客戶為中心」，而不是「以技術為中心」。「客戶需求導向」是引領華為這艘航母在茫茫大海中航行的指路燈塔。

2.2.2　產品競爭力是商業競爭力而不僅僅是技術

　　競爭力是在競爭中獲取勝利的能力。企業核心競爭力首先應該有助於公司進入不同的市場，成為公司擴大經營的能力基礎。其次，核心競爭力對創造公司最終產品和服務的客戶價值貢獻極大，它的貢獻在於實現客戶最為在意的、核心的、根本的利益。最後，公司的核心競爭力應該是難以被競爭對手所複製和模仿的。

　　華為產品與解決方案的發展是由客戶需求和技術創新驅動的，一個是以客戶需求為驅動力，圍繞客戶需求提供解決方案，以客戶需求帶動產品解決方案路線；另一個是以技術為驅動力，技術的不斷升級帶來更好的體驗、更低的成本，從而驅動產業的不斷發展，即使是技術驅動的這個輪子，也要用需求來驗證和評判其價值，要透過需求落地來展現其價值。這兩個驅動力相輔相成，缺一不可，特別需要強調的是客戶需求是龍頭。

解決方案不是以技術為中心，而是以需求為中心，這是前端的；後端的以技術為中心，是儲備性的。華為一直關注以技術為中心的策略性投入，以領先時代。以客戶為中心強調太多，可能會從一個極端走到另一個極端，會忽略以技術為中心的超前策略。以技術為中心和以客戶為中心，兩者應該共同存在：一個以客戶需求為中心，來做產品；一個以技術為中心，來做未來架構性的平臺。

華為自始至終以成就客戶的價值觀為經營管理的理念，圍繞這個目標提升企業核心競爭力，不懈的進行技術創新與管理創新。以客戶為中心就是要在產品研究開發上跳出盈利來看盈利，跳出競爭來看競爭。要站在客戶視角，想辦法透過為客戶創造價值來提升產品的收入、盈利和競爭力，利用新技術把產品做到最好的品質、最低的成本。在建構產品「端到端」競爭力的時候，要避免以技術為導向，產品投資也應沿著整條產業鏈，合理進行投資。

2017 年，任正非在 IRB 改進方向簡報會議上指出：產品的競爭力是商業競爭力，而不僅僅是技術，公司要注重商業成功。要牽引產品的易交付、易維護、易用性等全流程、全生命週期的商業競爭力的改進；要牽引產業鏈「端到端」的競爭力提升；牽引各功能領域的平臺建設和系統競爭力的提升。

2.2.3　深刻理解客戶需求

客戶需求理解力是華為公司需要建構的核心能力之一。華為強調對客戶需求理解力的建構，把它作為華為公司核心能力來建設，因為它關係到華為公司能不能做正確的事。

傳統行銷學認為，需求是人們對有能力購買並且願意購買的具體產品的欲望。在認識和理解需求方面，最經典的莫過於美國心理學家亞伯拉罕‧馬斯洛（Abraham Harold Maslow）提出的需求層次理論。馬斯洛把人類個體的需求從低到高分為 5 個層次，分別是：生理的需求、安全的需求、愛與歸屬的需求、尊嚴的需求以及自我實現的需求。從華為產品開發的視角，華

為認為需求特指對產品和解決方案功能、性能、成本、定價、可服務、可維護、可製造、包裝、配件、營運、網路安全、資料等方面的客戶要求。客戶需求決定了產品的各種要素，是規劃產品和解決方案的泉源，也是客戶與公司溝通的重要載體，是市場資訊的重要表現。對於華為公司來說，客戶需求決定了產品和解決方案競爭力。

深刻理解客戶需求，首先要搞清楚客戶是誰。任正非在 2014 年的一次專家座談會上指出：「我們的客戶應該是最終客戶，而不僅僅是營運商。營運商的需求只是一個中間環節。我們真正要掌握的是最終客戶的需求。」2018 年，華為明確公司的願景和使命是：把數位世界帶給每個人、每個家庭、每個組織，建構萬物互聯的智慧型世界。這說明不管是每個人、每個家庭，還是營運商以及除了營運商之外的企業、政府及公共事業組織等，只要是購買和使用了華為產品的，都是華為的客戶，也都是華為不斷創新和最佳化產品和解決方案的需求來源。

深刻理解客戶需求，要理解客戶需求背後的「痛點」和問題。只有真正抓住客戶的「痛點」，幫助客戶解決問題，才能真正建立起夥伴關係。客戶的需求紛繁複雜，有顯性的、明確的需求，也有不確定的、潛在的需求。對於隱藏在客戶需求背後的「痛點」和問題，福特汽車公司的創始人亨利·福特說過：「如果我問人們想要什麼，他們只會說要一匹更快的馬。」客戶真實的需求就像浮在海面的冰山一樣，除了露出水面的 20% 的顯性需求，還有隱藏在水面以下的 80% 的「痛點」和問題。這些隱藏的「痛點」和問題，一般客戶不會明說，需要專門的組織去收集和挖掘。

深刻理解客戶需求，還要掌握客戶需求是包含不同層次的。對客戶需求的理解不應該只是純粹技術層面上的理解，還要理解營運商的營運目標、網路現狀、投資預算、市場競爭環境、困難、壓力和挑戰等因素。這些因素往往就是網路建設的原動力，基於這些原動力的理解，才能做出客戶化的方案，才能使華為的方案更有競爭力。因此深刻理解客戶需求，要掌握客戶需

求的最高層次是滿足客戶商業成功，最低層次是滿足產品必需的功能，只有掌握住了客戶需求的不同層次，才能做到從產品創新到商業模式創新的轉變。徐直軍在一次關於創新的演講中指出：「我把創新分為三個層次，第一層次是產品級創新，第二層次是系統架構級創新，第三層次是商業模式級創新。華為要超越產品級創新，進入系統架構級創新和商業模式級創新。」

深刻理解客戶需求，需要關注客戶的現實需求和長遠需求，還要從發展的觀點看需求，需求是變化的，要有對市場的靈敏嗅覺和洞察能力。

每個公司、每個人對需求的理解和認知都不同，真正理解客戶需求是需要進行統計、歸納、分析和綜合的。華為採用「去粗取精、去偽存真、由此及彼、由表及裡」十六字方針來分析、理解和掌握客戶需求。

華為 IPD 有專門的需求洞察與商業構想流程，並且強調用「場景化」、「案例化」的方式去理解客戶需求，主動深挖客戶背後的「痛點」和問題，最終轉化成未來指導產品投資組合規劃的場景化需求。

按場景來劃分需求，有助於深刻理解客戶需求。所謂場景就是客戶的場景，是華為的「作戰」場景，就是用技術去處理客戶現實的問題。如在聖母峰建基地臺，登峰的人一般十人一隊，路過以後這個基地臺就不用了，因此不需要網速那麼快的寬頻，沒有必要像高鐵一樣來做基地臺。所以一定要讓產品適配各種場景，按客戶需求來規劃產品，把簡單留給客戶，把複雜留給自己。將方便留給客戶就是場景化。

每個細分市場對應產品和解決方案的場景是有限的，一個一個列出來，要解決客戶什麼問題，再透過對應案例的深度分析，回答如何解決，一個場景就聚焦一個案例，深度切入，越細越好。

華為把場景化需求洞察工作分成三個階段，由產品管理部負責，聯合一線銷售人員、市場洞察專員和其他人員共同展開（見圖 2-1）。

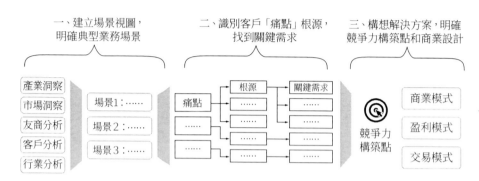

圖 2-1　場景化需求洞察

第一階段，建立場景視圖，明確典型業務場景

產品管理部聯合研究開發、市場等部門組織「需求洞察團隊」，與典型客戶合作，深入站點、機房、營業廳，透過實地與用戶交流，現場考察，了解客戶的業務場景和訴求，形成客戶業務場景全視圖。透過分析客戶以及類似客戶在這些業務場景中面臨的壓力與挑戰，理解哪些場景具有代表性。結合華為產品解決方案能力，選擇進一步聚焦的業務場景和領域。

第二階段，識別客戶「痛點」根因，找到關鍵需求

以客戶場景中的關鍵用戶、關鍵事件作為切入點，進一步分析場景背後客戶的「痛點」和原因，並明確這些「痛點」的大小和因果關係。在找出「痛點」的基礎上，歸納和總結關鍵需求和場景的對應關係，以及這些需求能帶來的商業價值。在這個階段最重要的是從客戶、行業、合作夥伴中找到「明白人」，並積極與這些「明白人」互動，識別需求的真偽和需求背後的商業價值。

第三階段，構想解決方案，明確競爭力構築點和商業設計

結合前期識別出來的關鍵需求，站在客戶場景角度建構解決方案，明確解決方案設計思路和競爭力構築點，對形成的解決方案構想，可以透過原型和樣機去驗證實際的可能性，找到解決方案為客戶帶來價值的同時，進行相應的解決方案商業設計，建立商業變現思路。

　　場景化需求洞察特別強調與客戶及合作夥伴一起發展聯合創新。所謂聯合創新，是華為聯合全球主要的、有創新力的客戶和合作夥伴，基於客戶商業訴求、業務場景與「痛點」，共同孵化和驗證創新的產品與解決方案的過程，是探索與驗證客戶場景化需求的一個重要方法。這個過程，一般包含聯合創新對象選擇、合作協議簽署、創新實驗室建立、創新課題選擇與建立、聯合設計與開發、市場驗證與規模商用等幾個階段。從 2007 年開始，華為與客戶和合作夥伴共同成立了一系列聯合創新中心 JIC（Joint Innovation Center）、OpenLab 聯合創新實驗室，與客戶、用戶和合作夥伴一起聯合孵化、定義、設計、開發和驗證創新的產品與解決方案。對客戶和合作夥伴來說，聯合創新透過孵化創新性的產品與解決方案，真正幫助客戶解決了面臨的商業問題，在滿足了用戶業務訴求，解決了用戶業務痛點的同時，幫助客戶和合作夥伴在市場競爭中構築獨特的、領先的競爭力；對華為來說，透過聯合創新，建立了一種與客戶和合作夥伴長期共同探討業務場景、「痛點」和需求的機制，支持華為的產品與解決方案在業界構築領先地位，並有助於提前在市場競爭中占據有利位置。

2.2.4　做好需求管理

　　在華為，產品投資組合管理的例行活動首先表現在對客戶需求的快速回應上，包括需求的收集、分析與決策、研究開發實現等端到端的業務活動。需求管理本質上是一條「從客戶中來到客戶中去」的業務流。為了高效的協同各個部門，更妥善的管理客戶需求被滿足的全過程，華為建立了需求管理流程。

一、需求業務團隊

　　在需求管理業務中扮演核心角色的是跨部門的需求管理團隊 RMT 和需求分析團隊 RAT。

43

1. 需求管理團隊：需求管理團隊（Requirement Management Team，簡稱 RMT）是需求決策的責任團隊，需求決策的關鍵依據是需求價值，主要需求是對客戶的價值和對產品競爭力提升的價值。團隊核心成員如圖 2-2 所示。

   作為一個聯合團隊，RMT 負責管理所屬產業領域的需求，RMT 的主要業務活動包括：需求動態排序與決策、需求承諾管理、重要需求實現進展及風險追蹤管理、需求變更溝通等。

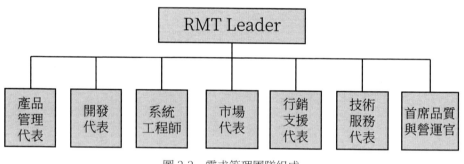

圖 2-2　需求管理團隊組成

2. 需求分析團隊：需求分析團隊（Requirement Analysis Team，簡稱 RAT）負責產品領域內需求的分析活動，是 RMT 的支持團隊，主要成員如圖 2-3 所示。

圖 2-3　需求分析團隊組成

　　RAT 對收到的原始需求進行專業分析，包括理解、過濾、分類、排序等，必要時進行市場調查，最終給出需求的評估建議，包括需求收益、工作量大小、實現難度、是否接納等，並依據需求價值優先級進行排序。

二、需求管理流程

　　需求管理流程由需求收集、分析、分發、實現和驗證五大步驟組成（見圖 2-4）。

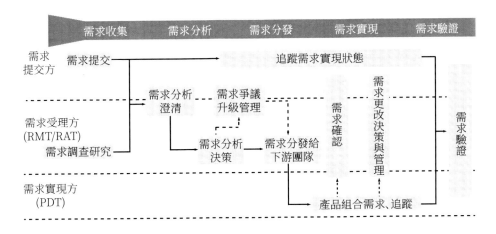

圖 2-4　需求管理流程圖

1. 需求收集階段：需求收集是一個喇叭口式的開放性活動，目的是更廣泛的了解客戶需求。收集客戶需求的方法和途徑有很多種，除了前面講的場景化洞察方法，還有客戶拜訪、協議標準、法律法規、入網認證、展覽會議、第三方報告、招標文件分析、技術演進、營運維護等。透過喇叭口收集到的需求稱為原始需求，是從客戶的視角描述客戶的「痛點」和期望。

　　需求的收集，特別強調與客戶的互動，早在 2002 年，任正非就指出：「產品經理更要多多和客戶交流。我們過去的產品經理為什麼進步很快？就

45

是因為和客戶大量交流。不和客戶交流就會落後。所以我認為產品經理要勇敢的走到前線去，經常和客戶吃吃飯，多和客戶溝通，了解客戶的需求是什麼。如果你不清楚客戶的需求是什麼，你花了很多精力，辛辛苦苦把系統做好，人家卻不需要，你就得加班修改，浪費了時間。就好比你煮了黃金珍珠飯替客戶送過去，人家不吃，他們需要的是白米飯，你回過頭又重新煮了白米飯，時間就浪費了！所以還是要重視客戶需求，真正了解客戶需求。」

2. 分析階段：需求提交後，RAT 會就原始需求與需求提出人和客戶進行澄清，還原和確認客戶的真實業務場景和「痛點」，並進一步細化需求描述。在正確理解客戶需求的基礎上完成需求價值評估、需求實現方案設計、開發可行性分析。完成分析的需求（此時稱為初始需求 IR）會提交給 RMT 進行基於需求價值的決策。

   RMT 例行召集會議，審視 RAT 完成分析並給出初步建議的需求，負責決策需求是否接納，並根據產品節奏和研究開發管道給出預計的需求交付時間。需求決策是需求管理中最重要的環節，其核心是對需求排序，需求排序主要關注客戶重要程度、需求對客戶的價值、市場格局、普遍適用性、技術準備度、需求實現的成本、開發管道資源等因素，常用的排序方法是 PDC 排序方法。

   需求決策時常常會遇到「市場需求與機會是無限的，而投資和資源永遠是有限的」矛盾，需求取捨最重要的是對需求價值的判斷。IRB 主任汪濤在 2018 年產品組合與生命週期管理部長角色認知會議中指出：「產品管理既要善於採納客戶需求，也要善於拒絕需求。十六字方針『去粗取精、去偽存真、由此及彼、由表及裡』概括了需求取捨的精髓。需求管理最難的事情是說『不』，對於不在主航道的需求要勇於說『不』，在資源受限的情況要對優先級相對較低的需求說『不』。產品管理要從行業趨勢、技術準備度、方案準備度、產品準備度等方面，對行業和客戶

進行洞察，同時，要和客戶進行深入溝通，主動管理客戶的需求。透過為客戶創造價值，引導客戶到產業發展的主流方向上，這樣才能夠在拒絕需求的情況下還讓客戶滿意。」

關於對客戶需求的決策，任正非在 2014 年就強調：「我們以客戶為中心，幫助客戶商業成功，但也不能無條件去滿足客戶需求。第一，不能滿足客戶不合理的需求，內部控制建設是公司建立長久的安全系統，和業務建設一樣，也要瞄準未來多產『糧食』，但是不會容忍你們用非法手段增產。審計不能干預到流程中去，你做你的事，他查他的，只要你本人沒有做錯事，總是能講清楚的。如果使用不法手段生產『糧食』，就會替公司帶來不安全因素，欲速而不達。第二，客戶需求是合理的，但要求急單優先發貨，那就得多付錢。因為整個公司流程都改變了，多收飛機運費還不夠，生產線也進行了調整，加班超時，這個錢也要付。因此在滿足客戶需求中，我們強調合約場景、概算、專案的計畫性和可行性。」

3. 分發階段：需求決策後，需求進入等待開發的階段，該階段的主要目標是根據客戶需求實現節奏的不同，保證已接納的需求被恰當的分配到最合適的產品中。接納後的需求一般分為緊急需求、短期需求、中長期需求。緊急需求以變更管理的方式進入正在開發的產品版本，短期需求納入產品規劃，中長期需求作為路線的輸入追蹤管理。

4. 實現階段：需求被分發到產品版本中之後，就進入了實現階段。在需求實現過程中，對於有重大價值和影響的需求、複雜度比較高的需求，可與客戶澄清需求實現方案，防止理解偏差。需求隨時可能發生變化，需要對需求的變更進行有效管理，特別是已對客戶承諾的需求。

5. 驗證階段：需求驗證包括需求的確認和需求的驗證兩種，驗證活動包括各種評審和測試等。確切的說，驗證活動貫穿整個需求管理流程。需求只有在實現過程的各個環節中被準確理解，最終的實現結果才符合最初的要求。

2.3　像開發產品一樣開發高質的 Charter

華為公司在引入 IPD 體系的時候，將研究開發合格產品整個過程分為確保開發做正確的事和如何正確的做事兩個階段。所謂正確的事，核心是確保產品能夠對準客戶需求，能夠為客戶帶來商業價值。要求在產品進入研究開發或開發之初，就應該清晰的定義出有競爭力的產品。在華為公司，確保開發做正確的事是透過商業計畫書（Charter）來決定的。

2006 年，徐直軍在「策略與 Marketing 體系」大會上指出：「做正確的事是華為面臨的最核心的問題，解決這個問題是『策略與 Marketing』最核心的職責。這就要求我們加強做好『產品規劃』，要明確未來應該開發什麼產品、產品應該有哪些具體特性、產品應該何時上市，產品的成本應該是多少。產品定案是策略性的，只有策略正確，後續的 Marketing 活動、市場活動才有意義、有價值。」

2.3.1
Charter是說明機會、投資收益的商業計畫

Charter 是任務書，又稱商業計畫書，是產品規劃過程的最終交付，是對產品開發的投資評審決策依據。Charter 的價值在於確保研究開發做正確的事，主要回答兩個核心命題：一是這種產品值不值得投入；二是這種產品如果值得投入，怎麼做才有競爭力。每一個 Charter 決定了做什麼產品，做什麼樣的產品，確定產品的競爭力，也就是說，Charter 是解決方向性的問題，解決要做什麼產業、做什麼產品、達到什麼目標的問題。

Charter 的核心內容包含產品規劃最關心的重要問題，這些重要問題可以用 4W＋2H（Why／What／When／Who＋How／How much）來表達：

- Why：回答產品為什麼要定案。透過市場宏觀和微觀分析，圍繞客戶的「痛點」和商業價值，明確目標市場和市場機會點，以及商業變現方法，如何獲取利潤。如果不進入這個市場、不做這個產品，對華為的損失有多大？
- What：市場需要的產品組合需求是什麼樣的？針對客戶的商業「痛點」場景，描述華為的獨特價值和關鍵競爭力要點，以及如何建構核心競爭力。
- When：什麼時候是最佳市場時窗，講清楚預計產品推出的時間和對客戶承諾的符合度，以及版本相關里程碑。
- Who：完成此產品開發需要的專案組團隊、角色。
- How：產品的開發實現策略、商業計畫盈利策略、上市行銷策略、存量市場的版本替換更新策略等。
- How much：從資源、財務、設備等多向度視角說明開發產品需要投入的成本與費用。

2.3.2　Charter品質是整個產品品質的基礎

Charter 是產品開發的源頭，是正確識別客戶需求和傳遞產品組合需求到後端產品開發的重要載體，因此，Charter 的品質是整個產品品質的基礎。徐直軍在 2006 年度 PDT ／ TDT 經理高階研討會上指出：「所有的前端的前端的最前端，就是 Charter，如果 Charter 做錯了，那事實上全是錯的，所以我覺得 Charter 的品質應該是我們整個產品品質的根本。Charter 開發定位為做正確的事，它確認了方向，研究開發是正確的做事，如果前端出錯了，產品就不可能有高品質了。」

2007 年，華為「策略與 Marketing」辦公會議明確指出：「Marketing 要保證開發出『好』Charter，從根本上提升華為研究開發效率，扭轉目前 3

萬多研究開發人員天天加班但卻有 25%的版本被廢棄的被動局面。產品管理體系的各級主管、員工一定要清楚自己的責任，要認知到產品管理部做任何工作都是為了 Charter 的品質提升。」

2006 年，徐直軍在「策略與 Marketing 體系」大會上談道：「我們要提前用足夠的時間定案進行 Charter 研究，組成一個有足夠力量的團隊，基於現有產品，仔細分析追蹤市場需求、客戶需求，再結合技術發展，那麼完成高品質的 Charter 就是水到渠成的事。在 Charter 這個階段，業界的交流是不設防的，很多問題都可以互相探討。這樣，既有利於掌握產品發展藍圖，以保證產品的競爭力，同時，我們也就會有真正的 3 ～ 5 年的產品規劃。因此，對於 Charter 的開發要進行定案管理，只有定了 Charter 的案，再進行考核，產品管理部才會有壓力，才會重點投入資源。我們後續要對產品線逐一討論確定今年要定案進行 Charter 開發的 Charter 專案清單。」

2.3.3　CDP為開發高品質 Charter提供流程保障

Charter 開發過程的好壞直接影響 Charter 的品質，決定產品的競爭力，以及如何獲得市場的商業成功。為了開發出真正高品質的 Charter，華為強調要像開發產品一樣開發 Charter，要像管理產品開發過程一樣管理 Charter 開發過程，包括要有團隊、管理體系、流程的支援，人員要專職；要全流程受控，對各個環節都要提出品質要求。在華為公司，Charter 的開發由 Charter 開發團隊（Charter Development Team，簡稱 CDT）負責，Charter 商業計畫書開發流程（Charter Development Process，簡稱 CDP）提供流程保障。

如圖 2-5 所示，CDP 流程分五個階段：CDT 定案準備、市場分析、產品定義、執行策略和 Charter 移交。

圖 2-5　CDP 流程示意圖

一、CDT 定案準備（原始構想）

　　這個階段主要是由產品管理部專家根據產品原始構想，形成 CDT 定案申請報告和 CDT 組織建議，向決策組織提出 Charter 開發定案，以正式啟動 Charter 開發專案。

　　產品管理部在例行工作中，透過產業規劃、市場分析、客戶需求、競爭分析、行業洞察、標準專利分析等孵化出新產品構想概念，產品構想概念相對比較簡單，可以是一個輪廓。新產品構想概念形成後，產品管理部向商業決策組織申請成立 CDT 開發產品 Charter，如果獲得批准則正式啟動 Charter 開發，進入市場分析階段。

　　CDT 是開發高品質 Charter 的組織保證。CDT 是一個跨領域、跨部門的團隊，團隊角色來自 Marketing、銷售、服務、研究開發、製造、供應、合作、財務等專業領域，由產品管理專家作為 CDT Leader。CDT Leader 是否有成功洞察力的經驗、在洞察這方面是不是有成功的實踐，非常關鍵，很大程度上決定了 Charter 品質。

二、市場分析階段

　　Charter 開發的第一個活動是市場分析，目標是回答清楚為什麼要做這件產品，也就是「Why」問題。為了做到這一點，CDT 團隊要拿著產品構想，去與客戶進行直接的溝通交流，從而弄清楚市場有什麼樣的商業機會，有什麼樣的應用場景和需求，主要的客戶問題和期望是什麼，市場競爭形勢是怎樣的。在這個基礎上，初步形成產品備選特性，明確新產品目標客戶是

誰、新產品能為客戶帶來什麼價值、為公司帶來什麼價值。例如：

· 整體市場形勢是怎樣的，產品未來的市場前景如何，有什麼樣的機會？

· 細分市場應用場景、客戶和競爭對產品都有什麼樣的需求？

· 新產品的目標細分市場和客戶是誰，新產品為客戶帶來什麼價值？

· 目標市場有沒有吸引力，實現新產品將為公司帶來什麼市場收益？

· 新產品有哪些市場風險？如不提供新產品將為華為帶來的影響？

此階段一般可分為以下幾方面關鍵活動：客戶互動、市場分析、行業技術分析、競爭分析、合作分析、商業模式分析等，最終形成新產品能為客戶帶來的價值，及能為公司帶來的價值的判斷。

客戶互動是以確認產品／解決方案構想的市場認可度為目的的重要活動。徐直軍在 2011 年產品管理部長角色認知研討會議上指出：「產品管理部要跟客戶在不斷的互動中，形成一個個 Charter，Charter 開發的過程就是不斷與客戶互動的過程。一個 Charter 最終形成，跟客戶互動過幾次，跟多少客戶進行過互動。如果我們的 Charter 不跟客戶互動，怎麼清楚產品開發是以客戶需求為導向的，怎麼能夠知道我們的產品開發是客戶需要的。」一般而言，CDT 團隊會提前準備互動交流的資料或者場景化需求、產品原型 Demo，與客戶互動的方式也是多種形式和多種管道，如高層拜訪、專題交流、路線交流、聯合創新等方式。近幾年，為了更高效的與客戶溝通，華為公司還建構了與客戶直接連結的網路產品定義社群（Joint Product Definition Community，簡稱 JDC），透過扁平化、社交化、需求募資、需求互動等方式與客戶和最終用戶互動，共同定義需求和產品構想。

市場分析從整體市場、細分市場和重點／典型客戶三個層面分析新產品所面對的市場。整體市場分析從標準與管制、市場發展趨勢、產業發展趨勢，競爭態勢等方面分析產品的未來市場前景，以及市場整體環境對產品市

場機會的支持和制約。細分市場分析以及重點／典型客戶分析給出各細分市場特徵需求，競爭需求，應用場景需求，客戶期望需求和解決方案配套需求。市場分析要基於產品生命週期進行判斷，明確新產品的市場目標和定位，同時要透過分析細分市場的吸引力和競爭趨勢，預測新產品未來 5 年的可參與市場空間、銷售占比、銷售收入等資料。根據前面的市場分析總結形成新產品能為客戶帶來的價值及為公司帶來的價值，得出新產品的策略目標。

行業技術分析主要分析與新產品相關的技術環境驅動因素，給出行業技術變化對新產品的驅動或限制，特別是產業鏈發展健康與否對新產品的驅動或限制。行業技術分析範圍較為廣泛，如標準、產業鏈、技術、晶片、組件、IPR[11] 等。行業技術分析一般會圍繞行業資源對新產品商業成功和關鍵實現路徑給出先驗分析，如產業鏈整合需求、新技術和晶片為新產品帶來能力提升等，輸出關鍵技術能力需求和產品目標成本要求，包括關鍵技術、晶片、組件、端到端（End to End，簡稱 E2E）配套產品、IPR、目標成本等向相關部門提出需求，並努力在研究開發體系推動落實。

競爭分析在此階段的主要目的是論證新產品為華為帶來的競爭力提升，透過對競爭環境和競爭地位分析給出新產品市場競爭策略，評估產品組合競爭力給出新產品競爭力需求。

合作分析是從解決方案 E2E 配套的角度分析合作的關鍵資源，給出合作資源地圖，評估合作方產品及綜合能力，提出合作策略和建議，提出合作產品／零件對周邊產品的需求。

商業模式分析是在承接產業商業模式設計結論的基礎上，針對本Charter，結合當前行業變化趨勢、客戶商業訴求及採購模式變化、友商報價變化，以及華為該產品歷史交易模式和價格兌現水準的分析和審視，完成對本 Charter 商業設計方向的構想。

11　IPR，Intellectual Property Rights，智慧財產權。

在完成上述市場分析等一系列工作之後，CDT 團隊會向商業決策組織簡報市場分析結果，評審通過後進入產品定義階段。

三、產品定義階段

產品定義階段回答「What」問題，主要輸出是在市場分析階段形成的客戶需求特性基礎上，歸納總結解決方案／產品包需求，闡述產品應該做成什麼樣才能夠滿足客戶需求和產生客戶商業價值，比如客戶體驗競爭力提升等內容。要點如下：

- 講清楚產品應該做成什麼樣，識別出價值特性並排序。
- 基於客戶價值特性排序及研究開發資源進行需求優先級排序，形成初始產品包需求。
- 歸納總結產品的價值特性和成本目標，明確產品的客戶價值和競爭力建構。
- 本階段完成以下關鍵活動：確定產品目標成本、確定產品可銷售價值特性及盈利控制方式、確定產品組合需求及排序。
- 確定產品目標成本階段強調產品的公司內部全流程成本（內部 TCO[12]）和客戶生命週期應用成本（客戶 TCO），其目標是希望在理想的情況下，產品實現的各類 TCO 相關的需求帶來的價值能夠達成內部和客戶 TCO 成本目標。
- 內部 TCO 成本目標的設定須站在華為公司營運的角度使端到端成本最優，而不是局部最優，這些成本目標主要包含產品製造成本、期間成本、服務成本、維護成本等。
- 客戶的 TCO 目標成本則根據選定的客戶、典型場景，確保產品在市場專案競爭中價格和毛利潤達到一定的平衡。

12　TCO，Total Cost of Ownership，整體擁有成本。

- 內部或客戶 TCO 目標成本可以從兩個視角去審視：一個視角是自底向上的，也就是產品實現的部分功能、性能、可服務性、可靠性等需求帶來了內部或客戶 TCO 節省的價值；另一個視角是自頂向下的，需要從產品營運財務視角提出內部和客戶 TCO 節省的目標，並作為後續產品包必須達到的目標。

- 確定產品可銷售價值特性和商業設計概要。在這個階段，CDT 團隊在前期市場分析階段輸出的基礎上，進行可銷售價值特性的識別，並提出該 Charter 的商業設計概要，比如銷售量是要賣用戶數還是賣連接數，或者是賣端口數。這樣做的目的，一是要將「如何賣」以需求組合的形式往研究開發傳遞，比如以用戶數銷售，則需要開發控制用戶數的 license；二是在後期需求和特性排序中始終聚焦高價值的部分。

- 確定產品組合需求及排序階段。CDT 團隊將初步的產品組合需求與主要競品進行比對分析，發現不足，進行規格和需求的調整，確保規劃版本的需求和規格具備競爭力。然後進入對特性／需求進行動態優先級排序的過程，對整體的產品組合需求進行排序的主要目標，是希望價值客戶需求可以儘早的、完整的、清晰的傳遞給後端研究開發，在產品開發過程中能快速回應價值客戶需求。CDT 團隊在特性價值排序、非特性市場需求及內部需求排序的基礎上，應用多種方法進行整個產品組合需求排序，組織利益各方討論，最終形成與研究開發團隊達成一致的產品組合需求。CDT 還須按照需求閉環確認的原則，組織與典型客戶進行溝通，確保客戶重要需求沒有遺漏，以保障產品規劃需求是符合客戶要求的。

完成上述過程之後，商業計畫的開發就進入了執行策略的制定階段。

四、執行策略

執行策略階段是指開發這個版本需要用到的資源、成本、費用、團隊的具體執行計畫和措施。在這個階段主要回答 When ／ How ／ How Much ／ Who 的問題。

- ‧ 新產品應該什麼時間上市。
- ‧ 為保障產品的市場成功，應該採用怎樣的開發策略、配套策略、行銷策略、生命週期策略和服務策略。
- ‧ 產品實現的關鍵路徑是什麼，需要投入多少資源。
- ‧ 產品開發團隊。

本階段一般可分為以下幾方面關鍵活動：確定產品關鍵里程碑，確定 E2E 配套策略和開發實現策略，確定定價策略和行銷關鍵策略，確定服務策略，進行產品投入產出分析，完成風險分析。

確定產品關鍵里程碑主要是確定本產品版本按照 IPD 開發管理規定的版本計畫時間表，一般而言包括本版本的開發啟動時間、編碼、測試、系統整合測試、上市發表時間等。在此里程碑裡一般還會明確周邊配套產品的互鎖關聯版本計畫，以方便多產品的整合和配套測試驗收。

E2E 配套策略和開發策略由 CDT 團隊負責，從面向交付的 E2E 規劃角度，給出新產品涉及的全部配套產品或組件需求，包括各配套產品的需求描述、准入認證要求、版本交付計畫，提出 E2E 配套獲得策略。同時，CDT 團隊還要從業務分層角度，對配套產品的長期發展思路給出建議。

定價策略和行銷關鍵策略是本階段的一項重要工作。之所以說行銷和定價策略非常重要，是因為這個階段會明確產品上市的商業模式和定價。怎麼做生意和定價好不好，會影響產品將來的財務盈收結果。CDT 團隊需要根據前期輸出的市場分析相關資訊（市場空間預測、價格預測、銷量預測等），初步制定新產品行銷目標和行銷策略，定義產品如何走向市場，被市場和客

56

戶所感知，提出新產品的通路策略（如直銷、分銷等多種方式）、提出新產品成功的關鍵市場策略，明確在哪些市場樹立標竿。在前期輸出的細分市場分析基礎上明確商業模式，用什麼樣的方式做生意，我們的盈利控制點在哪裡。在執行策略階段初期，CDT 團隊會把所有相關利益部門聯合起來進行研討，有時會按照「角色扮演」方式進行，其目的是希望找到規劃的盲點進行最佳化改進。定價階段則基於前面階段完成的產品商業模式設計，評估定價模式，給出產品初步的定價策略建議。定價時會考慮細分市場和銷售區域的特點，結合可能的競爭需求，既保證產品盈收又能夠具有商務競爭力。

服務策略由 CDT 團隊的服務代表提出技術服務目標和策略，給出技術服務資源預估，提出技術服務領域主要場景的服務成本目標。

之後是對開發團隊的組建提出建議，是否由跨多種產品的團隊組成，以及如何管理合作。

CDT 團隊需要給 IPMT[13] 清晰的投入產出分析的答案。基於產品定義階段的目標成本、銷量、價格等資料，給出新產品損益分析。從投入產出財務角度評估新產品投資價值，形成新產品以解決方案業務盈利計畫。這是獲取開發投入預算和費用的重要方法，只有獲得了足夠的預算和費用，產品才能夠按照原定計畫完成。

風險分析工作負責針對該產品的商業風險，包括市場／客戶、產品開發實現、專案管理等方面進行風險分析，確定風險規避措施、責任人和追蹤要求。需要強調的一個重要方面是 CDT 團隊評估技術需求的落地情況，評估所有的支持該產品技術需求驗證是否能夠按期高品質完成，技術因素往往是影響產品能否順利開發的關鍵路徑。

完成上述所有環節後，CDT 團隊會完成向 IPMT 簡報的 Charter Review 資料，向 IPMT 商業決策組織進行簡報，獲得商業計畫的批准。IPMT 在評

13　IPMT，Integrated Portfolio Management Team，整合組合管理團隊，是華為代表公司對某一產品線的投資的損益及商業成功負責的跨部門團隊。

審 Charter 時必須思考以下問題，如果回答都是積極的，就投票通過，並成立一個 PDT。

- 目前在華為公司和產品線的組合路線中是否包含該產品？
- 該產品是否能夠為客戶帶來價值？是否能夠吸引客戶？
- 該產品透過什麼商業模式實現持續盈利？如果不盈利，有沒有其他收益（是不是可以促進其他產品的銷售和盈利）？
- 目前的行業環境怎麼樣？產業鏈成熟情況怎麼樣？後續發展情況怎麼樣？
- 產品是否有競爭力？怎樣建構我們的競爭力？
- 如果不做這個產品，華為會有多大損失？

五、Charter 移交

Charter 經 IPMT 評審通過後，CDP 主要階段完成，進入 Charter 移交收尾期。在這個時期，CDT 完成專案總結和文件歸檔，並正式移交 Charter 給 PDT 後才可以解散。隨著 PDT 成立，原先 CDT 各領域的關鍵成員加入 PDT 團隊繼續進行產品開發，產品管理代表負責持續追蹤需求落地。

2.3.4　Charter開發是螺旋式上升過程

前文詳細介紹了華為公司開發商業計畫書的全過程。由於市場在不斷變化，CDP 每個階段都要對前面階段的分析結論進行「螺旋式」Review，提升對市場、需求和競爭的認知，更新前一個階段的輸出結論。例如，在產品定義階段可能會更新市場分析階段關於市場分析的結論。

圍繞前面所說的 4W ＋ 2H，Charter 的核心是清晰的呈現要開發產品的完整的、對準客戶商業價值、有競爭力的產品構想，這些產品構想會在開發的每個階段進行客戶互動確定，並持續更新。在 Charter 開發過程中，Charter 開發團隊基於收集和獲取的客戶需求，首先形成產品的初步構想，

然後在內部進行討論。內部討論之後，結合現有分析結果升級出新的產品
構想。此階段產品構想只是一種產品大概是什麼樣的描述。隨後，Charter
開發團隊就產品構想和客戶進行交流。為了確保交流得到高品質的輸出，
Charter 開發團隊要確保按流程要求的具體交付和活動嚴格執行。和客戶交
流之後獲得客戶回饋意見，有些意見可能還需要做一些更廣範圍的調查來明
確。調查完畢後，產品構想在原來的基礎上進一步清晰，當然也可能對原來
的構想有一些否定。不管是否定還是肯定，產品構想都會更清晰化。

清晰化後的產品構想與客戶（也包括行業專家、產業鏈上下游專家及合
作夥伴等）溝通、交流後，形成更清晰化的產品構想，這樣的交流可能需要
進行 3 ～ 4 次或者更多次的疊代。隨著交流一輪一輪的進行，產品構想對於
產品的特性描述越來越清晰，對於產品架構的描述也越來越清晰。最後到需
要向 IPMT 簡報 Charter 的時候，CDT 就能拿出保證商業成功、滿足客戶需
求和對準客戶商業價值、有差異化競爭力的產品構想。

2.3.5 產品組合需求

Charter 商業計畫的核心輸出件是產品組合需求，用於指導下游研究開
發按照產品組合需求開發出合適的產品。產品組合需求來源於對客戶原始需
求的分析判斷加工，是對最終要交付給客戶（包括外部客戶、內部客戶）的
產品組合的完整、準確的描述，是對產品組合進行開發、驗證、銷售、交付
的依據。

產品開發的核心目的就是交付產品組合，而不是裸機產品。正如 2008 年
徐直軍在 IPD 試驗局、ESP[14] 及 GA[15] 驗收業務改進高階研討會上的演講中所
說：「產品包除了裸機以外，還應該包括產品走向交付一系列的相關因素，包
括包裝，包括一系列的資料：對照安裝資料可以安裝，對照維護資料可以維

14　ESP，Early Support Program，早期客戶支援。

15　GA，General Availability，一般可獲得性，是產品可以批量交付給客戶的時間點。

護，對照問題處理資料可以處理問題，按照銷售資料銷售不能出錯。另外，報價、配置器、網路設計工具以及跟產品銷售、交付、製造及 Marketing 相關的所有東西，應該都是產品組合的部分。」

任何產品組合需求都應先從客戶的商業問題分析開始，然後確定解決這些問題所需要的系統特性，最後對系統特性進一步細化形成若干個系統需求。所有客戶問題、系統特性及若干個系統需求的全集以及不同層次需求之間的分解，統一構成一個產品組合需求。華為完整的產品組合需求分類如圖 2-6 所示。

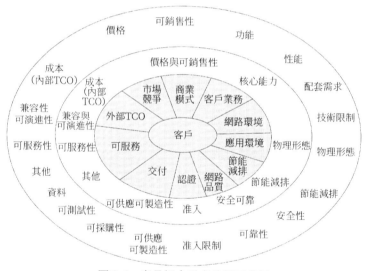

圖 2-6　產品組合需求分類示意圖

對於產品組合需求如何分層並形成，華為 Marketing 在 2008 年〈全力建構對客戶需求的理解力〉一文中提道：「產品組合需求是一個關鍵交付，產品組合需求必須分層，需求分層方法論的研究工作要繼續深入下去，要讓人很容易理解產品組合需求的重點在哪裡，價值是什麼，脈絡是什麼樣的。商業價值如何轉換成一條條產品組合需求，既要看到樹木，也要看到森林。當我們對產品有了清晰的價值定位時，就可以透過產品組合需求分層清晰的知

道產品特性是否支持產品的價值定位,還需要在哪些方面加以改進。」

產品組合需求的重點在於給出客戶最關心,解決差異化、競爭力等最核心的需求。產品組合需求從 CDT 交接到 PDT,要保證產品商業價值和一條條需求都能傳遞給 SE（System Engineer,系統工程師）,保證他們可以從商業價值的角度去看問題,否則看到的只是一條條的需求,不明白所做事情的價值是什麼。理解了產品組合商業價值和產品需求之間的內在關係,也就知道了產品組合內在的驅動力,這對於 SE 準確設計出符合客戶要求的產品是非常重要的。

產品規劃階段的產品組合需求與 IPD 研究開發階段的側重點是不一樣的。徐直軍指出:「從 Charter 定案到 PDCP[16] 還有一個過程,大概是 3 個月到半年。在 CDP 階段,產品組合需求的重點在於給出客戶最關心,解決差異化、競爭力等最核心的需求。現在我們回想起來,R4 軟交換裡面最重要的是 2G／3G 合一,做到這一項,就解決了差異化和競爭力的問題。然後再配合其他的總共七、八項特性,就有競爭力了。Charter 開發階段不要做很多面面俱到的細節需求,結果反而把最重要最根本的問題忽視了。在 Charter 定案到 PDCP 這個階段,就要著重解決產品組合需求的細節完整、周全的問題,不能空有完美的概念,以致做出來的產品到處都是問題。」

2.3.6 敏捷持續規劃

2011 年,來自矽谷的風險投資家馬克·安德森（Marc Andreessen）在報紙上發表了一篇題為〈軟體正在吞噬整個世界〉的文章。安德森認為,未來以軟體應用和網路服務為代表的科技將會顛覆和衝擊現在已經建立起來的行業結構,會有很多的成熟行業被軟體和網路服務所重構和瓦解。2013 年 10 月,著名分析公司 Gartner 指出未來十大策略技術中,一個重要的趨勢就是

16　PDCP,Plan Decision Check Point,計畫決策評審點,詳見 3.1.1。

「軟體定義一切」，包括軟體定義的網路，軟體定義的儲存等。華為公司也清晰的認知到了這個趨勢和變化為華為在 ICT 領域帶來的挑戰。在 IPD 的基礎之上，針對軟體和雲端服務產品「需求多」、「變化頻繁」、「無統一標準」的特點，於 2016 年引入了 ODP（Offering Definition Process，Offering 定義流程），ODP 相對 CDP 是一種新的規劃作業模式，ODP 流程的特點是將商業投資決策與需求決策分離。

ODP 把過去 CDP 基於版本的商業投資決策變為按年度投資決策並例行審視。產品管理團隊透過開發 OBP（Offering Business Plan，產品組合年度商業計畫），提交給商業領袖作為投資決策參考的依據。這裡的 OBP 作為商業計畫書，本質也需要回答前面產品規劃中提到的 4W ＋ 2H 問題，包括本年度該產品的商業計畫和目標是什麼，以及如何達到該目標。相比 Charter 而言，OBP 減少了對於產品組合需求的嚴格要求，並不強調產品在年初規劃定案時就弄清楚要做的需求，而是把更多的注意力放在回答「市場策略」、「客戶價值」、「規劃方向」、「花多少，賺多少」的問題上，透過描述本年度產品的經營計畫和目標，並定期進行回顧，真正實現商業決策與需求決策分離。OBP 改變了 Charter 傳統上以研究開發專案、產品組合需求為中心進行簡報決策的操作方式，把產品規劃的注意力和中心，更為專注在商業設計問題上。

ODP 的另一個顯著變化是需求的持續規劃。在這裡，需求持續規劃的一個核心是價值驅動：需求不是按計畫驅動，而是按價值驅動的，總是交付最高優先級的需求。透過少量規劃、短週期疊代，來實現產品增量的快速交付、快速回饋，做到盡可能少的減少由於需求不確定而帶來的浪費和損失。在這裡，和 Charter 的開發過程一樣，更加強調客戶協同合作，透過在前端需求分析、排序階段加入客戶，後端和客戶聯合驗證，由多個靈活敏捷的全功能團隊負責特性／需求的 E2E 完整交付，來適配軟體和雲端服務發表週期更短、需求變化更快的特點。

ODP 是 IPD 為了適應業務變化，不斷開放和演進的結果。2016 年，任正非在華為公司 IPD 建設藍血十傑及優秀 XDT 頒獎大會上指出：「IPD 就像修萬里長城一樣，非常重要，不要因為網路公司總是攻擊我們，就對 IPD 失去信心。網路公司回應客戶需求的速度比我們快很多，我們對一個需求的滿足，最短時間三、五年，最長時間七、八年。其實客戶並不需要做到萬無一失，我們有堅實的一面，也要有靈活的一面，要學習網路公司輕巧和靈活的一面，讓 IPD 也能敏捷起來。」

2.4 商業設計是商業成功的基礎和前提

客戶的需求是分層的，基礎需求是產品的可用、好用，終極需求是客戶獲得商業成功。產品的技術競爭力滿足了客戶的基礎需求，但要幫助客戶商業成功，從而達成華為的商業成功，必須透過商業設計來實現。商業設計是商業成功的基礎和前提。

商業設計呈現出產品的交易界面，實現華為與客戶之間的價值交換，滿足彼此商業目標達成雙贏。然而，交易界面已是商業設計在產品上承載的結果，遠不是商業設計的全部，商業設計還包含對產品全生命週期、全產業鏈的掌握創新，承擔起是否成功的檢驗。華為的商業設計能力經過多年的發展，從簡單的產品定價，走向了商業模式設計。

2.4.1 商業模式的創新與產品創新一樣重要

華為認為，定價的頂點是價值定價，價值定價的最高歸宿是商業模式設計。

2018 年 4 月，任正非在定價業務座談會上談道：「商業模式是華為長期的弱項。長期以來，我們在 ICT 行業是追趕者，天然假設是商業模式已經確

定、不可更改，我們才直接提價值定價。我們現在能提價值定價，其實要感謝前人建構了良好的商業模式，比如無線產業，Ericsson、Nokia、西門子等建構的模式依然讓華為長期受益。華為要成為領導者，就一定要考慮商業模式的建構問題。要把商業模式的創新看成和產品創新一樣重要的東西。」

2014 年，徐直軍在產品管理部長角色認知研討會上提出：「面向未來，我們在很多領域已經同步業界甚至領先了，尤其是在一些新的領域或者變化的領域，已經沒有人在前面帶路了。這就要求我們在推出產品的同時必須進行商業設計，構築客戶和華為雙贏的商業模式。否則，很可能就把產業做小了甚至做沒了，或者辛辛苦苦做出來了但賺不到錢。另一方面，整個 ICT 產業正在發生重大的變化。隨著產品越來越走向硬體標準化和軟體定義，隨著雲端服務的發展，整個產業的商業模式發生了或者正在發生極大的變化。這種情況下，如果我們還是依靠賣產品、賣硬體的單一商業模式來實現價值，就很可能在產業變革的浪潮中被邊緣化，或者被時代發展所拋棄。」

隨著在諸多領域的開拓及 ICT 產業形勢的發展變化，華為有責任也有必要持續探索商業模式創新，確保公司長期發展，同時引領行業共同發展。一方面，在時間上提早商業設計的介入點，在產品規劃之初甚至技術標準制定之初啟動，在技術標準中確定價值點、價值評判標準和量化方式，並對多種技術標準的配合與取捨、疊代節奏提出華為的觀點，為商業模式創新及行業協同合作打下理論基礎。另一方面，商業設計的著眼點從產品擴大到產業鏈端到端各環節；商業設計對象從華為、客戶進一步擴展到供應商、晶片模組商、終端商、整合機構等；商業設計範圍從產品本身擴展到服務、設計、營運等，為各環節在產業鏈上的利益分配提供合理建議，各方一起推動創新，做大蛋糕，實現產業雙贏。

2.4.2
商業設計回答「賣什麼？怎麼賣？怎麼定價？」

好的產品商業計畫，要包含好的商業設計，在進行產品規劃的同時發展商業設計，重點輸出三要素：報價項、量綱、定價。

報價項回答「賣什麼」。ICT 行業的報價項通常要落實到硬體、軟體、服務這三類。對硬體而言，根據歷史交易，識別和歸納客戶願意為哪些規格埋單，依此確定不同價格的硬體系列化規格，正是商業設計的考量所在；對軟體而言，賣哪些 license，需要根據軟體特性為客戶帶來的可量化的商業價值，確定合適的報價顆粒度，特性劃分太細碎會造成價值割裂，或層層嵌套，客戶不知道怎麼買；特性劃分太粗則容易一次性賣斷所有功能，缺乏持續盈利性。

量綱回答「怎麼賣」。ICT 行業的產品通常都不是一次性買賣，隨著客戶業務的成長、技術的革新，硬體需要擴容、軟體需要增加新功能以幫助客戶獲取更多收入。為客戶帶來價值的產品透過合適的量綱來逐步變現，分享產業發展的收益。例如，交換機按每端口、微波按每跳、基地臺按每載波等，都是電信行業長期以來交易雙方形成的擴容交易量綱，展現了行業內的利益共享。

「怎麼定價」，表現了產品最終呈現到市場上的價格水準。定價的方法有多種，包括成本定價、競爭定價、價值定價等。華為公司追求的是價值定價，即「基於為客戶所創造的價值，或客戶能感知的價值進行定價。從客戶視角出發，發掘對客戶的商業價值，與客戶形成緊密合作夥伴關係，共享價值鏈利益。」客戶持續盈利是華為持續盈利的基礎。

商業設計思想貫穿在產品規劃、開發、上市、銷售、存量經營各環節，完成從商業設計到市場落地。在洞察階段，分析客戶如何盈利、客戶如何購買產品、競爭對手怎麼賣、生態鏈上的夥伴如何分享價值等；在產品定義階段，確定報價項和量綱，例如是一次性賣 CAPEX[17]，還是持續賣網路能力，

17　CAPEX，Capital expenditures，資本支出。

或者是賣雲端服務；在執行策略階段，確定各報價項的價值分配比例，輸出產品的預定價，並透過「量 × 價」預估產品未來收入，支持 Charter 的 RoI（Return on Investment，投資報酬率）評估；在上市階段，輸出〈商業模式＆報價指導書〉，幫助一線與客戶高品質達成交易；在存量經營階段，針對關鍵客戶建立商務目錄，持續閉環審視商業設計的市場落地結果。

2.4.3　商業設計以商業成功來檢驗

商業設計要對準商業成功。2011 年，徐直軍在產品管理部長角色認知研討會上談道：「什麼叫商業成功？就是你所負責的產業賺了多少錢，相比競爭對手是不是賺得多一些，這就意味著你的產品是不是有競爭力，毛利是不是高，占比是不是多。」好的商業設計要基於全生命週期視角，三年一小成、五年一大成，並透過產業 RoI 的持續提升來檢驗。

華為歷史上獲得較大商業成功的產業，如交換機、無線等，無一例外均是建構起了良好的商業模式，且都有一個特點：初期價格有競爭力，長期可持續盈利。一個產業的全生命週期很長，商業設計亦是生命週期管理的靈魂。產品推陳出新，新舊交替、新舊並存，不同價格的新舊產品如何形成組合拳，實現最佳盈利效果、以怎樣的節奏推出更高階的產品來擴大收入空間、如何以價格策略推動老產品、舊版本儘快收編，甚至更進一步建構代際演進的商業模式等。商業設計都需要從讓客戶享受更多價值、獲得更多收入的角度，牽引產品規劃主動進行生命週期管理。

實踐檢驗商業設計結果，實踐本身也是商業設計的延續。檢驗商業設計要根植於落地客戶和市場專案的實際效果，唯有客戶與華為的商業成功才是商業設計的最終目的。因此，在華為主線的商業模式和定價策略下，尊重客戶和市場專案的差異，擁抱整體形勢的變化，建立在實踐中持續改進與適配的機制，才能實現最大化的商業收益。

2.5 生命週期管理

2.5.1 什麼是產品生命週期

產品生命週期理論最早由美國哈佛大學教授雷蒙德‧弗農（Raymond Vernon）於 1966 年提出。在〈產品週期中的國際投資與國際貿易〉一文中，弗農指出：產品生命是指市場上的行銷生命，產品生命和人的生命一樣，要經歷形成、成長、成熟、衰退這樣的週期。就產品而言，也就是要經歷一個開發、導入、成長、成熟、衰退的階段。本書講的產品生命週期是指產品從上市導入市場，直到退出不再提供服務的這段過程。

產品的更新換代是業界普遍的規律。科技飛速發展，新產品、新技術不斷湧現，電子設備的零件逐步老化，產品本身有設計使用壽命，老產品不能滿足客戶不斷發展的需求，會被新產品所替代。產品上市後，會因為客戶需求、市場環境、競爭情況、產品創新和定價，影響產品的銷量和收入，也會因為各式各樣的原因而退出市場。

2.5.2 生命週期管理的價值

生命週期管理對企業來說是至關重要的。產品不僅要管「優生」，更要管「優育」、管「死亡」。新產品何時上市，老產品如何退出，如何獲得生命週期最大價值，降低成本而又不影響客戶滿意度，這需要一套有效的方法來進行管理和權衡，以實現公司業務目標。

一、線上存量推動華為做好生命週期管理

以前，華為研究開發人員只關心新產品、新版本開發，不斷的發表版本，銷售人員不斷的攻城略地去突破市場。只有一部分研究開發、服務人員

解決線上產品品質問題，還有一部分人員負責產品最佳化工作。當時線上存量不多，研究開發對 GA 後的舊版本、老產品在很長一段時間並不重視，沒有真正的做生命週期管理。

隨著華為不斷拓展中國和全球市場，市場占有率越來越高，華為與營運商一起在全球建設了 1,500 多張網絡，服務全球三分之一以上人口，華為在營運商網絡上有了相當大的存量。特別是海外市場經過多年的發展，線上存量和版本越來越多，很多存量位於高成本的地方，對客戶服務的保障、對客戶滿意度的提升帶來非常大的挑戰和壓力，成為加強生命週期管理的直接推動力。

2008 年，徐直軍在產品生命週期管理研討會上指出，「我們的產品在客戶端的表現，包括我們所提供的服務和支援的表現，決定了華為能否真正和客戶構築夥伴關係，能否讓客戶真正感受到引進華為能夠為他們帶來持續價值和長遠發展，最終決定了能否提高華為占比。客戶滿意度的好壞直接關係到我們華為公司在整個電信市場、營運商客戶那裡能否持續成長和發展，關係到我們整個華為公司能否持續成長和發展。」

二、做好生命週期管理，能提升客戶滿意度

產品生命週期管理的好壞直接影響客戶滿意度。整理最近幾年發生的幾次重大的客戶網路品質事故，發現其中部分事故是生命週期管理不善造成的。比如某客戶發生的網路故障，事故的觸發原因是一臺已經退網的設備沒有斷電引發的。隨著設備在客戶網路上使用時間的增加，設備老舊導致故障率升高、可靠性降低，如果不及時替換／退網，就是很大的品質隱患。這些設備一旦出問題，動輒影響幾萬甚至幾百萬用戶。事故會給客戶業務帶來很大影響，導致客戶滿意度嚴重下滑。

另外，老舊設備很難找到備件，因為元件有生命週期，一旦元件停產，備件就無法生產，老舊設備出現故障後無法更換故障設備／零件，影響客戶業務的連續性。

華為是一個小公司的時候，因為害怕客戶不滿意，不敢和客戶談 EOX（產品停止銷售 EOM、停止生產 EOP、停止服務 EOS 的英文總稱）。隨著線上維護的歷史產品和版本的增多，加上技術的更新換代，如果不與客戶談 EOX，華為對這些舊版本從端到端上很難有效支援和保障，也不可能花費龐大的成本去維護，反而會造成客戶滿意度下降。如果與客戶講清楚我們的版本終止服務計畫，把版本升上來或者是找到新的解決方案，客戶滿意度反而可以得到提升。

三、推進生命週期管理能降低成本、增加收入

任何一款產品都會經歷前面講的四個階段，只有對產品不斷進行最佳化，增加新功能、新特性、新價值，才能吸引客戶，延長其生命週期，這要消耗資源不斷開發和維護。產品版本、種類越來越多，會增加管理難度和複雜度，增加運作成本。為了服務好營運商，保障越來越多的線上設備的安全運行，需要儲存一定的備件，版本多，備件種類也多，專用元件庫存增多，不僅占用資金，還增加了管理工作量，運作維護成本高。必須透過加強生命週期管理，降低產品成本和運作成本。

做好生命週期管理能增加企業的收入，包括維修保養收入和對客戶存量網路改造、最佳化帶來的收入。華為公司所有超過保修期的產品，如果納入公司的維修保養中，這一筆收入是很大的。同時結合生產環境存量，還可以透過專業服務產品來提高專業服務的收入。這就是各個公司都講生命週期管理能夠很有效的提高公司整體盈利能力的原因。

四、實施生命週期管理能持續提升產品競爭力

實施生命週期管理能持續提高產品的競爭力，華為有很多案例。營運商銅線業務已經存在了很多年，是長尾業務，預計在未來 5 ～ 10 年內會不斷為營運商創造價值。時代在發展，用戶的頻寬需求在逐年增加，針對存量銅線

業務的提高速度需求，華為先後開發了 Supper Vectoring、G.fast 等方案，幫助營運商實現基於原址升級，提升頻寬。這些方案能夠幫助客戶重用基礎設施、節省投資，持續發揮銅線資產的價值，也提升了華為接入網產品的競爭力，增加了市場銷售空間。

隨著智慧型手機的普及，營運商 3G 網路數據量急速上升，在巴西、印尼、墨西哥等人口大國，新建基地臺很快滿載，急需擴充。由於這些國家土地私有、市政部門管制等原因，客戶很難獲批新的基地臺站址，而且新建基地臺投資和運作維護費用很高。華為深入分析客戶「痛點」，創造性提出了基地臺容量提升解決方案。利用客戶現有的站址，透過創新的天線技術，在不增加新站的情況下，使基地臺容量提升 70% 以上，大大降低了客戶投資成本，獲得客戶高度認可，該解決方案一舉成為成熟期 3G 產品的新成長點。

2.5.3　管理生命週期的本質是做好持續經營

生命週期管理的本質是做好持續經營。透過管理產品上市後組合績效，不斷的調整產品策略，老產品及時下市來最佳化產品組合；透過不斷提升產品，降低成本，使生命週期產品價值最大化，最終實現公司的收入、利潤和客戶滿意度達到最佳。

一、從策略和營運上管好產品生命週期績效，實現最佳投資組合報酬

生命週期管理與產品的投資組合管理結合起來才能實現最大價值，獲取最佳報酬。

首先，要從策略層面審視，這種產品還要不要在我的產品組合裡，要不要下市，或被新產品、新功能正向相容替換掉。如果要，就不斷最佳化產品，降低成本，延長產品的價值；如果不要，就調整生命週期策略，包括產品代際規劃（特別是新舊平臺切換的節奏）、版本規劃（客戶生產環境需要例行維護的活動版本數）、存量網路持續經營策略，以便及時下市，將有限

的資源投入更有價值的地方。

　　其次，從營運管理層面，要把處在生命週期內的產品升級好，經營好。華為在產品族或產品線設有 LMT[18] 對生命週期進行日常例行管理，月度／季度定期審視評估產品生命週期表現，例行的監控各產品組合的銷售業績和市場變化、供需變化、利潤（成本）情況等，並將結果回饋給產品組合管理團隊 PMT[19]，以便 IPMT 從策略層面及時決策。

　　如果產品銷售情況高出預期，就要及時擴大產能，以滿足市場需求。當產品滯銷時，為了消耗庫存，有時需要採取降價促銷，降低庫存，控制新產品上市節奏。當某種產品的收入和銷量低於預期時，就需要及時評估產品存在價值。如果沒有價值，就要果斷的停止銷售，終止服務，以減少損失；如果有價值，就要不斷最佳化或推動開發新版本、新特性，滿足客戶需求。如果產品利潤減少，就要推動不斷降低全流程成本，提高競爭力。當確定要停止生產時，就要留好服務所需備件和專用元件。當終止服務時，要提前通知客戶，做好善後工作，不降低客戶滿意度。當新產品即將上市，舊產品停產時，要幫助和指導客戶將現有產品遷移或升級到新產品上去，以免因無法服務而影響客戶滿意度。

二、生命週期管理是一項非常有挑戰性的工作，需要協同行動

　　華為公司明確生命週期管理的整體策略是在最大化的保護客戶投資的前提下，透過產品和版本的演進來與客戶一起分享電子產業日新月異的性能提升和成本下降。產品生命週期管理是與客戶關係非常密切的管理行為，需要各部門協同配合，與客戶及時溝通，形成一致的策略和計畫。

　　正如徐直軍在 2008 年產品生命週期管理研討會上強調指出：「要把生命週期管理從各組織行為（Marketing、研究開發、行銷、服務、製造和採購）

18　LMT，Lifecycle Management Team，生命週期管理團隊。

19　PMT，Portfolio Management Team，組合管理團隊。

上升到公司行為。站在華為公司行為上，我們應該全面正式發展生命週期管理的工作。公司端到端各個部門，所有各環節上的部門都要從生命週期管理的角度上，建立組織、團隊，建構能力，明確和落實職責。我們各級組織都要真正研究和發展生命週期管理，進一步改進生命週期管理的各個方面，這是公司的正式要求。有組織有團隊，沒有賦予職責和明確要求，也很難做起來。只有組織明確了，團隊建構起來了，職責清楚了，我們未來不同階段的工作目標和方向清晰了，生命週期管理才可能作為一個公司行為，真正在端到端各級組織中落地、成長和發展。」

2.6　重量級團隊

2.6.1　開發模式的變革

　　華為最早開發模式是按功能組織結構的做法進行產品開發的。剛開始產品種類不多，開發產品的相關人員大多互相認識，溝通和協調順利，決策快速，效率高。隨著公司人員增加，產品越來越複雜，開發新產品要求完成成百上千甚至更多的開發活動，其中很多活動都是相關聯的。1990 年代，華為開發產品是按功能部門來完成開發任務的：開發部負責開發產品，中試部負責測試和試生產驗證，製造部門負責製造，採購部門負責採購，市場部門負責銷售，服務部門負責售後服務。產品開發過程是先由研究開發人員確定產品規格並開發出樣品，然後測試人員熟悉產品並在少量試製後進行測試，發現問題返回研究開發解決，測試通過後由製造人員準備生產工藝，採購人員訂購物料後批量生產發貨。後續生產過程和批量製造環節發現的任何問題，例如功能、性能、直通率、安裝等問題，往往要透過測試人員確認後回饋給開發人員修改解決。很多產品的開發人員身處異地（如北京、上海），不在

深圳，那時通訊不發達，溝通很困難，往往需要開發人員飛到深圳製造現場。不斷重複發現問題，返回研究開發修改再驗證的過程，導致產品開發進度緩慢；產品開發工作需要不同部門人員參與，但因工作目標不一致導致各司其職，在交接點驗收移交標準要求上，理解不一致帶來溝通協調困難；下一道工序人員接收產品需要熟悉時間；測試、生產、服務、銷售準備無法並行發展。這種接力棒式的串行開發最終導致開發週期長，往往產品不能及時上市失去競爭力。

　　華為引進 IPD 後改變了開發模式，採用跨部門團隊來負責產品開發，它能有效的管理開發工作，保證開發工作和配套的工作同步進行，縮短開發週期。開發團隊匯集開發、測試、研究開發、Marketing、市場、技術服務、財務、供應、採購、品質等功能部門代表及其所屬領域的專業智慧和資源，透過專案管理方法，對產品從開發、測試、生產、上市端到端進行協同管理，共同對專案成功負責。從發展歷史看，華為採用 IPD 跨部門團隊專案管理模式進行開發獲得了預期效果，從產品設計前期就關注產品的可靠性、可生產性、可銷售性、可服務性等方面的需求，減少了因為修改這些方面的問題重做導致的開發週期延長，降低了開發成本，產品品質也得到了提升。跨部門團隊的模式也使得並行工程得以實施從而縮短開發時間。開發人員在開發測試產品時，製造人員可同時準備批量生產工藝和製造裝備；採購人員認證新器件、確定供應商，為產品批量生產準備好所需物料；行銷人員可以為產品上市和市場宣傳銷售提前做好準備；服務人員也在產品上市前做好產品安裝和服務培訓賦能。顯然這種並行開發模式比接力棒式的串行開發時間要短得多。

　　基於跨部門團隊模式的專案管理方法，特別適用於大型、複雜專案／專案群的管理。比如阿波羅登月參與的人多達 42 萬人，只由研究開發人員完成是無法想像的。通訊產品就是大型複雜的產品，適合採用跨部門團隊的開發模式。現在華為所有的開發專案，都採用跨部門團隊的模式來管理和完成。

2.6.2　責權利對等的重量級團隊

重量級團隊是指團隊成員充分代表本功能部門，並貢獻自己及其所屬領域的專業智慧，團隊負責人和成員共同擁有對團隊的權利和義務。「重量級」的關鍵是團隊負責人的權力要大於功能部門經理的權力，對組員具有主要的考評權力。

管理好研究開發投資，依賴於 IPD 重量級團隊的有效運作，特別是 IRB ／ IPMT 的有效運作，這是實現從機會投資到商業變現的關鍵要素。IRB ／ IPMT 以及 PDT 等都是重量級團隊。

跨部門團隊模式是矩陣型組織，其特點是團隊經理由公司任命，對團隊結果負責，專業團隊成員由功能部門提供。矩陣型組織的優點是工作由專業部門人員完成，資源共享，有助於員工技能提升。缺點是矩陣結構中的人員承接團隊工作，同時接受團隊經理和功能部門主管的雙重領導，兩者的目標通常不一致，團隊經理在團隊中的權力偏弱將帶來溝通和協同問題，影響團隊效率。

為了保證研究開發投資的有效和品質，華為採用重量級團隊模式進行管理。重量級團隊主要有兩類：一類是管理團隊，另一類是執行團隊。

IRB ／ IPMT 是公司級／產品線級的重量級管理團隊，成員分別由公司／產品線相關部門負責人組成，包括產品與解決方案體系、BG[20] 或 BU[21] ／產品線的 Marketing、市場、產品服務、製造、採購、供應、品質與營運、財務、人力資源等部門。

投資決策管理團隊採用跨部門團隊決策的管理模式能降低個體決策失誤帶來的投資損失，提高決策品質。一人決策受到個人的能力和遠見的限制。研究開發投資風險很大，一個產品投資決策需要評估市場、環境、技術產業趨勢、客戶需求和競爭等多重資訊，需要商業洞察、專業分析、集思廣益、

20　BG，Business Group，是華為公司 2011 年組織改革中按客戶群角度建立的業務集團。

21　BU，Business Unit，業務單位。指按產品或解決方案角度建立的產品線。

群策群力。集體決策可以科學、全面、有效的提高決策整體品質和綜合效率，也便於協調各方及時行動，提高執行效率。

IRB 的職責

IRB 是公司級或業務領域的產品與解決方案投資決策的主體，對投資組合損益及商業成功負責。其定位為在公司批准的策略及投資預算的約束下，聚焦主航道產品的競爭力提升。以客戶需求為導向，以解決方案為牽引，驅動全流程系統能力提升和協同運作，以簡潔有效的方式，端到端的滿足客戶需求；掌握投資方向與節奏，對產品和解決方案、端到端支持能力進行投資組合和生命週期管理，對投資的損益及商業成功負責。

具體職責主要包括：

1. 管理公司的各種業務以及各種業務的投資組合。
2. 管理產業與解決方案，提升產品和商業競爭力，審批產業與解決方案（含商業解決方案、行業解決方案）商業計畫，審批跨產品線平臺／技術規劃。
3. 做好全流程投資管理，引領各功能領域的平臺建設和系統競爭力能力提升。

IPMT 的職責

IPMT 負責涉及單一產品線的投資決策及產業發展決策，對產品線投資的損益及商業成功、產業發展和生態構築負責。

具體職責主要包括：

1. 管理所轄的產品及解決方案的投資組合；關注投資組合報酬，並根據其生命週期的表現及時調整本產品線內的投資組合和資源配置，批准並執行所選細分市場的策略及商業計畫；審核產品線中長期發展規劃（包括技術規劃、產業發展規劃）、年度業務計畫和預算。
2. 批准 Charter 開發、產品開發專案；批准新產品的上市、老產品的及時退出；負責產品線端到端全流程的品質管理、成本管理和效率提升。
3. 洞察產業趨勢、引領產業發展、構築產業生態、做大產業蛋糕。

PDT 產品開發團隊是跨功能部門的重量級執行團隊，其成員來自不同的部門，包括研究開發、Marketing、市場、技術服務、財務、供應、採購、品管等。各位成員代表自己的功能部門，承諾在 PDT 經理的領導下共同完成專案工作，達成業務目標。

執行團隊的目標是在規定的投資資源的約束下，及時、準確、優質的完成專案目標。

IRB、IPMT 和 PDT 是典型的團隊，類似的還有對公司技術進行管理的整合技術管理團隊 ITMT[22]，以及支持產品投資決策的組合管理團隊 PMT、支持技術投資決策的技術管理團隊 TMT[23]。透過 IPD 管理體系保證 IPD 有效運作，實現對研究開發投資的高品質管理。

圖 2-7 為 IPD 跨部門團隊組織結構圖，產品線 IPMT 管理若干 PDT 和 LMT，IPMT 有 PMT 和 TMT 分別管理產品組合和技術，為 IPMT 產品投資提供產品和技術建議。公司級的 IRB 負責產業發展和產品線投資決策，同樣有 PMT 和 ITMT 兩個參謀組織。

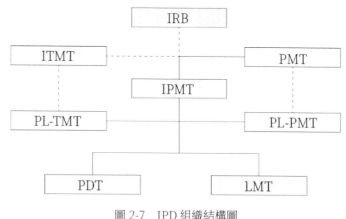

圖 2-7　IPD 組織結構圖

22　ITMT，Integrated Technology Management Team，整合技術管理團隊。

23　TMT，Technology Management Team，技術管理團隊。

　　管理團隊成員都來自各部門主管，重量級問題相對較小。產品開發需要全流程跨部門（研究開發、行銷、服務、供應、製造、採購、財務等）各專業部門人員協作，但 PDT 成員由於來自功能部門，存在開發目標和部門目標不一致，雙重主管，如果不推行重量級團隊模式，就無法克服矩陣型組織存在的不足，影響開發進度和效率，無法對開發進行有效管理。因此 PDT 採用重量級團隊是保證開發效率和成功的關鍵，是 IPD 成功的關鍵因素之一。

　　2005 年，徐直軍在 IPD 推行交流研討會上談到加強重量級團隊建設時指出，「如果我們的市場、技術支援、財務、製造等代表真正能夠到位，履行好職責，各個 IPMT ／ PDT 來共同推動產品的開發進程，共同對產品的開發過程管理進行決策，在產品開發過程中構築各方面的能力和競爭力，一旦這個產品推到市場上，客戶對產品的需求和要求就全有了，全滿足了。PDT 的功能部門代表不到位，達不到任職要求，PDT 的團隊運作和決策就根本不可能做好。」

　　要解決重量級團隊建設問題，首先要從組織上保證每個 IPMT 成員都是真正能夠履行 IPMT 職責的成員。在 2006 年 IPD Marketing 領域評審機制研討會上，徐直軍指明了重量級團隊一直建設得不好的原因：「以前 IPMT 委員參加會議就是舉手，而在會議之前、在過程中沒有任何需要參與簽字確認的東西，無法承擔作為一個委員應盡的責任。現在 Marketing 委員在每個 MR 點過都要簽字，簽字不過的不能投贊成票。作為 IPMT 的委員在 IPD 流程中不能只是舉手，在舉手之前是有活動、有很多工作要做的，要在關鍵的環節簽字確認，承擔責任。這樣才能保證 IPMT 委員真正關注功能領域代表建設。」

　　從華為二十年 IPD 變革實踐來看，從上到下，各級主管重視重量級團隊建設並落實到考評和管理機制中，是 IPD 有效運作的關鍵。

2.6.3　PDT是跨功能部門的產品開發重量級團隊

　　PDT 對產品開發的整個過程負責：從專案定案，開發，到將產品推向市場。PDT 的目標是完成開發專案任務書的要求，確保產品組合在財務和市場上獲得成功。

　　PDT 的基本組成結構是由來自研究開發、市場、財務、製造、採購、品管和技術支援的代表組成核心組，由各功能部門的成員分組組成擴展組。核心組代表在 PDT 經理的領導下管理各自負責的工作，共同對專案成功負責。

　　如圖 2-8 所示是 PDT 團隊組成結構。擴展組成員人數和參與的專業領域根據開發的對象和工作任務確定。比如開發由硬體、軟體、系統工程師、UCD[24]、測試、結構、資料工程師組成。

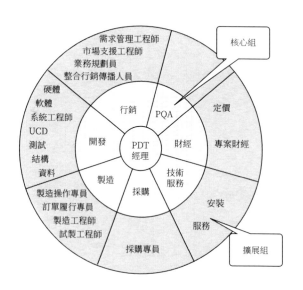

圖 2-8　PDT 團隊結構圖

24　UCD，User Centered Design，以使用者為中心的設計。

當開發的產品複雜，需要參與專案的成員多時，擴展組成員也分成小組，由擴展組代表擔任小組長負責管理本專業領域的工作，並對小組成員的工作表現給予評定，核心組代表對擴展組代表進行考評。

PDT 經理和核心組代表通常是專職的，以保證開發工作的順利進行和成功。擴展小組多少和資源投入視其工作範圍和工作量確定，他們通常在專案需要時加入，在專案結束時去接受新的開發任務。

PDT 團隊開發模式的好處是能快速解決溝通和協調問題，快速決策。大量開發工作是相互關聯的，出了問題能快速回饋給小組長甚至核心組代表，並及時獲得各領域專家的意見。涉及多領域問題，可以在 PDT 會議上快速評估、決策和落實執行。因此，這種模式打破了部門「牆」，能夠高效運作。

PDT 跨部門團隊模式還有利於同步發展工作。開發人員在設計產品時，測試人員在準備測試，製造人員在準備製造裝備，採購人員在認證和採購物料。有些工作也必須同步進行，比如單板硬體和單板軟體開發完成才能做單板測試，軟體開發和硬體開發要同步完成才能進行整合測試。另外，跨部門團隊還有利於在產品開發的前期就考慮產品的可靠性、可生產性、可銷售性、可服務性等方面的需求，市場人員的參與能保證產品需求來自客戶並減少變更對產品開發工作的影響。因此這種模式能大大縮短產品開發週期，降低開發成本，及時上市使產品具有競爭力。

經過多年推行和實踐，PDT 重量級非研究開發如供應鏈和服務部門代表做得很好，都有專門的新產品導入部門投入資源，負責專業領域工作和賦能，產品的可供應和交付性得到了很好的保證，支持了公司產品及時、準確、優質的交付。

需要指出的是，PDT 的結構是與開發產品的性質、難易程度和工作分解結構 WBS[25] 對應的，以便開發工作能分工清晰，責權對等。配合第三章結構

---

25 WBS，Work Breakdown Structure，工作分解結構，專案管理術語，是對專案團隊為實現專案目標，創建所需可交付成果而需要實施的全部工作範圍的層級分解。

化流程，可以靈活的應用於各種類型的產品開發。比如純軟體開發，就沒有硬體，沒有結構、生產裝備開發工作，相應的 PDT 也就沒有這些開發人員。

第 3 章　結構化流程與專案管理

　　IPD 透過流程重整和結構化，將產品投資組合管理、客戶需求驅動和產品開發系統整合在一起，保證了研究開發投資的有效性，開發出高品質的、滿足客戶需求的產品與解決方案。

　　市場管理流程保證做正確的事，選擇正確的市場機會和掌握產品投資機會；IPD 流程確保正確的做事，使得產品開發的過程規範、高效、產品品質有保障；需求管理流程聚焦需求確認與實現，保障開發的產品與解決方案是滿足客戶需求的。三大流程充分表現了市場驅動、客戶需求導向和把產品開發作為投資來管理的思維。市場管理流程、IPD 流程以及需求管理流程，構成了 IPD 結構化流程的核心框架。

　　IPD 流程本身也是結構化的，將分階段商業決策、專案管理和跨部門團隊業界最佳實踐系統整合起來。透過 DCP 決策實現資源分批受控投入，既滿足專案進展需求，又避免後期的開發不確定性帶來的更多研究開發投資損失。結構化的業務分層與專案 WBS 層級對應，並和專案小組搭配，能使開發工作得到很好的管理和協同。根據業務的複雜程度確定合適的層次結構，能使得開發過程既規範、可重複，便於有效管理，又靈活，便於擴展，交付結果也可不斷被重用。DCP 決策標準和技術評審 TR 品質要求，使得開發過程可衡量、可管理，輸出產品有品質保障。合理的層次結構也使流程有了持續改進的基礎和適應未來開發模式的發展。應用專案管理方法管理跨部門團隊進行開發，使得並行開發成為可能，縮短了開發週期，提高了開發效率。

　　華為 IPD 結構化流程是伴隨著公司業務發展而不斷演進的。華為最早業務是提供營運商客戶有標準的通訊設備（含嵌入式軟體），因此 IPD 流程是面向營運商業務不斷升級完善。隨著華為業務拓展到消費者業務、企業業務，提供的產品和解決方案也從通訊設備擴展到消費終端產品、IT 產品、解決方案、服務產品、獨立軟體和雲端服務等。華為逐步建構了基於業務分層和業務分類的場景化流程：獨立軟體和雲端服務等開發流程，開啟了華為 IPD 敏捷之旅。

　　專案是為完成某一獨特產品或服務所做的臨時性工作，專案管理無處不在。結構化流程相當於高鐵系統，產品版本開發就像一列列火車。有了結構化流程加上研究開發能力平臺（技術／架構／平臺／CBB 等）和管理體系，專案經理及團隊應用專案管理就可以大展身手，不斷創造奇蹟，華為手機的不斷成功就是一個例子。

　　本章描述結構化流程和基於結構化流程的專案管理，包括：什麼是結構化流程及其框架、結構化流程的作用、IPD 流程的靈活性與發展及敏捷開發，以及基於結構化流程的產品開發專案管理。

結構化流程及其框架

3.1.1　什麼是結構化流程

　　所謂結構化，是指相互關聯的工作要有一個框架結構，並要有一定的組織原則來支持它。比如，在一個自上而下的層次構架中，上層結構簡單一些，越到下層越複雜、越具體。合理的結構層次很關鍵，沒有結構化，則每個專案都自行定義，沒有約束，過程不可重複，效率低下，並引起混亂；過度結構化，則規範過多、過細，缺乏靈活性，容易官僚化，效率也低了。

　　產品開發是複雜的，華為有數萬名研究開發人員，一方面每種產品或解決方案開發需要完成成千上萬項工作，耗時幾個月甚至幾年；另一方面華為要管理占整個公司過半數的研究開發相關人員有序的投入從產品開發到上市相關工作中。因此，整個研究開發體系有一套結構化流程及管理體系非常重要。

　　華為透過 IPD 變革及持續最佳化，建構了一套結構化流程及其管理體系，使得華為研究開發有序高效，能制度化、持續性的推出高品質的、具備商業成功潛力的產品與解決方案。IPD 結構化流程是指管理研究開發的整個流程體系，包括市場管理流程、需求管理、IPD 流程，以及相關使能流程及支持方法（公共基礎模組、使用者經驗設計、系統工程、技術開發、定價、預測、上市管理、新產品導入、新器件選擇、服務準備等）。其目的是實現華為以客戶為中心，以市場為驅動，以客戶需求為導向，把產品開發作為投資來進行管理的過程有序，提高研究開發效率，降低研究開發成本，打造滿足客戶需求的、有競爭力的高品質產品，支持公司有效成長。

3.1.2 結構化流程框架

有效的開發出滿足客戶需求、有差異化競爭力、能商業成功、高品質的產品和解決方案，以下關鍵要素不可缺少。

一是「做正確的事」，就是要選擇正確的市場機會和掌握產品投資機會。將研究開發資金和資源投入公司策略機會點上，投資到公司高價值的客戶需求和市場機會上，投資到能為公司創造最大價值的地方，就是要保證開發正確的產品和解決方案；二是「正確的做事」，就是把選定的產品和解決方案正確的開發出來，使得產品開發的過程規範、高效、產品品質有保障；三是把客戶需求管好，聚焦需求確認、追蹤落實與實現，以保證開發出來的產品和解決方案是準確滿足客戶需求的。這三個關鍵要素只有按照一定的結構形成一個有序的流程體系，才能達到管理有序、投資有效、開發高效、商業成功的目的。

IPD 結構化流程框架，包括三個最重要的流程：市場管理流程（以下簡稱 MM 流程）、IPD 流程和需求管理流程（以下簡稱 OR 流程），如圖3-1所示。

三大流程充分表現了市場驅動，客戶需求導向，把產品開發作為投資來管理的思維。市場管理流程負責做正確的事，它透過理解市場、市場細分、組合分析、制定商業計畫以及融合與最佳化商業計畫輸出產品系列的 SP[01]／BP[02]，產品開發路線並制定 Charter，為 IPD 流程提供正確的輸入；IPD 流程透過分階段的、跨功能領域合作的方式，把大量的研究開發人員以及市場、供應、製造、採購、服務、人力資源、財務人員有序組織起來，完成產品開發以及相關功能領域準備工作，成功上市並持續監控產品上市後的表現直至退出市場；需求管理流程透過收集、分析、分發、實現、驗證，對從機會到商業變現全過程中的需求進行有效管理，不同客戶需求分別進入規劃、

01　SP，Strategy Plan，策略規劃。指公司及各規劃單位的中長期發展計畫。

02　BP，Business Plan，商業計畫。指華為公司年度商業計畫

路線、Charter，緊急需求透過規範的計畫變更請求 PCR（Plan Change Request）進入正在開發的產品或解決方案中，保證了客戶的中長期需求、緊急需求都及時得到滿足。

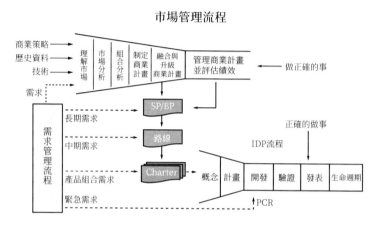

圖 3-1　結構化流程框架

　　其中市場管理流程就是投資組合管理流程，確保優選合適的市場機會及產品／解決方案進行投資，見 2.1.3。需求管理流程確保客戶需求及內部需求能被有效的從規劃到正在開發的產品中得到落實和實現，見 2.2.4。下面介紹 IPD 流程。

3.1.3　IPD流程

　　有了高品質的 Charter，要想把研究開發人員以及市場、供應、製造、採購、服務、人力資源、財務等 E2E 環節人員高效組織起來，開發出滿足客戶需求、有差異化競爭力、高品質、易生產、可交付、易維護的產品，產品開發流程也必須是結構化的，開發工作也必須是有清晰層次結構並被清晰定義。所有參與開發的相關人員都必須清楚自己在開發中的工作、職責和要求，以及用什麼方式去完成，如何配合完成這些工作。

IPD 流程是分階段的，各階段用門徑分開的結構化流程，是業界最佳的產品開發和管理方法。它把產品開發過程分成概念、計劃、開發、驗證、發表及其生命週期管理六個階段，每個階段都有明確的目標，並且在流程中定義了清晰的決策評審點（DCP）和技術評審點（TR）。每個決策評審點有一致的衡量標準，只有完成規定的工作和品質要求，才能夠由一個決策點通過之後進入下一個決策點。IPD 流程明確了 PDT 負責整個開發專案，LMT 負責生命週期管理，IPMT 負責投資決策的清晰分層管理體系，如圖 3-2 所示。

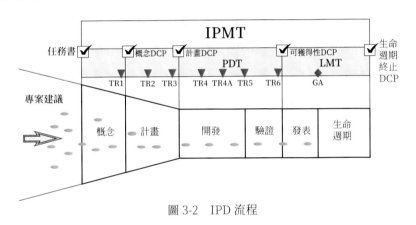

圖 3-2　IPD 流程

IPD 流程在產品上市前建立了概念決策評審點（CDCP[03]）、計劃決策評審點（PDCP）、可獲得性決策評審點（ADCP[04]）三個投資決策評審點，分別決策能否進入下一個階段，並批准相應階段的投資，形成了分階段投資的模型，以控制研究開發投資風險、減少研究開發投資浪費。這些決策點不是技術評審，而是商業評審，留意正在開發過程中的產品在將來市場中的地位和競爭力，是否值得投資，有無清晰的開發計畫，上市前產品及各功能領域是否準備就緒等。如果決策不通過，則不浪費資源，專案終止。開發專案獲得定案批准進入開發流程中，在 CDCP 和 PDCP 經過專案風險評估可以例行

03　CDCP，Concept Decision Check Point，概念決策評審點。

04　ADCP，Availability Decision Check Point，可獲得性決策評審點。

終止和調整投資方向，在 PDCP 點要開發的最終產品及開發計畫是評估清楚的，一旦獲得批准，一般情況下都會投入需要的研究開發資源，按計畫完成開發任務將產品推向市場。所以產品開發流程是喇叭圖形，透過 DCP（門徑）達到篩選專案，控制投資風險，減少投資損失的目的。

產品上市後設置了生命週期終止 DCP，包括停止行銷與銷售（EOM[05]）、停止生產（EOP[06]）和停止服務與支援（EOS[07]）決策評審點，以確保產品適時、有序的退出市場。

IPD 同時強調要在開發過程中建構品質、可製造性、可供應性、可銷售性、可交付性、可服務性等，以提升產品規模製造、供應、銷售、交付及服務效率。為此 IPD 也設計了技術評審點（TR），從 TR1 到 TR6，各功能領域交付品質評審點（XR），以保證產品滿足客戶和端到端需求。

如圖 3-3 所示為 IPD 流程框架簡化示意圖，這個高層次的框架圖有一個很具象的名字，叫袖珍卡（Pocket Card），意思是一張可隨身攜帶的卡片，隨時隨地都可以拿出來查看。這樣一頁紙概述了 IPD 流程的關鍵資訊，有利於 PDT 成員知道要完成的主要工作以及相互依賴關係（同步、先後及協同），在圖中加上里程碑時間和活動起始完成時間，PDT 團隊就可以用它來從整體上管理整個開發工作。

從圖 3-3 縱向來看，IPD 流程分為業務流程和功能領域流程兩大部分。業務流程主要包括 PDT 團隊管理商業計畫的開發、最佳化，專案計畫的制定和監控執行，以及 IPMT 在每個 DCP 點的商業決策等活動。功能領域流程則描述了有哪些功能領域要參與產品開發，以及各功能領域在產品開發各階段要執行的主要活動和關鍵交付，以及關鍵品質控制點（TR 和各領域評審點

05　EOM，End of Marketing，停止銷售。

06　EOP，End of Production，停止生產。

07　EOS，End of Service & Support，停止服務與支援。

MR[08]、MFR[09]、SR[10]、POR[11] 等）。這是通用的產品開發流程結構，高層次上各開發專案可以保持一致，不同開發專案相關領域工作會有不同，可以裁剪，比如純軟體開發專案，沒有硬體、機械結構等開發工作。同時每個功能領域工作需要進一步分解細化，清晰定義這些工作和細化的活動由什麼角色來負責完成，怎樣來完成以及交付品質要求，並與 PDT 團隊結構相搭配。每個領域細化的流程，在華為稱為功能領域支持流程。

08　MR，Marketing Review，市場評審。

09　MFR，Manufacturing Review，製造評審。

10　SR，Service Review，服務評審。

11　POR，Procurement Review，採購評審。

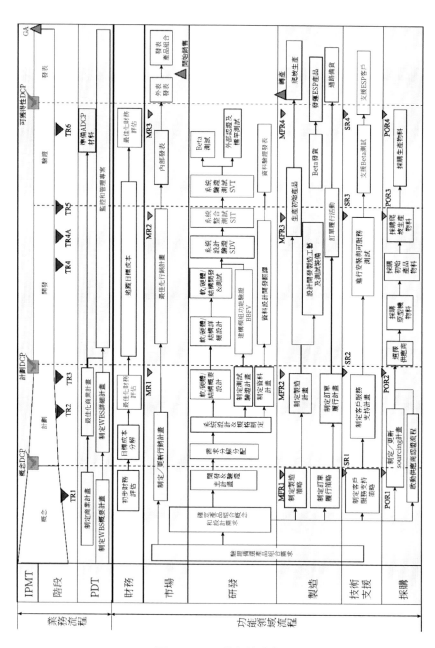

圖 3-3　IPD 流程袖珍卡

從橫向（時間軸）來看，每種產品開發階段都有清晰的目標：

概念階段的目標是保證 PDT 根據專案任務書 Charter，確定產品組合需求和備選概念，對產品機會的整體吸引力以及各功能領域策略做出快速評估，形成初步專案計畫。

計劃階段的目標是清晰的定義產品方案及其競爭優勢，制定詳細的專案計畫及資源計畫，確保風險可以被合理的管理。

開發階段的目標是對符合設計規格的產品組合進行開發和驗證，並完成製造準備工作。

驗證階段的目標是進行製造系統批量驗證和客戶驗證測試，以確認產品的可獲得性，發表最終的產品規格及相關文件。

發表階段的目標是發表產品，製造足夠數量的滿足客戶和品質需求的產品，以便在 GA[12] 後能及時銷售發貨。

生命週期階段的目標是監控產品市場表現，採取措施，及時的 EOM ／ EOP ／ EOS，以使產品（構成產品的單板、軟體包括第三方軟體）及系列版本生命週期階段的利潤和客戶滿意度達到最佳狀態，詳見第 2.5 節。

綜上所述，IPD 流程是結構清晰，層次清晰，配合關係清晰，活動清晰，並有工作指導的流程，開發專案團隊基於這個通用化的流程，經過快速適配就能立即發展產品開發工作。

IPD 流程是結構化的，將分階段商業決策、專案管理和跨部門團隊業界最佳實踐系統整合起來。透過 DCP 決策實現資源分批受控投入，既滿足專案進展需求，又避免後期的開發不確定性帶來的更多研究開發投資損失。結構化的業務分層與專案 WBS 層級清晰定義，並和專案小組團隊結構搭配，使參與產品開發的各功能領域成員能並行有序的發展相關工作。專案經理及團隊有了施展才華把產品及時、準確、高品質、成功開發出來的舞臺。專案團隊應用專案管理方法管理跨部門團隊進行開發，使並行開發成為可能，縮短了

12　GA，General Availability，一般可獲得性，是產品可以批量交付客戶的時間點。

開發週期，提高了開發效率。根據業務的複雜程度確定合適的層次結構，能使開發過程既規範、可重複，便於有效管理；又靈活，便於擴展，滿足快速產品開發和動態多變的市場需求，交付成果也可不斷被重用。合理的層次結構也使流程有了持續改進的基礎和適應未來開發模式的發展。DCP 決策標準和技術評審 TR 品質要求，使開發過程可衡量可管理，輸出產品有品質保障（詳見 7.3.3）。IPD 流程是業界最佳產品開發管理方法。

3.2 結構化流程的作用

> 只要我們不斷的按照 IPD 管理體系和流程來要求，我們的能力就能不斷提升，我們開發出來的產品就能有品質保證，我們就能擺脫英雄式的產品成功模式，轉變成有組織保證的產品成功模式。
>
> —— 徐直軍

　　IPD 結構化流程是從市場到產品開發的管理框架，是從機會到商業變現過程的系統管理。它是產品開發實現市場導向的基礎，是產品開發按投資管理的基礎，是產品開發順利進行的保證，是華為建構制度化、持續的推出高品質產品管理體系的基礎。

3.2.1
IPD結構化流程是產品開發實現市場導向的基礎

　　IPD 結構化流程是市場導向的流程。在整個結構化流程框架中，市場驅動要素貫穿市場管理、Charter 開發、產品開發以及生命週期管理端到端全過程。IPD 首先透過市場管理流程選擇市場機會，掌握產品投資機會，做正確的事。這個流程是透過做好理解市場、市場細分、組合分析並形成產品

開發路線，來確保要投資開發的產品是市場需要的。針對規劃的產品，透過 Charter 開發進一步去理解客戶、市場、產品和技術未來發展趨勢，將市場需求研究清楚、把市場機會有多大調查清楚，形成符合客戶需求、有競爭力的產品構想。在 IPD 流程概念、計劃階段，進一步分析細分市場，確定目標市場機會、客戶需求，將市場和客戶需求轉化為產品組合需求，形成產品概念和方案，制定產品／解決方案盈利計畫、行銷策略與計畫等，在後續的階段中不斷追蹤市場的變化，並基於變化適時調整開發產品的特性，確保開發出來的產品是符合市場變化要求的。所有的市場和客戶需求都透過需求管理流程進行收集、分類、分發、追蹤實現與驗證，保證客戶需求能夠得到實現和滿足。因此，IPD 結構化流程不是以自我為中心，而是以市場需求為導向的流程。

為了確保流程定義的市場導向相關活動有高品質的輸出，IPD 各跨部門團隊中定義了行銷相關活動，並定義了市場代表角色及職責。為了指導市場代表更有效的發展工作，華為專門把行銷領域在 IPD E2E 過程中要執行的活動抽取出來並細化，清晰的定義了支持市場代表發展工作的擴展成員及職責，形成了更有針對性的指導發展工作的行銷計畫流程。這樣，以市場為導向就不是一個空的口號，而是有組織支持和保證的行為。

3.2.2
IPD結構化流程是產品開發按投資管理的基礎

IPD 結構化流程是商業流程，在意商業結果，落實了將產品開發作為投資進行管理的核心理念。首先在市場管理時，在細分市場選擇、產品組合選擇及優先級排序時，除了考慮市場需求、商業策略以外，重要的是進行財務分析。華為清醒的認知到，需求與機會是無限的，投資和資源是有限的，投資一定要注意風險，關心報酬，因此不僅要滿足市場需求，還要滿足投資報酬要求。尤其是近些年，華為進入企業市場和消費者市場，面對廣闊的市場機會，到底選擇什麼，投資報酬分析顯得尤為重要。在市場管理流程中，

根據市場機會和投資吸引力做了優先級排序，選擇了投資重點和策略，接下來，所有開發投資資金都將花在開發專案上。IPD 流程透過設置的決策評審點（Charter DCP、CDCP、PDCP、ADCP），資源分批、分階段受控投入，既滿足專案進展需求，又避免了專案失敗帶來的投資損失。DCP 點不通過，專案終止，不再浪費資源。只要按 IPD 流程執行，就能很好的管理產品開發投資。因此，IPD 結構化流程是產品開發按投資管理的基礎。

產品開發要實現投資收益，高品質的財務分析是非常關鍵的。為此，市場管理流程及 IPD 流程中都定義了相關財務分析的活動，並定義了財務代表角色。為了指導財務代表更有效的發展工作，華為建立了產品財務支持流程，這個流程將 IPD E2E 過程中財務領域需要發展的活動、交付要求、品質要求都進行了清晰定義，使得將產品開發作為投資來管理的理念落到了實處。

3.2.3　IPD流程是產品開發順利進行的保證

結構化的 IPD 流程是保證產品開發順利進行的「通道」。參與產品開發的人員多，需要完成的工作成千上萬項，每個人的大部分工作與他人的工作緊密相關，沒有一個工作清晰、職責明確、配合關係清楚的流程，將無法保證開發有序，更談不上高效。因此，IPD 流程是產品開發順利進行的保證。

在 IPD 流程中，清晰的定義了每個階段要達到的品質標準。沒有完成應該完成的工作，就無法通過 TR 和 DCP 進入下一個階段。每個 PDT 成員要完成什麼工作，怎樣去完成，什麼時間完成，誰是誰的輸入，都有清晰的定義，如圖 3-3 所示。哪些工作可以並行發展，都能從流程圖中看出來，同一時間軸上的工作都是同步發展的，完成時間都有要求，這種並行開發方式比串行開發方式大大縮短了開發週期，提高了開發效率。

IPD 流程統一了開發術語和語言，明確了工作交付件的品質要求，減少了溝通時間和踢皮球現象的發生，降低了 PDT 核心組協調和管理開發工作的難度。

結構化的開發流程使得流程在高層次保持一致，便於多模組、多產品和多技術開發專案的合作，同時又可以針對不同的產品開發專案方便的進行增減、合併，增強了適用性。華為各產品線都使用 IPD 流程，或經過適配調整的場景化流程來進行產品開發。

3.2.4　IPD結構化流程是建構制度化、持續的推出高品質產品管理體系的基礎

2018 年，華為研究開發團隊有 8 萬多人，要使所有研究開發專案開發順利高效，必須建立一套可以複製，規範有效運作的研究開發流程和管理體系。流程就是建構管理體系的基礎。

IPD 管理體系是用來保障 IPD 有效運作的管理支持系統，它由跨功能部門團隊進行運作（管理或執行），透過流程、決策制度及其運作機制，來管理研究開發過程和績效，以實現公司策略目標。管理體系包括以下要素：組織結構、角色和職責；決策標準；評審、運作機制和政策；指標與考核，獎懲機制等。流程定義了角色及職責、團隊組織結構，也定義了決策標準和運作機制。所以，如果沒有流程，管理體系就無法運作起來；沒有流程，決策就成了無源之水、無本之木。可見，流程是管理體系有效運作的基礎。

IPD 結構化流程解決的一個核心問題，就是在產品領域不再依賴「英雄」，而是基於流程就可以制度化、持續推出基本滿足客戶要求、品質有保障的產品。

經過二十年 IPD 結構化流程、管理體系、工具、能力的建設和持續提升，華為已經形成了完善的研究開發流程和管理體系。這套結構化的流程及管理體系，不僅可以支持 8 萬人研究開發與投資管理，即使再加 8 萬人，管理體系也沒有問題。增加產品線只要複製一套管理體系，就能有效的運作，確保把產品不斷的做出來，而且做出來的產品是穩定的、達到品質要求的、滿足客戶要求的。這就是 IPD 結構化流程對公司最大的價值。

IPD 流程的靈活性與敏捷開發

3.3.1　IPD流程的靈活性

　　流程的好處不容置疑，有流程，工作就能有序發展，可以避免衝突、混亂、效率低下。沒有流程，工作不受約束，過程不可重複、不可衡量，無紀錄，也沒辦法改進。但是，如果過度流程化，每項工作都定義太細，文件一大堆，規矩一大堆，嚴格遵循這樣的流程所花的時間就會大大增加。開發專案的時間通常很緊湊，沒有多少人花時間認真去看流程，更不要說去遵守教條的規定。

　　流程結構化設計的方法是業界普遍的做法。IPD 流程採取的是一種改進運作效果的平衡方法：既採用適當的層次結構，統一的高層框架、模型、關鍵活動，同時又不定義太細。這樣，一方面使 IPD 流程可重用、可衡量、可比較和可改進，另一方面在操作層面具有相當的靈活性。任何專案都具有獨特性，需要完成的工作都有差異，因此，流程定義太細是沒有意義的。

　　在華為，IPD 流程不是僵化的，而是非常靈活的，可以適用於所有的軟硬體開發專案以及服務、解決方案開發專案。IPD 流程提供了統一的概念、模型、框架，並基於業界實踐以及華為實踐累積了大量的檢查表、操作指導等。這些實踐是寶貴的資產，不需要後來的專案團隊重新去摸索，但卻具有相應的場景適應性。雖然華為也在不斷的總結場景，按場景建構適應性流程（見下節描述），但終究不能窮盡所有場景，新場景也會隨業務發展而產生。因此，每個專案團隊應該根據自身專案特點靈活應用 IPD 流程。以 TR 檢查表為例，TR 檢查表是華為多年來累積的寶貴資產，方便團隊成員檢查產品技術成熟度的狀況，但 IPD 流程實際上並不是要求所有專案僵化的使用公司發布的 TR 檢查表。公司發布的 TR 檢查表是指導性文件，是經驗、知識的

累積，除法律、法規、品質、網路安全等必要要求外，都需要根據實際情況進行調整，每種產品線都應該在此基礎上建構適合自身特點的檢查表。IPD 流程不要求所有研究開發的專案團隊都逐一的執行公司發布流程中描述的所有活動，每種產品都可以，也應該在公司 IPD 流程的基礎上根據各個產品的特點，針對客戶設定各個產品的 IPD 流程；每一個 PDT 經理可以，也應該根據專案的實際情況對活動進行一定的調整，包括活動的裁剪、合併、增加，這是 PDT 經理必須具備的專案管理基本技能。

　　為了更加幫助 PDT 靈活應用 IPD 流程，華為建立了根據專案具體情況靈活應用 IPD 流程的機制和指南，明確了 DCP、TR 這些關鍵點的合併原則和操作程序，以及下面層次的活動合併、裁減的自主性。

　　比如，華為 IPD 明確規定，任何產品開發專案，PDT 都可以根據專案本身特點，對 IPD 各階段詳細操作流程中的活動進行適當的裁剪、合併或增加。PDT 應記錄活動裁減情況及其原因，寫入 IPD 核心流程規定的〈產品品質計畫〉中的過程偏差部分，並作為專案文件保存。凡是技術評審或 DCP 的合併、裁減，必須提交 IPMT 審核同意後才能執行，下面層次的活動合併、裁減，由 PDT 經理依據專案具體情況做出判斷並對此負責。概念階段和計劃階段的應用調整須在 Charter 評審之前提出，在 Charter 評審資料中呈現，Charter 評審時經過 IPMT 批准並寫入〈產品品質計畫〉中；計劃階段以後的流程客戶化需要在 PDCP 之前提出，在〈產品品質計畫〉的過程偏差部分呈現，PDCP 時經過 IPMT 批准。

　　不過，流程的靈活應用需要良好的判斷能力，需要 PDT 團隊深刻分析和理解要完成的工作，因此對 IPD 流程靈活性的掌握能力與對 IPD 流程的理解、理論水準以及實踐經驗是分不開的。這就要求 PDT 經理具有豐富的研究開發經驗，PDT 經理之間不斷的進行經驗分享與交流，要求 PQA[13] 不斷提升技能，以更好的制定符合業務本質的專案過程手冊，避免教條。

13　PQA，Product Quality Assurance Engineer，產品品質保證工程師。

3.3.2　基於業務分層與業務分類的 IPD 流程場景化

在華為，IPD 流程的靈活性還表現在可以根據不同的業務層次與業務類型選擇合適的、已定義好的場景化流程。

從業務分層（見第 4.1 節）的角度來看，華為的業務分層從技術／晶片、子系統、平臺、產品、解決方案到整合服務層，其中每一層由下一層組成，經過多層形成一套完整的產品或解決方案。每一層業務特點不同，開發流程有很大區別。需要建構差異化的流程與管理體系。

從業務分類角度來看，隨著華為公司策略的調整，客戶選擇從傳統的營運商擴展到消費者、企業和政府，業務類型也從傳統的有標準的通訊設備逐步擴展到 IT 產品、專業服務、晶片、終端產品、獨立軟體、跨產品／服務的解決方案。這些業務類型的商業模式、產品形態、架構模型、投資決策模式、開發模式、營運模式等差異較大，需要在統一的 IPD 核心理念基礎上，建構差異化的流程和管理體系。比如終端產品，它是面向 2C 市場的，具有極致體驗、時尚又藝術、機會窗口時間短等不同於面向營運商市場的通訊設備節奏穩定、逐漸上量、版本演進、生命週期長等顯著差異化特徵，需要制定符合終端業務本質的、高效的場景化流程。又如雲端服務，其本質是營運業務，關心用戶全生命週期價值、用戶發展、營運效率。和傳統的產品與解決方案的商業模式完全不同，IPD 非常多的理念與流程並不適合雲端服務，因此華為並不要求雲端服務執行 IPD 流程和管理體系，而是要求為其單獨建構雲端服務流程和管理體系。

圖 3-4 所示為根據華為公司業務分層及業務分類建構的 IPD 場景化流程示意圖。

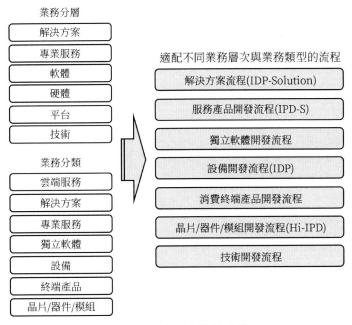

圖 3-4　IPD 場景化流程示意圖

　　流程的建立以及最佳化是一個公司最重要的工作，也是最基礎的工作。華為從 1999 年啟動 IPD 變革以來，研究開發體系流程最佳化從來沒有停止過。到 2018 年，IPD 流程已經從 1.0 演進到了 8.1。場景化流程建立是流程建立與最佳化的重要方面，並隨著公司業務範圍的擴展不斷豐富，使得每一個特定人群，針對不同類型的研究開發專案場景，能使用最合適的流程，這實質上也簡化了流程。華為在建立了 IPD 流程框架和模型之後，最初是圍繞面向營運商的有標準的通訊設備（含嵌入式軟體）來建構可操作流程的（流程圖、模板、操作指導、檢查表等），使得有標準的通訊設備開發有了規範的過程指導。後來又建構了技術／平臺開發流程，支持有標準的通訊設備開發的技術、晶片／器件／模組開發，接著又建立了晶片／器件／模組及解決方案開發流程。2011 年後，隨著公司策略和商業模式的變化，華為公司業務從為客戶提供有標準的通訊設備擴展到消費業務、企業業務，因此又投入重金建構了終端

產品開發流程、專業服務開發流程，也建構了獨立軟體開發流程。

流程是對業務流的一種表現方式，是優秀作業實踐的總結和固化，越符合業務流的流程就越順暢。華為智慧手機業務近年蓬勃發展，就是得益於終端產品開發流程的建設與不斷完善。隨著華為公司策略的調整，華為會不斷建構和完善符合不同業務本質的場景化流程。

3.3.3　將敏捷的 DNA 植入 IPD

> 我們要有快速回應的能力，也要有堅實的基礎。未來要實現大頻寬、大流量，傳統 IPD 依然是堅實的基礎，適合傳統硬體和嵌入式軟體；IPD 進一步發展就是敏捷；未來，IPD 更要聯合客戶敏捷，對接客戶業務流，做到商業敏捷。
>
> ── 任正非

敏捷開發是一種應對快速變化的軟體開發方法，它鼓勵需求由自組織、跨功能的團隊，透過疊代，循序漸進的達成。在華為，敏捷由理念、優秀實踐及具體應用三部分構成。在具體實施過程中，根據實踐影響的範圍、解決的業務問題以及團隊的成熟度，華為制定了「專案級 ── 版本級 ── 產品級 ── 商業級」敏捷的演進路徑，並將敏捷理念和實踐完全融入 IPD 結構化流程中，建構了與時俱進，適應不同產業、多業務場景的研究開發交付模式。

一、敏捷的引入

IPD 傳統模式雖然可以根據具體產品和專案的特點進行靈活應用，但整體還是對既有活動的合併、裁減或增加。從宏觀看還是採用瀑布式開發模式。這種模式針對傳統嵌入式大型系統設備、硬體產品遊刃有餘，但隨著業務的發展，在日益豐富的業務場景下，已顯得力不從心。

隨著通訊產業發展，雲端運算、大數據等新技術的誕生，傳統 CT（Communication Technology）營運商也日益面臨 OTT[14] 廠家的競爭。華為的業務也隨著策略調整，從營運商業務，逐步擴展到企業和消費者業務，獨立軟體、雲端服務等業務期望獲得更快、更個性化的服務與回應。這種情況下，傳統 IPD 按年／半年度一刀切的「火車節奏」交付版本已無法滿足客戶需求，需要根據交付場景按需而變。與此同時，業界敏捷開發運動如火如荼，各大公司紛紛採納，儼然已是軟體開發的主流方向，因此華為借鑑業界敏捷思維，結合自身特色，開啟了 IPD 的敏捷變革之旅。

二、華為敏捷簡要歷程

華為的敏捷一直都是業務驅動的，解決業務問題是敏捷實施的唯一動力。

2003 年，華為透過 CMM[15]5 級認證，2006 年 IPD-CMMI[16] 流程涵蓋率達 100%。然而此時卻發現大量基於瀑布式開發模式的專案存在驚人的需求和設計變更（如 U 產品，Charter 的需求到 TR5 時變更 48%）以及痛苦的系統聯調（前期各專案組分別開發，整合後問題爆發），造成大量的重新製作和浪費。鑑於此，2008 年前後，華為從業界引入了敏捷開發的一些基本實踐，核心是疊代開發與持續整合，提前發現問題，及時調整改進。我們把這種透過團隊層面快速閉環回饋，提升品質的敏捷實踐稱為「專案級敏捷」。

「專案級敏捷」實施 1～2 年後，研究開發能力和效率得到了有效提升。隨著業務發展，為了快速回應不同客戶越來越多的訴求，研究開發團隊同時啟動和交付了大量客戶化版本。版本多、分支多的問題逐漸成為影響客戶、

14　OTT，即 Over The Top 的縮寫，是指越過營運商，發展基於網際網路的各種影片及資料等業務服務。

15　CMM，Capability Maturity Model，能力成熟度模型。它是由美國卡內基梅隆大學的軟體工程研究所制定，被全球公認並廣泛實施的一種軟體開發過程的改進評估模型。

16　CMMI，Capability Maturity Model Integration，能力成熟度模型整合。它是在 CMM 基礎上，把所有的以及發展出來的各種能力成熟度模型，整合為一個單一框架，以更加系統化和一致的框架來指導組織改善軟體過程。

銷售、交付以及研究開發效率提升的主要問題（某 PDU[17] 資料顯示，並行開發的同步工作量占總工作量 25% 以上）。在這個背景下，華為提出了「One Track」的概念，從版本規劃環節入手，整頓「火車節奏」，基於價值進行優先級排序，一個開發主幹，版本全球應用，大大提升了交付品質和效率。我們把這種「一個主幹」為核心特徵的開發模式稱為「版本級敏捷」。

2015 年，營運商在網際網路廠家的競爭壓力以及終端用戶多樣性需求驅動下，要求設備供應商具備按季，甚至月度交付的能力。按照傳統概念、計劃、開發、驗證、發表階段依次實施的做法肯定難以滿足客戶訴求，因此我們考慮最佳化決策模式，將商業決策和需求決策分離。商業決策按年度規劃並實施，而需求決策按季度／月度疊代進行。將一次大型決策分為多次小型決策，然後每個小型決策分別開發、驗證和發表，大大縮短了版本 TTM（Time To Market）。這種持續規劃、持續開發、持續發表的流水線交付模式被稱為「產品級敏捷」。

與此同時，雲端化、虛擬化浪潮席捲全球，營運商啟動數位化轉型策略，迫切需要和供應商一起透過快速的創新和試錯來探索市場，應對挑戰；同時華為交付模式也日益多樣化，基於開源和生態的交付比重逐步增加。基於此，華為面向未來，提出「商業敏捷」概念，基於不同的商業場景和業務訴求，採用不同的研究開發模式。在營運商和企業市場，華為期望聯合客戶，加入生態合作夥伴一起聯合創新、開發和交付，提升產業鏈的競爭力；對於公用雲等自營運產品和服務，探索 DevOps[18] 開發模式，建構從規劃到運作維護的 E2E 全功能團隊，實現營運驅動開發，最終實現業務的敏捷交付。

17　PDU，Product Development Unit，產品開發部。

18　DevOps，Development 和 Operations 的組合詞

三、華為敏捷變革的兩個關鍵向度

　　業界敏捷早期主要都是針對小團隊實施敏捷開發的，比如最為廣泛應用的 Scrum[19] 框架以及著名的「2 個披薩團隊」，都是小於 10 人的規模，這和華為 IPD 下動輒幾百、上千人的集團軍作戰方式是有很大區別的。為了將業界敏捷引入華為，除了深刻理解敏捷理念，還要在具體操作方面結合華為的組織和流程特點做大量的創新與適配。

　　從華為近 10 年的敏捷變革經驗來看，要在整個 IPD 層面做好敏捷，最核心的是要提升以下兩個方面的敏捷能力：

· 價值流敏捷性：價值流敏捷性稱之為敏捷的水平拓展能力。核心是在「客戶—需求洞察—商業設計—架構與系統設計—開發—測試—服務—客戶」這個價值鏈中，把敏捷影響的範圍從傳統小團隊內的「開發—測試」向前後兩邊延伸，最終打通「從客戶中來，到客戶去」的完整價值鏈。這個過程，要不斷加入新的角色，不斷調整和最佳化現有流程和組織職責，用更短的鏈條，更高效的協同和回饋加速價值的流動。僅僅單個小組運作好，甚至獨立的多個小組也運作好，依然不能有效解決問題。大企業中每個角色和職責都是環環相扣，只要有環節和角色沒搞定，價值就無法順暢流動起來。

· 組織敏捷性：組織敏捷性稱之為敏捷的垂直壓縮、扁平化管理能力。核心是在「員工—主管—經理—部長—總裁」這種多層級的報告和決策鏈條背景下，建構一個高效、快速的決策機制，從策略到執行，透明高效；從基層向上回饋資訊，通暢，快捷；這都需要企業做到分層決策，組織扁平化，適度自治，權力和「炮火」授權到一線作戰團隊。這種變化，涉及組織的調整，不同層級決策範圍和決策方式的變化。

19　Scrum，是一種疊代增量式軟體開發過程，通常用於敏捷軟體開發。

　　華為 IPD 針對上述兩個向度的敏捷性都有改進，實踐顯示，組織的敏捷性難度更大，但改進獲得的收益也更大。

四、敏捷變革對 IPD 的主要變化

　　透過敏捷變革，華為 IPD 在以下幾個方面與以前相比有了較大改變：

· 商業決策與需求決策分離：涉及策略、商業的部分由 IPMT 決策，具體的需求交由產品管理和開發團隊共同決策；需求組合由從前在 Charter ／ PDCP 時一次大型決策，變成隨著產品的開發過程，疊代滾動，依據商業價值排序，分拆為小型疊代決策，基於小型快速開發和交付。

· 全功能團隊建設：基於價值流，建構完整交付團隊。從以前的模組團隊，為單個模組的交付負責，轉變為對服務／特性從需求到上線／發表全程負責。這要求團隊成員技能上一專多能，決策上適度自治，擁有部分決策權和空間，能針對服務／特性的體驗類需求在團隊內自主決策並快速閉環。

· 能力建設，內建品質：敏捷是基於能力的變革，要做到快速交付，就必須做到即時高品質，要求把品質內建到開發過程的每個活動中，強化架構解耦合自動化測試，透過工具自動化，將開發活動各環節品質隨時視覺化管理，最終支持按節奏開發、按需發表的敏捷交付模式。

3.4 基於結構化流程的產品開發專案管理

3.4.1 什麼是專案和專案管理

專案是為創造獨特的產品、服務或成果而進行的臨時性工作。專案是無處不在的，比如舉辦一次奧運會開幕式，修建一棟大樓，進行一次房屋裝修，開發一款新手機，管理一次產品發表等。專案具有以下主要特徵：

· 一次性，有明確的起點和終點，目標明確且一次性。

· 獨特性，每個專案涉及的工作任務不同，環境約束不同，工作存在差異。

· 成果的不可挽回性，專案失敗或沒有達成目標不可重來。

專案的這些特徵使得完成專案、達成專案目標具有非常大的風險和不確定性，專案管理不好或缺乏專案管理可能導致：不能按時完成，成本超出預算，品質不達標，重做，範圍變更頻繁，相關方不滿意以及組織聲譽受損等，因此專案管理非常重要。

專案管理是將知識、技能、工具與技術應用於專案活動，以滿足專案的要求。專案從過程看，專案要管理 5 個過程（全生命週期）：啟動、計劃、執行、監控、收尾。從知識領域看，要進行範圍、進度、成本、品質、資源、溝通、風險、採購和整體管理。專案管理是對專案整個生命週期全過程的管理，是一項系統工程，其本質是整合資源與能力，透過一個組織達成專案交付目標。

專案範圍不同，相關的工作任務就不同。根據專案範圍和工期要求，需要合理安排工作及時間進度計畫，評估每項工作要花費多少錢，安排合適的人去做，保證工作過程品質和成果品質，避免重新製作。專案發展過程中需要管理所有資訊，以便把正確的資訊，在正確的時間，透過正確的方式傳遞

給所有利益相關人。專案的獨特性帶來風險，專案進度和資源的安排都是基於假設和有約束的，必須採取對策管理風險。任何一項風險至少會影響專案的範圍、進度、成本和品質四者之一。專案組織需要明確哪些從外部採購或獲得所需的中間產品、服務或成果，包括工作外包或採購人力資源等。採購的及時、品質、成本都會影響專案目標的達成，所以需要進行採購的各個過程管理。專案的 5 個過程和活動相互作用、相互影響，上述知識領域也相互依賴和影響，需要進行統一、協調和整合，平衡相互競爭的目標和方案，管理專案相互影響和過程，最終目的是要達成專案目標。總之，專案管理的重點是在專案的約束情況下，解決做什麼、如何做、由誰去做、何時去做、如何按照要求做好的問題。

在華為產品開發領域，專案就是產品或版本的實現過程，產品或版本是專案的輸出。產品是指滿足客戶需求的軟硬體系統；版本是產品在不同時間段的特性集合，是在產品生命週期過程中依據特性對產品做的細分，包括產品的第一次交付以及後續升級的交付。一種產品可以有多個版本。因此，研究開發專案管理就是專案團隊管理一種產品或一個版本按時、高品質交付的過程。

3.4.2　結構化流程是平臺，專案管理是活的管理

華為 IPD 結構化流程類似高鐵系統，定義了管理產品開發的整個流程體系。產品版本開發專案就像其中開出的一列列不同車次的火車，而專案管理就是一列列火車安全準點運行的管理過程，專案團隊就是執行列車時刻表，保證整點安全到達的火車駕駛團隊。

IPD 流程把專案管理過程與知識、技能、工具、技術和要求融入開發流程中，使得執行開發流程活動同時就在應用專案管理方法管理開發。圖 3-3 IPD 流程袖珍卡中定義的活動，就是規範化考慮了相互依賴的產品開發專案計畫的 WBS。開發領域需要制定開發和驗證主計畫，發展需求分解分配、系統設計、軟硬體結構概要設計（HLD）和詳細設計（LLD），以及建構模組功

能驗證（BBFV）、系統設計驗證（SDV）、系統整合測試（SIT）、系統驗證測試（SVT）、Beta 測試、外部認證及標竿測試和資料開發等工作。專案管理中的制定專案計畫，演變為 IPD 流程中逐步精進的制定 WBS 概要計畫、WBS 詳細計畫，並監控和管理專案。專案範圍是為交付產品而必須完成的工作，客戶需求決定了要開發的產品特性的工作任務和目標，因此，專案範圍管理的核心就是管理實現客戶需求的工作和交付。品質管理的活動和要求也融合在 IPD 流程的品質活動和里程碑交付件驗收標準中（詳見 7.3.3）。專案採購管理活動也與 IPD 流程中的採購活動融合一致。專案的啟動和收尾，階段的決策將專案與風險控制和投資理念系統結合在一起。總之，IPD 流程是結構化專案管理流程，是採用跨部門專案團隊和專案管理流程來開發產品，是基於商業來管理投資的。遵從 IPD 流程，基本上就應用了專案管理理論和方法。

專案管理是一種黏著劑，它用範圍管理將產品需求連結起來，透過工作分解結構 WBS[20] 將開發流程和工作任務相連起來，透過活動與交付件的依賴將產品的架構、中間件、CBB 按開發邏輯整合起來，並透過 WBS 將工作任務與專案團隊組織和成員銜接起來，使得工作責任清晰，任務目標和品質要求明確，專案團隊能夠順利協同的發展工作，監控開發過程、進度和品質。所以說專案管理是專案團隊和 IPD 大平臺（結構化流程／ CMM ／品質管理等體系，技術平臺、業務平臺、能力平臺）的橋梁和紐帶，是開發專案經理管理開發的裝備和方法，是產品開發活的管理。

沒有 IPD 結構化流程之前，開發一種成功的產品，更依賴於專案經理的管理能力和團隊成員的專業能力，比如華為早期的萬門程控交換機、排隊機和智慧型網路等的開發，投入了大量的人力、物力、時間和精力。

有了 IPD 以後，不僅可以保證產品開發過程規範，交付的產品不會因人而導致差異太大，而且專案經理帶領專案團隊就可以基於 IPD 大平臺，應用

20　WBS，Work Breakdown Structure，工作分解結構，專案管理術語，是對專案團隊為實現專案目標，創建所需可交付成果而需要實施的全部工作範圍的層級分解。

專案管理方法，發揮自己的聰明才智，大顯身手，又快（進度）、又好（品質）、又省（成本）的不斷開發出滿足客戶需求的產品。

產品開發領域的專案管理團隊就是 PDT 團隊，PDT 團隊以 IPD 為作戰平臺，應用專案管理方法整合並動態管理客戶需求，分析競爭產品和競爭對手，明確整體目標，正確分解整體目標，以此為依據做好分工和合作，並在關鍵里程碑時間點上對齊，按品質要求進行交付。其中關鍵是組織管理並激勵團隊成員，依託和利用 IPD 大平臺既有優勢，借鑑業界、華為前輩和兄弟 PDT 的優秀實踐，充分發揮主動性，系統的發展工作，打造全流程、全生命週期「超越對手、滿足客戶需求」的有競爭力的產品。

IPD 流程是結構化專案管理流程，使得 PDT 團隊可以根據專案獨特性對執行的 IPD 流程活動進行調整和增減，因此 IPD 流程能適應各種場景的開發專案。同時透過開發專案的實踐總結能為結構化流程的持續最佳化和完善，開發場景化 IPD 流程提供輸入。華為專門制定有研究開發專案管理手冊（RDPM）指導研究開發專案管理工作的發展。

為了更好的管理複雜產品開發，華為將產品開發專案按工作性質分成開發、製造、服務等各專案，即大專案內套小專案的整合管理模式，以便於用 IT 工具管理專案進度、成本和合作，如圖 3-5 所示。PDT 團隊結構也與之對應，核心組成員負責第二級，研究開發專案根據工作複雜程度還可以往下細分為硬體、軟體等子專案，每個細分子專案由一個擴展組組長負責。這樣，專案與團隊和流程結構能很好的互相搭配，責任清晰，使得結構化流程下的專案管理更加便於協同和管理。專案管理團隊結構化的分解模式（PDT 核心組、擴展組的組成方法），使專案經理及團隊能管理更大的開發專案，將精力聚焦在開發滿足客戶需求，為客戶創造價值的產品實現上。

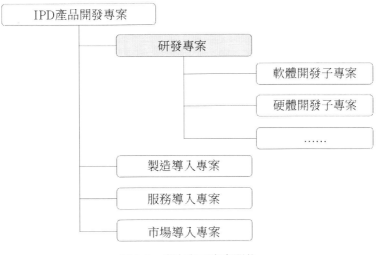

圖 3-5　專案與子專案關係

3.4.3　華為開發專案管理實踐

有了 IPD 流程和後續幾章介紹的研究開發平臺、品質、成本管理等，PDT 經理應用專案管理方法，管理產品開發更加容易。以下幾點是專案管理在 IPD 流程基礎上助力開發專案成功的關鍵要素。

一、專案 WBS 計畫管理是專案管理的基礎和關鍵

專案 WBS 確定了專案必須完成的工作以及把這些工作分解成更小、便於管理和完成的工作組合（交付件）。WBS 是制定進度計畫的基礎和其他專案管理知識領域的基礎。例如，資源是基於工作組合來安排的，品質計畫是基於工作組合來制定的，風險是基於完成工作的假設和條件識別、評估和管理的，專案成本是核算在 WBS 上的等等。專案的獨特性就表現在 WBS 的差異上（這也是 IPD 流程定義不能太細和可以裁剪的理論依據）。因此，專案 WBS 計畫管理是專案管理的基礎和關鍵，專案經理及其核心團隊必須掌握專案 WBS 計畫的制定、執行和監控管理。

在非同步開發模式下，產品開發與所需的技術、平臺、零件等存在很強的依賴關係，需要透過 WBS 來協助，才能整合交付滿足客戶需要的產品或解決方案。因此，專案 WBS 計畫管理是專案經理最重要的管理工作。

在華為，IPD 專案 WBS 計畫也稱為 IPD E2E 專案計畫，是基於 IPD 結構化流程定義的基線版本。產品開發專案透過 WBS 計畫串聯各功能領域的目標及工作計畫，以及各技術、平臺、零件等非同步開發里程碑的計畫。

基於路線規劃所對應的各產品、技術、平臺、零件版本「火車計畫」，就像列車時刻表一樣，是對客戶的承諾，不能隨意調整。因此產品開發 E2E 專案計畫具有嚴肅性，一旦專案啟動，專案計畫制定後，PDT 團隊就需要保證按計畫完成專案，發表產品版本。除非專案範圍或客戶需求等發生了變化，才可以申請變更，即使這樣，也要走規範的 PCR 變更程序。

專案是逐步精進的，WBS 計畫的制定也是逐漸清晰和準確的過程。在華為，Charter 定案後，PDT 核心組在概念階段根據專案目標、里程碑要求，基於結構化的 WBS 模板快速形成各領域步調一致的 E2E WBS 概要計畫。在計劃階段，各功能領域代表帶領擴展組成員評估要開發每個模組的工作量，擬製本領域的 WBS 詳細計畫，PDT 核心組整合形成 E2E WBS 詳細計畫，並對關鍵里程碑點進行一致對齊。一旦商業計畫在 PDCP 獲得批准，E2E WBS 詳細計畫形成基線，PDT 團隊將按該計畫管理專案的完成，後續變更要走規範的變更程序。因此，專案 WBS 計畫的管理是產品開發專案進行 E2E 專案管理的基礎。

透過多年的專案管理實踐，隨著專案團隊能力的提升，以及持續對專案進度偏差進行度量牽引，華為開發專案進度偏差已改進到目前低於 5%的比例，保證了及時發表滿足客戶需求的高品質產品版本。

二、專案經理和資源保障是專案成功的關鍵

　　專案成功的關鍵是要有資源，特別是合格的人。其中專案經理對專案成功發揮關鍵作用，微信的成功和華為手機的成功都說明了這一點。費敏說：「PDT Leader 是產品的『父親』，他的 DNA 主要是你的。」可以說產品怎樣取決於 PDT 經理怎樣。華為對 PDT 經理選拔要求非常嚴格，要求來源於研究開發並具備周邊工作經驗，不僅是專案管理專家，而且要具備專案管理綜合能力，很強的領導力以及產品商業決策能力，以實現產品的商業成功。這與 PMBOK[21]（2017 年第 6 版）新加入一章介紹專案經理能力模型基本一致。專案經理在華為是走上商業領袖或資源主管管理職務的必經之路，這種機制保障了優秀專案經理層出不窮。

　　專案經理能力提升是專案成功的保障。在引入專案經理 PMP[22] 認證要求後，華為建立了自己的專案經理認證制度，對專案經理在知識、技能上全面按 IPD、研究開發實踐進行了規範和提升。2009 年，華為開始系統性建設組織級的專案管理能力，建設了 PO（Project Office，專案辦公室）、PMCoE（Project Management Center of Excellence，專案管理能力中心）的組織支持；建立了專業化的專案管理專業技術任職管道。建構了全公司研究開發統一使用的專案及專案群管理 IT 平臺，在 IT 能力、組織使能上為提升專案管理能力打下了堅實基礎。

　　找到了合適的專案經理，接下來就需要合適的團隊人員來完成專案。華為採用矩陣型的專案組織架構，以平衡專案資源短期投入與資源能力長期建設的關係。專案經理提出資源需求，資源由資源部門主管負責專案資源的分配和協調。資源部門負責本領域人的知識及能力的提升。專案透過任命的方式，明確專案團隊各領域的代表及成員名單。

21　PMBOK，Project Management Body of Knowledge，專案管理知識體系，由美國專案管理協會（PMI）定期更新。

22　PMP，Project Management Professional，指專案管理專業人士資格認證。它是由美國專案管理協會（PMI）發起的，評估專案管理人員知識技能是否具有高品質的資格認證考試。

　　華為一直處於高速發展階段，資源短缺一直是產品開發領域普遍的現象。只有採用第 2 章組合管理和資源通路管理才能做好這項工作，既保證重點專案投入，又能滿足專案資源需求。資源通路管理，如圖 3-6 所示，其核心是把有限的資源調配到組合決策排序排在前面的專案上去。透過版本路線規劃和調整版本錯位開發計畫，確保專案資源供給是平衡的（平滑增加、減少、保持不變）；做好關鍵資源的分配計畫，特別是在關鍵的大專案上要在最需要的時候把關鍵的資源放進去。透過度量資源利用率和釋放率，牽引研究開發資源更好的為研究開發專案服務。簡言之，就是聚焦策略，落實通路管理，最佳化資源配置。

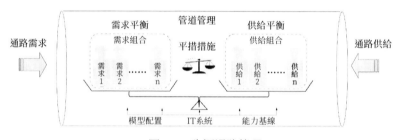

圖 3-6　資源通路管理

三、合約管理是專案契約化交付的保障

　　合約管理是確保兌現對客戶的承諾，實現按時、高品質交付的保障，PDT 經理最核心的是把合約執行好。

　　華為對開發專案採用專案合約進行契約化管理。開發專案合約是華為投資方代表與執行開發專案的責任主體簽署的正式和莊重的承諾。合約明確專案的範圍、品質、進度、成本、財務、市場表現等交付目標和約束條件。專案執行團隊（如 PDT）承諾按合約完成專案交付，IPMT 主任代表華為公司的投資決策團隊（如 IPMT）對專案交付目標簽字和承諾資源保證。華為實踐證明，合約管理是專案契約化交付的保障。

3.4　基於結構化流程的產品開發專案管理

開發專案合約管理，就是以產品開發專案合約為主線，對合約簽署、執行與監控、變更、評估與驗收等活動所進行的一系列管理，如圖 3-7 所示。合約在專案的 PDCP 時，由 IPMT 與 PDT 正式簽署合約；進入開發階段，PDT 執行專案合約；在 ADCP 前，基於最新合約內容對專案交付件進行首次驗收，對專案績效進行評估。對於華為營運商產品和解決方案，由於營運商網路產品往往在產品版本 GA 後半年才有較大規模、較大數量的應用，所以在 GA 後半年進行二次合約評估活動。透過兩次合約評估對專案進行綜合性評價，評估投資目標達成情況。評估結果作為對專案執行團隊的主要考核指標。

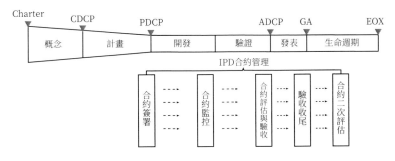

圖 3-7　IPD 合約管理示意圖

IPD 合約管理機制在產品開發領域建立了良好的契約化交付的專案管理文化。透過貫徹合約管理，明確整個開發團隊的努力方向和要求，而且在管理跨產品、平臺的合作上也會更順暢。例如，5G 解決方案大規模專案交付，任何一個小專案都是依賴各大平臺的，如果沒有基於契約的依賴關係管理能力，就會寸步難行。透過合約管理，將零件與解決方案的配合關係、時空對齊要求進行了整合和明確，保證了大專案之下各小專案的靈活與最終解決方案按時及保證品質的交付。

四、專案四算與財務管理支持投資組合管理的落地

華為研究開發投入非常大，一個產品版本的研究開發投入平均上千萬甚至上億美元，所以對專案進行四算和財務管理非常重要。

所謂專案「四算」就是對專案進行概算、預算、核算和決算。專案管理要對開發專案全週期所需投資進行過程管理。在 Charter 時進行專案概算決策，在 PDCP 時進行專案預算決策，在開發到發表階段例行展開專案投資核算，GA 時進行專案投資決算，如圖 3-8 所示。

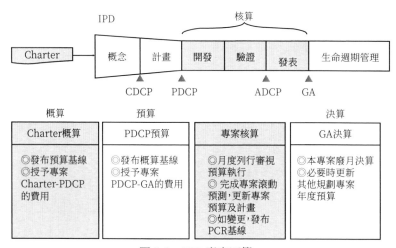

圖 3-8　IPD 專案四算

專案逐步精進使得專案估算是逐漸準確的。專案開始，完成專案的機率低，風險和不確定性最高；隨著專案的進展，完成專案的機率通常會逐步提高。因此，為控制投資風險，減少投資損失（這也是 IPD 流程分階段的原因之一），專案投資透過階段決策來逐步授權。Charter 定案批准授予專案到 PDCP 前概算，PDCP 通過後授予 PDCP 到 GA 預算。每個 DCP 點，投資決策團隊根據事實對開發專案進行決策，決定是否可以進入下一階段開發。決策通過，則提供投資。PDT 財務代表要輸出產品／專案投資財務分析報告，包括產品規模（價格和數量）、專案人力及費用、目標成本、產品損益評估

等，用以支持產品／專案投資決策。PDT 對專案投資經費使用負責，實現預算範圍內，專案按時、保證品質交付。專案四算確保專案投資在專案全週期可控可視，保證了投資資金的有效管理。

在華為，研究開發專案的產品投資分析要對齊年度商業計畫（BP），透過宏微觀預算互鎖管理機制，建構從產業投資到專案執行的閉環管理。「宏觀預算」是指授予各 IPMT ／產業的投資總額和人力投資總額；「微觀預算」是各 IPMT 將投資及人力宏觀預算分解到年／月度的研究開發專案粒度。宏微觀預算互鎖就是基於投資策略對宏觀預算與研究開發專案微觀預算匯總進行偏差管理。

透過宏微觀互鎖，牽引 BP 規劃的有效分解，並支持各 IPD 專案有效決策，保障策略和投資組合管理的落地。在 IPD 專案 DCP 決策時，投資決策團隊根據自身預算執行情況及專案優先級做出減少或追加預算的決策。宏微觀預算互鎖機制消除了基於專案需求的微觀預算與基於投資經營的宏觀預算的偏差，從而促進業務資源合理配置。透過投資組合與資源管理的平衡，支持投資方做正確的事，保證資源投入合適的專案並得到有效利用。

五、專案群管理支持解決方案的高品質及時交付

伴隨客戶需求的滿足走向助力客戶的商業成功，開發逐步從交付單產品走向交付商業解決方案。從組成來看，解決方案是由多個網元產品（網元產品也可在市場單獨銷售）及軟硬體或平臺組成的。它們可能來自多個產品線，或者合作方，可能是現有的或採購的，也可能是要新開發的。解決方案專案管理比單一產品開發更複雜，而解決方案是一個系統整體，其組成零件一起工作，實現了解決方案的特定功能和特性，因此需要專案群管理，以實現解決方案本身和其關聯的多個網元產品開發專案間的協同交付和整合。解決方案專案管理是圍繞解決方案定案、解決方案需求管理、整合計畫及依賴關係管理、解決方案契約化交付、系統設計與整合驗證交付等措施展開的。

1. 解決方案定案：與單一產品開發專案定案不同，解決方案專案因為含有多個支持網元產品的不同開發狀態而變得複雜，所以解決方案開發團隊（SDT）的專案經理需要在留意商業目標和商業價值的同時，協調各支持網元產品的開發路線以及各零件產品的交付特性與計畫，特別是各網元產品開發協同整合更是需要關注。投資決策團隊基於策略，基於解決方案的商業投資價值、相關產品的開發進度和資源等做出定案決策。

2. 解決方案需求管理：需求管理必須進行完整全量管理，採用需求管理工具對需求進行全量追蹤，一棵「需求樹」追蹤所有的原始需求和變更。在專案群內各專案間定期進行核對，確保解決方案下發的需求有效分配落實到各個開發專案組去實現。

3. 整合計畫及依賴關係管理：SDT 對各網元產品開發的特性依賴、計畫依賴進行統一協調和管理。採用多專案管理工具管理整合計畫，讓特性依賴、計畫依賴清晰、視覺化、易管理。

4. 解決方案契約化交付：解決方案與各網元產品可以統一與投資決策團隊簽署一份合約，對交付目標、里程碑、品質、特性等做出承諾，也可以分別簽署合約。透過這種契約化的交付管理，形成網元對解決方案的交付承諾，確保交付順利進行。

5. 系統設計與整合驗證交付：解決方案需要進行整體架構與系統設計，確定各網元零件特性、介面、開發方式、整合驗證里程碑等，並據此制定 WBS 開發和整合驗證計畫。為保障解決方案層面特性的交付品質，採用解決方案測試驗證整合各網元測試的方式，進行系統整合測試驗證。

透過上述措施，解決方案專案經理應用專案群管理能遊刃有餘的發展大規模「兵團式」專案管理，實現多產品連動的複雜解決方案高品質及時交付。

六、產品的商業成功是專案管理的最終價值展現

如何評價專案管理的好壞，除了是否達成專案品質、成本、進度等專案目標外，對於產品開發來說，更重要的是產品是否在市場上被客戶認可，獲得商業成功。因此產品的商業成功是專案管理的最終價值展現。

營運商網路設備的交付特點是透過一系列產品版本的不斷交付和升級換代，使產品特性不斷滿足客戶需求，功能不斷豐富、性能穩定提升，持續為客戶創造商業價值。產品的成功，取決於產品系列版本在生命週期的成功。一種長期存在的產品在其市場週期內的競爭力是需要由 PDT 團隊在第一個版本開發專案基礎上，透過不斷的開發來持續保持產品在市場上的卓越表現和競爭力，因此，專案管理是常態化的。華為公司的產品絕大部分屬於長線產品領域，生命週期長，只有 PDT 團隊採用常態化的專案管理，管理產品開發及生命週期，加上產品路線規劃與管理的閉環，才能持續保持產品商業成功。

下面是 PDT 基於 IPD 流程，應用專案管理方法獲得產品成功的一個案例。

案例　無線 BTS3012 PDT 挑戰專案交付「不可能」目標，提升 GSM 產品盈利能力

· 背景：抓住 GSM 市場大發展的機遇

2007 年前夕，正處於無線 3G 建設初期，網路的涵蓋和穩定性還不足以支持大規模資訊業務；先進國家 GSM 網路進入更新換代、新興市場進入高速發展階段，資訊業務逐步成為 GSM 業務重點。華為判斷，營運商在 2007～2010 年間將大量建設 GSM 網路，GSM 是必爭之地！

· 啟航：設定目標，成立產品版本開發專案

2006 年 9 月，考慮到技術累積不足、開發人數限制，PDT 核心團隊在申請 BTS3012V300R006 專案定案時，提出降成本 13%、降功耗 20% 的

建議目標。IPMT 綜合考慮市場商務訴求和 GSM 產品路線批准定案，同時要求 PDT 在 PDCP 前，根據市場競標和商務談判結論，以利潤率維持在 10% 的水準為目標，重新審視和調整降成本目標。BTS3012 雙密度基地臺的降成本版本須在 2007 年 6 月發貨，支持在下一代基地臺推出前的 2007 ～ 2008 年發貨。

・亮劍：面臨市場變化重設競爭力目標，勇於挑戰「不可能的任務」

當時，GSM 產品成本是大問題。2006 年 9 ～ 10 月，因產品成本超過競爭對手報價，華為不得不退出印度、孟加拉、巴基斯坦等國家的大專案爭奪；同時高階市場合約談判價格降低幅度遠超預測，導致高階市場盈利下降。市場競爭讓 GSM 產品線感受到了極大的生存壓力。PDT 核心團隊經過研討，更新 BTS3012V300R006 版本的核心目標，在 PDCP 決策時獲得批准：降成本 40%，重建價格競爭力，支持市場突破和 2007 年當年盈利。

為了實現這一目標，開發專案面臨的挑戰主要是：

▶ 技術難度大：為最大程度的提高整合度、降成本 40%，必須創新採用新方案、新技術、新器件。無線射頻模組首次將電源／基頻／功率放大器三板合一。

▶ 開發週期短：為了盡可能的發揮降成本效益，要求其中的高複雜載波模組半年內完成 TR5 開發階段工作。

▶ 大量發貨壓力：TR5 後的兩個月內必須達到每月 1 萬模組的大量發貨能力，全面更換老產品，品質要求高。

▶ 團隊成員新：人力從各部門和專案組抽調，完全是個新團隊。

PDT 正式成立後即召開專案開工會，PDT 經理和開發代表在開工會上喊話打氣，對齊挑戰目標：2007 年 6 月發貨，8 月大規模商用，版本早一

天發表可帶來 1,500 萬元的盈利；激發專案成員挑戰完成「不可能任務」的動力；組織成員識別專案關鍵風險和挑戰，對齊專案計畫和策略，明確專案運作及開發溝通機制，要求團隊間高效合作，問題快速閉環。

· 執行：對齊商業目標，分解任務，聯合各領域打造產品競爭力

【計畫管理】要想達到 GSM 的盈利目標，必須保證 TR5 時間點不變，盡快進行新雙密基地臺的切換。研究開發只有強化降成本措施、加大人力投入、提升效率，保證產品開發進度和品質。其他功能領域代表，要密切配合研究開發里程碑計畫，擬製出各領域關鍵行動計畫：如市場代表負責提前啟動實驗局找局，支持實驗局在 TR5 後快速啟動；服務組展開服務降成本設計，提前安排兩級技術支援。供應製造代表落實生產可製造性設計能力，縮短訂單履行週期，提升量產能力；採購組提前對風險器件進行備貨，提前組織採購專家團對多個方案進行採購。PDT 整理了各領域的高等級風險，為風險擬定了應對措施並更新了專案計畫。

【範圍管理】從定案到 PDCP 期間，PDT 團隊對產品組合需求進行分析，增加了降成本細化的若干需求，工作量增加近 400 人／月，並確定降成本措施包括的 900M 和 1800M 兩個頻段，優先保證 900M 的頻段開發，以滿足市場的需求。

【預算管理】PDT 經理和開發代表組織專家進行了人力投入分析。由於開發搶進度，同時需要展開 3 套樣機和 1 套正式版方案開發試製，專案需要做多套物料計畫，明確在充分利用現有儀器儀表的基礎上擬定物料按月到貨計畫。透過分析詳盡的費用預算計畫和人力計畫，PDT 確保資源可在 IPMT 投資範圍內完成交付目標。

【目標成本管理】為了實現將降成本的幅度從 13% 提升到 40%，PDT 從系統設計、解決方案、採購、製造、服務等多方面採取措施：在系統設計方面「做減法」，將降成本目標逐層分解，全面簡化電路模組設計；

透過技術創新和精細化管理，降低電源模組功耗，以實現新雙密度模組在相同條件下比舊模組功耗下降 35%；讓器件採購提前介入開發過程，在系統方案設計期間根據備選方案參與器件選型並啟動招標；製造供應透過各環節最佳化以及產品設計簡化，將製造成本降低 64%；服務分析識別交付過程中的「痛點」，提出即插即用、正向相容、棧板運輸、自適應安裝等可服務型需求，以降低服務成本。

【品質管理】鑑於專案交付產品需要大量發貨，在達成降低成本目標的同時，必須確保版本品質。PDT 透過品質策劃，結合關鍵客戶投標書、合約中的品質要求確定了 ERI（單板早期返還率）20%、DPMO（百萬機會缺陷數）15 等各關鍵結果品質指標，以及內部過程控制品質目標。確定品質專項活動有：

▶ 保證交付件 Review 和 UT（單元測試）充分展開。

▶ 分析設計品質的 SE 進行專人保證：確保 SE 在 TR2 前的系統分析活動充分，確保需求分析、分配需求、設計方案的品質。

▶ 轉測試階段組織一次「品質保證月」：識別隱藏很深的問題，確保版本轉測試後問題較少，最終遺留缺陷密度低於基線數據。

▶ 硬體的少量驗證品質保障：每週對器件替代生產少量追蹤情況進行通報。

▶ 器件替代在板測試品質保障：明確研究開發、測試、器件中心參與評審。測試設立器件，替代測試聯絡人和產品聯絡人。射頻器件替代測試報告展開每個月兩次評審，器件中心、測試、專案組相關人員參與等等。

【變更管理】2007 年 4 ～ 5 月間，900M 雙密度優化版本正處於最緊張的系統聯調和生產轉產階段，專案組集中精力解決 900M 的問題，鑑於 1800M 的投入減少，模組複雜度更高。經過仔細考慮當年市場交付需要

和發貨目標，PDT 申請專案範圍變更，集中力量投入 900M 雙密度版本的開發和交付，將 1800M 剝離，另行專案交付，獲得 IPMT 決策批准。

【ESS 早期發貨管理】為了滿足 6 月之後市場要貨需求，必須盡快上網驗證，同時控制放量節奏，避免批次品質問題。PDT 詳細制定了 ESS（Early Sales & Support）發貨計畫，明確從 TR5 到 GA 前的發貨量占全年的 7%。

經過各領域的協同作戰，截至 2007 年 9 月底，900M 新雙密模組試驗局涵蓋了全中國十多個城市，涵蓋了營運商的主要應用場景，對 900M 新雙密模組驗證充分。

奠基：PDT 在 IPD 支持下實現專案成功，產品競爭力構築

在 ADCP 評審時，透過專案內部合約評估和驗收，專案達成進度偏差 4%、品質得分 95、目標成本達成率 95%、投資偏差 7% 的執行效果。專案開發當年，華為 GSM 出貨量就超過 35 萬載波，GSM 載波成本獲得大幅下降，GSM 基地臺盈利能力大幅提升。

BTS3012 新雙密的推出讓 GSM 成為一頭奔跑的金牛，早 1 天發表，可以多賺 1,500 萬，進度上創造並改變了無線的開發基線，技術上突破了數字射頻高整合單板單面布局的瓶頸，供應上開創了無線「一條流」加工的先河。新雙密一經推出，製造毛利率大幅提升，從根本上提升了 GSM 基地臺的盈利能力。

至 2012 年，BTS3012 已累計為華為創造收入超過 30 億美元，創造利潤 5 億美元。PDT 基於 IPD 流程和專案管理，創造性的完成「不可能的任務」，交付了具有更低功耗、更小成本、更小體積、更高競爭力的 GSM 明星產品，為華為無線成為行業領導者奠定了扎實的基礎。

七、小結

　　IPD 結構化流程框架及運作機制建構了一套市場驅動，客戶需求導向的管理體系。有了這套體系，加上第 4 章講的研究開發能力平臺（架構、平臺、CBB 及技術體系），專案經理可以充分利用組織累積的平臺能力，聚焦價值創新，更好的施展才華。英雄輩出，體系健全，使華為制度化、持續性推出高品質產品與解決方案成為現實。專案管理能夠動態回應變化的環境、市場以及業務形態，使 IPD 適應紛繁複雜的業務場景，並透過新專案的探索讓 IPD 成為適應華為業務發展需要的有生命的管理體系。

第 4 章　研究開發能力及其管理

透過業務分層進行複雜業務層級間解耦，透過架構設計的進一步解耦形成產品級可複用的公共平臺以及一系列的組件。盡量標準化、通用化形成 CBB 與器件優選庫，以期最大限度的在全公司研究開發範圍內被推廣複用，並以此成為基於結構化流程的非同步開發的基礎：可複用的產品平臺和標準化的軟硬體組件零件與構件 CBB。非同步開發可以大大減少開發工作量，縮短開發時間，降低開發成本和難度，同時提升開發品質和效率，並且以上各指標的改善是全業務流程的 (IPD、LTC、ITR) 和產品全生命週期的。基於架構設計之下的各交付件 (平臺、組件、構件 CBB) 形式的封裝，不僅有極大的商業價值，而且實現了資訊安全的訴求，同時還極大的方便了各研究開發團隊的協同和專案管理。透過在研究開發內推行 CMM，用過程的規範性保障軟體開發的品質，同時建構敏捷工程能力，實現價值快速閉環。同時，透過內外部開放原始碼，減少軟體重複開發，提升研究開發效率，以及快速開發有競爭力的運算法，提升產品的競爭力。

本章描述支持 IPD 的研究開發業務架構與策略以及產品開發模式和研究開發各主要能力要素，包括業務分層策略、非同步開發模式、架構與設計、平臺化策略及其價值、CBB 與優選器件庫、開放原始碼、軟體工程和研究開發能力管理體系等。

4.1 業務分層與非同步開發

　　業務分層是按業務類型和價值鏈關係劃分的層次分類，是管理業務的基礎，不同層次交付的開發將按照獨立的、有競爭力的、面向客戶的業務來組織、管理和考核。非同步開發是用來支援各業務分層獨立規劃和開發的重要方法，是支援各業務分層的產品和技術進行獨立的規劃與開發的原則和方法。

　　透過業務分層把公司業務分類，每個層次有統一的管理模式，每個業務層次具有獨立的開發流程，各業務層次相對獨立運作並互相支持，各個層次之間的交付責任、依賴關係明確並清晰。每個業務層次有執行者、管理者和決策者，分層管理決策，各層級非同步開發，從而使公司管理更加有序、高效。透過非同步開發的研究開發模式，在產品與技術規劃過程中識別產品開發所基於的平臺和能夠共享的基礎模組來達成提高技術共享，減少開發浪費、縮短產品開發週期以及提升產品品質的目的。

4.1.1 業務分層是管理業務及結構化流程的基礎

　　業務分層是按業務類別和價值鏈劃分的層次分類。直接面向外部客戶銷售的，且承擔盈虧責任的業務層次，叫外部業務分層；面向內部應用的業務層次用於支持更高的內部或外部層次，叫內部業務分層。在業務分層之中，不同層次交付的開發將按照獨立的、有競爭力的、面向客戶的業務來組織、管理和考核；同時每個層次都可以直接面向市場和客戶進行銷售。每個內部業務分層的運作支持著上一個更高的內部或外部層次的運作，直至支持上面某個外部業務分層在市場上銷售獲得收益。

　　華為標準的業務分層模型如圖 4-1 所示，從上到下依次劃分為整合服務、解決方案、產品、平臺、子系統和技術六個層次。基於華為公司策略，產品以上層次為外部層次，面向市場和客戶進行銷售。

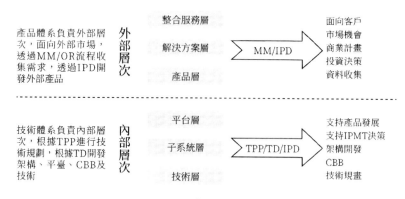

圖 4-1　業務分層模型

業務分層使得各層次業務獨立運作，擁有清晰的管理模式，可以充分尋求各個業務層次的商業和市場機會，充分發揮智力資產的獲利能力，謀求公司利潤最大化。對於功能複雜而且集中的大型系統及其管理體系來說，業務分層可以降低系統和組織的複雜度，使得各個要素分散化、專門化並且有清晰的界限，從而有效提升公司業務管理能力。所有業務層次都要根據其業務模型對競爭能力和獲利能力進行評估，逐漸培養出在領先的地方投資、在不見優勢的地方進行採購的觀念。因此，業務分層是管理業務的基礎。

每個業務層次都有獨特的業務特點，具有各自的業務模式、流程、組織及管理方式，使得各業務層次模組可以獨立規劃和開發，從而及時的、具有競爭力的交付給相鄰的上層。因此，業務分層是結構化流程和非同步開發的基礎。

在華為，每個外部業務分層都完全採用 MM 流程和 IPD 流程，同時還可以支援與華為之外的產品與解決方案進行整合，使得公司能向客戶提供最優的解決方案和服務。內部業務層次採用技術管理體系進行管理。

業務分層是縮短產品開發週期、快速回應客戶需求的重要業務管理機制。如果市場管理沒做好、需求管理沒做好、業務分層沒做好，要想產品開發快速回應客戶需求，完全滿足客戶的需求，是很難想像的。

4.1.2 非同步開發是提升研究開發效率的關鍵

非同步開發的目的就是使各業務層次能夠非同步規劃和開發,因此要求平臺和產品在需要時能夠及時獲得下層的子系統和技術。非同步開發的好壞可以用平臺和產品受下層子系統與技術的制約程度來衡量。制約程度有如下三種級別:上層不受制於下層;上層驅動下層;上層受制於下層。

非同步開發能夠大大縮短產品開發週期和上市時間,促進開發共享,提高生產率。實施非同步開發前後對比如表 4-1 所示。

表 4-1　非同步開發實施前後的對照表

分類	實施前	實施後
需求／路線	需求沒有按優先順序排序,市場參與較少	統一的版本規劃方法,透過市場的參與對需求進行排序,制定出各層次的路線及支持關係
依賴關係	技術、ASIC、預研、平臺產品等因素之間的關係混亂,對產品的支持不足	清晰的分層和路線,規劃出相互支持關係,透過依賴關係管理,提供對產品的良好支援
管理效率	產品之間的共享不足,尤其是跨產品線的共享	基於架構的分層和元件劃分,對元件在產品線和公司兩個層面進行整合,透過合適的共享來降低公司的開發成本
	難於實現異地開發和管理	良好的分層和元件式開發管理,使得異地開發非常容易
業務結果	產品交付週期長,進度和質量無法保證	透過技術的非同步開發和「版本火車」的規劃方法,能夠大大縮短產品交付週期,減少變更,從而使進度和品質得到保證

推行非同步開發,要確保每個業務分層在自身業務模型的驅動下,規劃和開發本層次產品的同時考慮其他分層。這種考慮是透過技術創新速度和及時向市場交付有競爭力產品的需求來加以均衡的。

非同步開發模式包括很多關鍵要素,只有這些要素很好的落實和實施並

相互積極的作用，非同步開發模式才能達到縮短開發週期，提高共享，減少浪費的目的。為了有效的實施非同步開發模式，除對產品開發業務進行有效的業務分層以外，還需要對很多關鍵的產品開發要素進行變革。這些要素包括系統參考模型、平臺參考模型、技術路線、版本火車、共用基礎模組、技術管理體系、核心能力中心等。只有很好的管理好這些要素，並獲得成效，整個非同步開發才能獲得效果。

非同步開發的相關要素及相互關係參見圖 4-2。

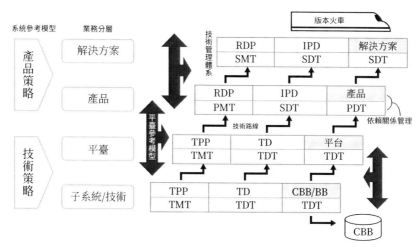

圖 4-2　非同步開發框架

系統參考模型和平臺參考模型在產品和技術開發前提供對系統的整體視圖和設計約束，為模組的劃分提供了標準，從而保證產品和技術開發的獨立性，並為技術共享打下基礎。

系統參考模型是針對系統的一個邏輯上的描述，是一個邏輯模型，它描述了系統所必需的功能組成及功能之間的邏輯關係。系統參考模型一般從概念、邏輯及功能角度來考慮問題，不涉及具體的技術和物理實體。系統參考模型通常是業界達成一致的認知，在一定程度上發揮參考標準的作用，它能夠指導對系統的功能設計，系統參考模型對平臺參考模型的設計具有指導意義。

對系統的邏輯組成有了一個清晰的認知以後，就需要解決如何將複雜的產品開發分解成易於管理、相互配合又保持一定獨立性的模組或技術的問題。易於管理就要求介面要盡可能簡單，相互配合又保持一定的獨立性就要求介面要標準化。架構是系統最高層次的設計，指導和約束系統下層的設計。平臺是指基於領域內統一架構下的一組公共組件，可由多個子系統有機整合，具有自我完善、深度滿足產品業務動態需求的能力。這些公共組件再加上產品特性，能快速形成產品。

技術規劃識別 CBB 和平臺，基於模型和架構進行模組劃分，透過遵循高內聚、低耦合的原則來保證各模組開發的獨立性，劃分出來的各業務層次模組都可以獨立的進行規劃，確定每個模組和技術的路線。要保持產品的競爭力，必須保證產品所使用的技術具有一定的先進性，這需要針對每項技術（包括外購件）制定發展規劃，以保持該技術在規格、性能、成本等方面跟得上技術發展的趨勢。

雖然各產品的特性不同，有為特殊功能服務的專門設計，但是重用和共享的機會還是很多的。基礎模組就是某一架構中的器件或器件組，與其他基礎模組裝配在一起組成一個完整的、適於銷售的產品。供多個產品或模組使用的基礎模組叫共用基礎模組，即 CBB。基礎模組只有遵守平臺參考模型，才可能在受該平臺參考模型約束的不同的平臺和產品間進行重用。

版本火車（Release Train）為產品路線及相應的依賴關係管理、產品和技術開發過程中的版本管理提供了工具和方法，它描述了各個模組／技術與產品之間的整合、依賴關係，使得各層的版本規劃相互配合；「版本火車」意味著按計畫發表，沒有延遲。

非同步開發的最終落實需要有相應的管理體系和組織來支持。非同步開發的基本理念就在於將產品的開發分解成不同層次的模組／技術，產品的三層由 IRB ／ IPMT ／ PDT 三層團隊進行支持。由於技術開發適當的提前於產品的需求，所以，技術管理體系中的相關團隊就是負責完成這些工作或對

這些工作的結果進行評審／決策的責任團隊。核心能力中心就是解決 CBB 的開發和管理的獨立資源，包括技術管理組（TMG[01]）、採購專家團（CEG[02]）和軟硬體 CBB 開發團隊（一般由 TDT 來執行）。

在華為微波產品中，ODU（OutDoor Unit，室外單元）和中射頻晶片不是傳送網產品線自己做的，ODU 的開發團隊是無線產品線的開發團隊，中射頻晶片的開發團隊也是無線產品線的開發團隊。華為已經打破了要做一種產品就必須在這個產品線做成一套解決方案的開發模式，充分利用公司的核心能力中心來提供相應的零件和能力，這就是華為公司的產品開發新模式。

業務分層促進技術共享，為非同步／異地開發建立基礎。產品開發將按照獨立的、有競爭力的、有利於資訊安全的和面向客戶的業務（關鍵平臺、關鍵技術、CBB、關鍵晶片／器件）進行組織、管理和衡量，技術上構築資訊安全，保障業務連續性。

徐直軍指出，基於 IPD 最核心的觀點，是我們把很多基礎技術、基礎平臺、基礎組件、基礎構件都開發好了。我們一旦發現了某一市場需求，就會透過這個需求確定產品形態，就可以利用公司的平臺組件、構件，把這種產品百分之六、七十的工作量快速做完，剩下的就只有百分之三、四十的工作量，產品自然而然就可以快速推向市場，開發週期很短。如果華為公司長期不在平臺、構件、組件和整體技術體系建設上下工夫，不明確相關的資源投入比例，公司會喪失競爭力，會拉大與競爭對手的差距，是不可能實現與競爭對手同步推出產品的目標的。

01　TMG，Technical Management Group，技術管理組，是專項技術專家組成的團隊。

02　CEG，Commodity Expert Group，採購專家團。

4.1.3
雲端化和雲端服務化是業務分層與異步開發的發展

　　人類社會的進步勢不可擋，如今，人類正在邁入以「萬物感知、萬物互聯、萬物智慧」為特徵的智慧型社會。網路這一智慧型社會的基石，如同水和空氣，已成為人們生活的必需品，人們對網路體驗的要求日益提升，對網路涵蓋的深度和廣度的需求超越想像。網路對豐富人們的生活、幫助人類探索未知領域，將發揮亙古未有的強大作用。

　　全球營運商的網路部署長期以技術驅動為主導，標準化的技術演進路線可以有效支持確定性業務的價值實現。然而，隨著未來業務發展方向的極大不確定性，過去的網路部署邏輯已被徹底打破。只有以「商業價值實現」為核心規劃未來網路，才能在不確定的未來占據先機。雲端化網路將是營運商商業成功、應對不確定性未來的關鍵，其本質是以商業價值為驅動，透過雲端的理念和技術重構電信網路，讓面向未來的網路具備敏捷、智慧、高效、開放的特徵。與此同時，雲端化網路將變革傳統煙囪式的建網和維護模式，網路規劃、部署、最佳化及運作維護，實現端到端打通及全自動化，最大化提升網路營運效率，降低營運成本。

　　全面雲端化策略的核心是從設備、網路、業務、營運四個方面全面升級基礎網路，帶來硬體資源池化、軟體架構全分布化、全自動化的系統優勢。在該策略下，整體網路將徹底轉型為「以資料中心為中心」的架構，所有的網路功能和業務應用都運行在雲端資料中心上。為了達成這四個方面的全面升級，華為構築了從傳統架構向原生雲端的逐步演化過程，重新定義和擴展業務分層的含義。

　　網路雲端化的目標就是要在確定的網路連接層與不確定的業務應用層之間構築一個雲端化的智慧型適配層，讓基礎網路能夠在商業價值的牽引下與應用程式相互協同配合，支持傳統營運商轉型並最終獲得成功。標準連接

層，即大頻寬、低時延的泛連接網路。智慧型的適配層，提供開放的網路能力，建立標準連接層以封鎖各種技術標準的不穩定性，從而使能敏捷創新。靈活的應用層、數位化業務與應用生態系統，支持敏捷創新。

借鑑互聯網的 XaaS 商業模式，以 Cloud Native（雲端原生）為指導思想構築各層業務的實現。Cloud Native 是在雲端環境下建構、運行、管理軟體的新的系統實踐典範，充分利用雲端基礎設施與平臺服務（IaaS ／ PaaS），適應雲端環境，具備（微）服務化、彈性伸縮、分布式、高可用、多租戶、自動化等關鍵特徵的實踐。

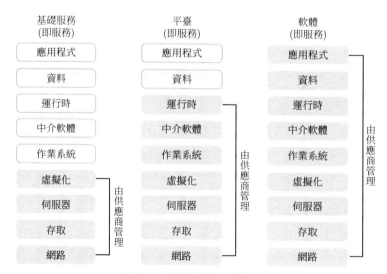

圖 4-3　雲端運算服務模型

華為 SoftCOM 新一代網路架構是真正用 Cloud Native 的技術架構和理念來重構電信網路，實現電信網路的硬體資源池化、軟體全分布化、運行自動化，提升業務創新、業務部署、業務發放等效率，實現用戶的 ROADS[03] 體驗。

03　ROADS，是 Real time，On demand，All online，DIY，Social 的縮寫，意指即時、按需、全線上、自助設置，享受資訊服務和社交分享。

架構與設計

　　架構是一個系統的整體設計，它描述了系統是由哪些元素組成的，這些元素之間的關係，這些元素的外部可見特徵，以及這些元素為何如此劃分和關聯的設計思想（如高內聚、低耦合的劃分原則，介面的標準化）。這些劃分出來的元素通常叫模組，架構最重要的作用就是將這些模組之間的介面標準化，明確這些模組的規格。架構是各個模組獨立的規劃和開發的基礎，好的架構使得這些模組可以靈活配置實現系統可裁剪。更重要的是，好的架構使得各個模組可以獨自自我完善、獨立升級換代，使系統易於擴展演進，不斷疊代進化。

　　架構也是提高複用度的最核心的基礎。架構決定了平臺和CBB，產品或平臺好與不好，全生命週期品質成本規格的優勢，與架構關係非常大。架構及其平臺，對同一類系列產品（如無線產品）的開發有很大價值，它決定了這一系列產品整個生命週期內的整體競爭力。

　　架構是系統最高層次的設計，它指導和約束系統下層的設計。高層設計不好，基礎不牢，基因不好，後續的一切補救將會無濟於事。

4.2.1　架構與設計是建構產品競爭力的源頭

　　在架構與設計中建構技術、品質、成本、運作維護等優勢，是華為產品與解決方案競爭力的基礎。華為在架構與設計過程中，以歐洲市場的高要求作為產品發展路線，構築安全可靠、綠色環保、用戶極致體驗、生態開放等方面的競爭優勢；以印度市場低價格作為成本牽引，構築研究開發、供應（製造）、銷售、交付、運作維護等端到端成本優勢。

　　華為要求高階產品一定要透過架構與設計，保障安全可靠穩定運行，這是華為公司最主要的責任。這裡講的「安全」與「網路安全」不一樣，需要

能保證通訊網路穩定運行。因為往往一瞬間的失誤，就可能引爆一顆「原子彈」，然後就「粉身碎骨」了。華為不會為了領先誰而加班趕工，因為即使真領先了，一旦出了可靠性問題垮下來，後退就是三年。

「綠色環保、節能減排」是華為公司作為一個企業履行社會責任的核心要素之一，也是產品與解決方案核心競爭力的要素之一。在架構與設計中，節能減排不僅要比較單設備能耗，還要從解決方案層面考慮，促進解決方案節能減排能力的提升。規劃節能減排策略目標要綜合考慮三方面因素：承接客戶未來的降耗目標，相對競爭對手的指標領先幅度，基於自身能力的指標改進幅度。

產品的可供應性關鍵在於產品架構與設計。在產品架構與設計過程中需要與供應鏈體系緊密合作，在客戶個性化、多樣化需求和供應鏈標準化、規模效益之間獲得平衡，有效發展產品可供應性設計和供應方案設計，實現 ITO[04] 最優。

技術的發展和器件的更新換代越來越頻繁。例如，記憶體顆粒變化非常快，華為的產品只要使用一顆記憶體顆粒，就必須一直使用這個記憶體顆粒，但是一段時間後記憶體廠商不再生產，就會帶來供貨風險和成本增加。因此，在架構與設計時必須不斷考慮加強板級模組化。板級模組化，就是把一些基本上不用變動的器件設計在主機板上，把變化比較頻繁的東西做成小模組，把這個小模組做成可貼的，改動就只須針對小模組。例如華為早期的產品 CDMA450，設計專家就充分考慮了器件的生命週期，把高通晶片做成一個小模組，再把小模組貼到主機板上。這樣雖然高通晶片年年變，但只須改變這個小模組。

如果產品還達不到絕對的穩定，則一定要透過架構與設計提升產品的可服務性（或可維護性），使產品的安裝和維護簡單、便捷。讓產品具備客戶、維護人員或合作方人員能「自安裝、自維護」的能力，是華為對架構與設計的策略要求。

04　ITO，Inventory Turn Over，庫存周轉率或庫存周轉天數。

架構與設計要能保證透過遠端交付、遠端維護、遠端故障處理來提升效率、降低成本。市場一線只需要保留少量與客戶溝通方案和計畫的專家，工程實施更多透過GTAC[05]／TAC遠端指導現場工程師完成。要保證按資料能實現安裝、遠端資料配置和網路調整、軟體調測、軟體升級、軟體修補、日常維護和問題處理。盡可能把現場安裝要做的工作在生產線做完，使得現場安裝簡單、簡單、再簡單。

對中低階產品，需要透過架構與設計做到像德國和日本家用電器那樣，在使用壽命週期內永不維修。松下用較低階的零件組裝了全世界最好的電視機，在設計上有很多優秀理念。做到硬體不怎麼維修，降低維護成本，就是很大的成功。軟體升級則要向網際網路學習，在線上能自助升級，這樣就使公司內部管理得到很大程度的簡化。

很多營運商客戶特別關心 OPEX[06]，OPEX 實質就是可服務性。如果產品的可服務性做不好，營運商的 OPEX 就下不來。可服務性已經成為市場准入的一個基本要求。

華為正是透過可靠性、節能減排、可供應性、可服務性等方面的架構與設計，構築起可靠、環保，以及低供應（製造）成本、低服務成本、低運行成本的產品綜合競爭優勢。

4.2.2 架構與設計是提升研究開發效率的關鍵

產品不僅要比拚功能、性能等是否完善、是否領先，還要看能以多快的速度推向市場，內部浪費能否降到最低。因此，研究開發效率也是產品成功必須考慮的一個重要因素。

華為歷史上有不少產品曾經陷入了透過不斷加班來回應客戶需求的惡性循環。很多團隊一直認為是由於客戶需求太多、變化太快，所以加班多。但

---

05 GTAC，Global Technical Assistance Center，全球技術支援中心。

06 OPEX，Operating Expense，是指企業的營運成本。

是也有很多產品加班不多，也能從容應對。深入分析才發現，這些產品的架構通常都更加合理：內部各小團隊開發範圍和職責明確，相互依賴比較少、連動情況少，系統容易擴展，適應客戶新增需求的能力就強，應對客戶需求變化的能力也會很強。而加班多的產品，往往忙於盡快著手開發需求，架構考慮不足，修改一個地方都需要多個團隊討論確認，逐漸形成一種惡性循環。要從惡性加班問題中真正走出來，必須從架構與設計開始，提升架構與設計的能力。

產品系統是活的、生長的，不是一次性交付，架構也是在持續演進的。不斷增加新特性、新功能，不斷更換開發維護人員，很容易導致系統架構逐漸「腐化」，耦合越來越嚴重。要保證產品有持續的生命力，必須不斷發展架構解耦。

在 2007 年之前，華為無線網路產品線有 GSM、UMTS[07]、CDMA[08]、LTE[09] 多個制式的產品並行演進，相互之間缺少共享，開發效率低。後來組織專家進行多模共主控架構設計：一塊主控板支持 GSM、UMTS、CDMA、LTE 4 種制式，消除不同制式間的耦合，支援各制式獨立演進、共基頻、小基地臺多形態。該設計大大提高了開發效率和產品穩定性，推出產品版本的週期縮短了 4 個月。並且透過實現基地臺中設備管理、傳輸、運作維護子系統的架構歸一，為客戶提供了各制式基地臺運作維護的一致體驗，典型場景下運作維護效率提升 30％以上。此外還減少了 66％的單板種類，顯著降低了生產、發貨、備件、安裝、維護等端到端成本。最終多模共主控架構設計幫助無線 SingleRAN 產品領先競爭對手兩年推向市場。

07　UMTS，Universal Mobile Telecommunications System，通用行動通訊系統。一種第三代行動技術，用於發送速率達 2Mbit/s 的寬頻資訊。

08　CDMA，Code Division Multiple Access，分碼多重進接，是指一種擴頻多重數位通訊技術，應用於 800MHz 和 1.9GHz 的超高頻（UHF）行動電話系統。

09　LTE，Long Term Evolution，長期演進，是由 3GPP 組織制定的 UMTS 技術標準的演進，是 3G 技術的升級版本，嚴格的講，LTE 只是 3.9G。

　　接入網家庭終端產品為了精簡內部研究開發人力，對原來 4 個產品的軟體進行了收編歸一，同時採用組件化架構工程方法，對系統內各部分進行合理解耦，最終不僅減少了開發人力，而且交付市場的時間縮短了三分之一。

　　由此可見，要持續提升研究開發效率，關鍵要在架構與設計上下工夫，要透過架構的不斷最佳化來提升效率、提升產品快速回應客戶的能力。華為透過多年摸索、不斷總結，把產品系統架構持續最佳化的經驗概括為：產品與網管解耦、產品與平臺解耦、軟硬體解耦、模組與模組解耦，以及標準化、歸一化、通用化、簡單化。

4.2.3　架構與設計是平臺策略的基礎

　　華為能夠後來者居上，走上業界一流的道路，靠的就是平臺策略，平臺策略的基礎是架構與設計。華為採用領域工程模型和應用工程模型建構和應用平臺。在領域工程活動中，透過架構與設計，持續建構可重用基礎平臺（包括基礎組件、基礎構件等）。在應用工程活動中，利用已有的平臺，快速完成產品大部分開發工作，極大的縮短開發週期，快速推向市場。

　　平臺的建構並不是一件容易的事，需要大量系統、深入的架構與設計工作。首先，要在對領域中若干典型產品的需求進行分析的基礎上，考慮預期的需求變化、技術演化、限制條件等因素，確定恰當的領域範圍，識別領域的共性特徵和變化特徵，獲取一組具有足夠可複用性的領域需求，並對其抽象形成領域分析模型。然後以領域分析模型為基礎，考慮產品可能具有的品質屬性要求和外部環境約束，建立符合領域需求、適應領域變化性的領域架構。再以領域分析模型和領域架構為基礎，進行平臺的識別、建構和管理。在應用平臺的產品開發過程中，還需要將不能滿足的產品需求返回給領域工程，透過進一步的架構與設計不斷完善平臺。

　　華為建立了一個強大的整體技術體系對架構與設計進行把關，確保建構出的平臺符合策略布局，滿足產品應用要求。透過公司、產品線等層面持續

的架構與設計，華為所有的產品和解決方案，越來越向幾個平臺集中。這些平臺包括關鍵技術、基礎軟體、關鍵晶片、關鍵器件等。

總之，沒有踏踏實實的架構與設計，平臺策略只是浮雲，也無法真正帶來產品的商業成功。

4.2.4
架構與設計必須以客戶需求為導向，持續創新

主宰世界的是客戶需求。這個世界需要的不一定是多麼先進的技術，而是真正能滿足客戶需求的產品和解決方案，並且客戶需要的大多是最簡單的功能。

研究開發體系大多數人都是工程師，都渴望把技術做得很好，認為把技術做好才能展現自身的價值。客戶不怎麼用但技術很尖端的需求，卻耗費很大的精力和成本做到最好，研究開發工程師容易出現這種傾向，必須改變思維方式，做工程商人，多一些商人味道。

架構與設計是研究開發的源頭環節，在產品架構與設計上，需要堅持客戶需求導向優先於技術導向，從一開始就從客戶視角審視設計出的系統是否簡單易用、穩定可靠。

為了更好的滿足客戶需求，必須在深刻理解客戶需求的前提下，對架構與設計進行持續創新。積極吸收別人的先進經驗，並充分應用公司內部和外部的先進成果，才會有持續競爭力。

在架構與設計過程中，有較大比例的創新活動。創新就有風險，就有可能犯錯誤。鼓勵創新就要允許犯錯。寬容失敗、寬容失敗的人，才有明天和光輝的未來。

華為強調以客戶為中心，並不意味著從一個極端走向另一個極端，會忽略以技術為中心的超前策略。以客戶為中心和以技術為中心，兩者是交纏在一起的，一個以客戶需求為中心，做產品；一個以技術為中心，做未來架構性的平臺。

4.2.5 架構與設計中構築 DFX競爭力

產品要有競爭力，不僅要滿足客戶的功能性需求，還需要滿足客戶感知的、內部效率所需的品質屬性需求。產品滿足品質屬性需求的能力在華為公司被稱為 DFX（Design For X）能力。DFX 包括：可靠性、節能減排、歸一化、可服務性、可安裝性、可製造性、可維修性、可採購性、可供應性、可測試性、可修改性／可擴展性、成本、性能、安全性。

產品是否能夠呈現期望的或被要求的品質屬性，本質上是由架構來決定的。華為制定了十大核心原則來指導架構與設計：

· 全面解耦原則：對業務進行抽象建模，業務資料與業務邏輯解耦，軟體和硬體解耦，平臺和產品解耦，系統各零件間解耦。

· 服務化、組件化原則：以服務、資料為中心，建構服務化、組件化架構，具備靈活、按需組合的能力。

· 介面隔離及服務自治原則：透過介面隱藏服務、組件的實現細節，服務、組件間只能透過介面進行互動，介面契約化、標準化，跨版本兼容；服務、組件可獨立發展、獨立發表、獨立升級；服務自治，可視、可管、可控、可測、可維、故障自癒。

· 彈性伸縮原則：建構全分布式雲端化架構，或借鑑雲端化架構思想，每種服務具備橫向擴展能力，支援按需使用、自動彈性伸縮，可動態替換、靈活部署，支持高性能、高吞吐量、高併發、高可用業務場景。

· 安全可靠環保原則：建構最小權限、縱深防禦、最小公共化、權限分離、不輕信、開放設計、完全仲裁、失效安全、保護薄弱環節、安全機制經濟性、用戶接受度以及加強隱私保護的安全體系，確保系統、網路和資料的機密性、完整性、可用性、可追溯；以業務系統零故障為導向，按需構築分層分級的可靠性，透過故障的預測、預防、快速恢復，避免故障的發生；系統資源使用效率最大化，實現節能、節地、節材、環保。

139

· 使用者經驗和自動化運作維護原則：面向業務獲取和使用場景，建構即時、按需、線上、自助、社群化、方便易用的使用者經驗；支援遠端、自動、智慧、安全、高效的完成網規／網設、安裝、部署、調測、驗收、擴縮容、軟體升級、修補、日常維護、問題處理。

· 開放生態原則：面向生態場景，按需開放平臺設施、中間件、資料、業務邏輯、UI 等能力，建構開放生態，支援分層、遠端、自動、自助、簡單高效的完成訂製、整合、第三方應用開發。

· 高效開發原則：創建支援疊代、增量、持續交付的架構，支援零件獨立開發、自動化編譯建構、測試、整合驗證，並易於高效修改和持續最佳化；支援開發組織小型化、扁平化，支援小團隊獨立高效並行開發。

· 彈性供應製造原則：模組化設計，模組、物料歸一化、標準化，支援自動化、數位化、智慧化、隨需應變的彈性製造。

· 持續演進原則：架構並非一蹴而就，需要有效的管理架構需求，持續建構和發展架構，適應業務需求變化，適時引入業界最佳實踐，及時重構，確保架構生命力和競爭力。

為呈現對 DFX 負責的導向，華為將 DFX 結果作為架構與設計人員年度績效考評的直接依據，根據 DFX 結果可以對架構與設計人員考評行使一票否決權。此外，華為還建立了設計實名制，強化架構與設計人員對產品設計的全生命週期責任。

華為透過制定架構與設計原則、績效考評、設計實名制等方式，有效的保障了在架構與設計中就構築起產品的 DFX 競爭力。

4.2.6　架構和設計要引入「藍軍」機制

「藍軍」是基於現有標準、現有的協議，用新的、顛覆性的實現方式，實現架構和實現理念解決「紅軍」沒有解決的問題。「藍軍」的方案，和「紅軍」的方案相比只有5%～10%的差異是沒有價值的，至少要30%～50%以上。不是細枝末節的改進，必須是顛覆性的。「藍軍」的成功表現在：輸出打敗了「紅軍」的方案，使得最終「藍軍」的方案變成了「紅軍」的方案。

選擇大的產品方案、大的架構和平臺時，也需要引入這種「藍軍」機制：兩個團隊同時做一件事，各自從自己的視角出發，最後來一起PK，PK的結果就能夠找到最能滿足客戶需求、最有競爭力的解決方案。當然也不否定少數天才一個人就能建構一個好的架構，但引入PK機制能讓這些天才們發揮出更大價值、在更大的範圍內做出貢獻。

華為公司的硬體平臺之所以進步很快，是因為其中一個關鍵因素是在架構設計中執行了藍軍機制，每一個硬體平臺架構都是經過多方碰撞、多方爭吵、多方PK最終形成的。海思、中央硬體、產品、整機等都會參與進來，使得每一個硬體平臺架構都吸收了大量人的思想和精華，最終形成了硬體平臺的競爭力，進而支持了產品在硬體上的競爭力。

任何技術爭論的評價標準都應堅持客戶需求導向，而不能以個人輸贏、部門利益為導向。鼓勵架構與設計專家在方案和技術選擇上進行爭論，而且要創造爭論的環境。但爭論最終基於兩點，一要滿足客戶需求、實現客戶價值；二要實現公司的商業價值。在組織內部需要創造一種保護機制，讓「藍軍」有地位。「藍軍」可能胡說八道，敢想敢說敢做，表達之後要給他們一些寬容，沒人知道他們能不能走出一條路。三峽大壩的成功要肯定反對者的作用，雖然沒有承認反對者，但設計上都按反對意見做了修改。成功的組織會肯定反對者的價值和作用，允許反對者的存在。

4.2.7　架構與設計，打造一支強大的團隊

架構與設計是產品開發全流程的源頭，它透過十倍法則影響著下游各環節的效率、品質。一個成功的組織需要透過加強架構與設計體系團隊建設，保障設計投入，持續改進全流程品質和效率。

架構與設計管理部是本領域架構交付以及人員管理的責任主體，是系統設計、模組設計業務管理的責任主體，是系統工程師、設計師、模組設計師等技術人員通道管理的責任主體。架構與設計管理部承擔架構與設計體系能力提升、品質效率提升等行業管理的責任。

架構與設計人員是產品研究開發團隊中的核心人員，是確保產品競爭力的關鍵角色。透過建立明確的架構與設計人員的成長路徑（通常是：普通開發人員→模組設計師或開發專案負責人→架構與設計人員），一方面指導和牽引研究開發人員成長為合格的架構與設計人員；另一方面指導和牽引架構與設計人員在實踐中自我學習、自我提升、自我發展，提高面向客戶和產品全流程的設計品質和水準，最終從設計源頭提升產品競爭力。

華為明確了架構師、系統工程師、設計師、模組設計師角色並正式任命，架構師對產品領域和產品的架構及其全生命週期負責；系統工程師和設計師共同對產品全系統設計及其全生命週期負責；模組設計師對模組設計負責。透過建立架構設計、系統設計、模組設計三個層面的設計體系，在組織、運作上相互銜接，全面涵蓋產品各層級設計業務。

架構與設計體系實施實名制，讓設計得好的、使產品有競爭力的架構和設計師們事後真正得到認可。實名制最大的好處，是當產品在全球開疆拓土時，當產品展現出強大競爭力時，能知道是哪個架構師做的架構、是哪個系統工程師帶領團隊做的設計。讓大家知道成功的產品架構與設計是他們的功勞，從而給予他們肯定和報酬。

未來的價值向軟體和服務轉型。需要分析 ICT 行業軟體的特點，實事求是的建構基於 ICT 行業特點的軟體架構與設計能力，加強對相關人才的培養。Google、蘋果是憑什麼成功的？憑的就是軟體。華為也需要構築一支強大的軟體架構與設計團隊，加大軟體技術和創新上的投入。

4.2.8　架構與設計的最終衡量標準是商業成功

任何先進的技術、產品和解決方案，只有轉化為客戶的商業成功才能產生價值。

—— 任正非

唯有幫助產品獲得商業成功的架構與設計，才是有價值的。

從 1998 年開始，華為第一代 HLR 產品因為可靠性的問題，品質事故連續不斷。當時 HLR 的整體架構是基於 IBM 和 SUN 的小型機，Windows 和 Solaris 操作系統，SQL Server 和 Oracle 的資料庫……從硬體到軟體，沒有一樣核心技術掌握在華為手裡。由於沒有統一平臺和架構，產品版本又多又亂，所有的人都在忙：一半人在做需求，一半人在處理事故。

為了扭轉被動局面，HLR V9 版本從 2005 年年底啟動新架構預研，2008 年年初規模銷售，至 2013 年累計商用局點 1,100 套以上，涵蓋 118 個國家，278 個營運商，服務用戶達 26 億人以上。該新架構版本自推出後，無業務中斷大事故，穩定性、可靠性遠超友商同類產品，業界競爭力排名第一，獲得了客戶和市場一線的高度認可。

HLR V9 新架構透過商業成功，證明了架構與設計的成功。

因此，各級架構與設計組織需要從商業目標出發，理清關鍵架構需求、明確架構目標，保證架構與設計能夠最終支持商業成功。

平臺

　　平臺是指基於領域內統一架構下的一組公共組件，可由多個子系統有機整合，具有自我完善、深度滿足產品業務動態需求的能力。平臺是架構的實現，可以提供基本的運行功能，在平臺的公共組件上增加客戶化的特性就能快速形成產品，滿足外部客戶化的需求。

　　從長遠來看，產品間競爭的核心是平臺的競爭。因此，企業須堅持平臺策略，加大平臺的投入，以開放合作心態和全球化視野進行技術布局，做好平臺的架構，構築平臺的競爭力，支持產品生命週期的長期發展。

　　好的平臺可以為產品帶來品質好、成本低、效率高、交付週期短等優勢。要實現這個目標，平臺須具備良好的架構，支持產品業務持續演進。同時，平臺需要標準化、通用化、簡單化，以方便支持產品快速高效的整合與裝配，使得平臺在企業內部得到更好的共享與重用。

4.3.1　從長遠來看，產品間的競爭，說到底是在於基礎平臺的競爭

　　技術日益趨同，客戶需求日益多樣化，只有靠基礎平臺的支持，才能更快速的滿足新形勢下的客戶需求。從長遠來看，產品間的競爭，說到底是在於基礎平臺的競爭。

　　華為的研究開發策略是各產品線全面實施業務分層，形成公司級平臺、領域內平臺、產品整合開發的三層開發體系。這就使得所有的產品和解決方案，越來越向幾個基礎平臺集中，只有基礎平臺在業界具有競爭力，才能夠持續支持產品長期發展和持續獲得商業成功。

　　任正非指出：「我們要加大對平臺的投入，建構明天的勝利，未來的競爭是平臺競爭。營運商、企業和消費者解決方案都需要大的平臺，我們有充足

的利潤，為什麼不加大平臺投入，超前競爭對手更多、更多……」

　　華為能夠後來者居上，走上業界一流的道路，靠的就是平臺策略。經過十多年的默默耕耘和艱辛努力，已經初步建成了有競爭力的軟硬體平臺、工程工藝能力、技術管理體系，打造了「百年教堂」的平臺基礎。

4.3.2　平臺是成本、效率、品質以及快速回應客戶需求的基礎

　　企業實施平臺策略可帶來產品成本的大幅降低。隨著公司產品銷售規模的不斷擴大及「厚平臺、薄產品」的策略實施，公共平臺和零件將得到越來越廣泛的應用，其產生的價值越來越大，內部再持續的進行歸一化管理，自然大幅降低了產品成本。

　　企業實施平臺策略可帶來研究開發效率高和交付週期短的紅利。當市場一線發現了一個需求，研究開發透過這個需求確定產品形態，充分利用公司的平臺組件和構件，很快就可以把這個產品百分之六、七十的工作量做完，剩下的就只有百分之三、四十的工作量，產品可以快速推向市場，滿足客戶的需求。

　　企業實施平臺策略可提升產品品質。隨著高品質的公共平臺和零件的大量應用，自然提升了產品品質。平臺策略的實施對平臺、公共部件的品質也提出了更高的要求，如果是一件產品沒有做好，其影響是局部的；如果負責平臺建設的各業務領域有一處沒有做好或所承擔的行業管理沒有做好，影響將是全局且深遠的。平臺部門肩負品質的責任十分重大，須特別重視過程品質控制以及上市上量的品質管理。

　　透過平臺化、構件化的交付，降低研究開發成本，提高研究開發效率和產品品質，構築資訊安全，縮短產品上市週期，使得華為能以更低的運作成本更快的回應客戶需求。

4.3.3
堅持平臺策略，有前瞻性和持久的大規模投入

　　一件產品不能完全從零開始做起，要有豐富的平臺支援，要有強大的工程工藝能力和技術管理體系支持，使得產品的成本、品質能在一個很好的平臺體系上得到實施。華為公司長期堅持平臺策略，持久的大規模投入，研究適應客戶的各種需求，掌握住客戶的可靠性、節能環保、網路安全、可服務性等各種關鍵要素，構築了華為公司在新時期的競爭優勢。

　　如果企業長期不在平臺、構件、組件和整體技術體系建設上下工夫，不明確相關的資源投入比例，就會真正喪失競爭力，會拉大與競爭對手的差距，是不可能實現與競爭對手同步推出產品的目標的。所以要勇於投入，不敢用錢其實就是缺少對未來的策略，要抓住機會，就一定要加大對平臺的投入，在平臺建設上有更多的前瞻性，確保競爭優勢，以構築長期的勝利。同時要把平臺交付件和晶片作為競爭的有效手段，擺脫低層次同質化競爭，真正在產品上拉開與競爭對手的差距，建構技術上的斷裂點。如果與競爭對手功能上是一樣的，設計上是一樣的，產品拉不開差距，市場競爭白熱化，成果和成績一定會大打折扣。

　　企業要加大對平臺的投入，適應未來的平臺競爭，平臺的技術規劃體系要有前瞻性，要不斷的往前走，提前規劃和準備好產品和解決方案所需要的一切技術，這個技術是廣義的，包括工程技術。然後把技術能力和工程能力構築到平臺上，使之成為產品和解決方案的真正競爭力。

　　早在 2010 年，任正非就指出：「未來五年資訊流量可能會擴大 75 倍，那麼原來的管道也會相應的擴大，未來資訊管道直徑不是長江而是太平洋，面對直徑像太平洋一樣粗的資訊管道，如何建起一個平臺來支持這個模型？大家都想想看，這不就是我們的市場空間和機會嗎？我們要抓住這個機會，就一定要加大對平臺的投入，確保競爭優勢。我們一定要在平臺建設上有更多的前瞻性，以構築長期的勝利。」

4.3.4　建構有競爭力的平臺需要開放合作，全球布局，搶占制高點

為更好的滿足客戶需求，建設「百年教堂」，平臺必須堅持開放與創新。一種不開放的文化，就不會努力的吸取別人的優點，是沒有出路的。一個不開放的組織，會成為一潭死水，也是沒有出路的。一個封閉系統，能量會耗盡，一定要死亡的。在產品開發上，一定要建立一個開放的體系，尤其是硬體體系，要開放的吸收別人的好東西，要充分重用公司內部和外部的先進成果。

——任正非

2000 年年初，華為用 400 萬美元收購了一家美國瀕於崩潰的小公司，從而在長距離光纖傳輸技術和商業競爭力上成為世界第一。從這個例子看到，要努力去吸收已經成功的人類文明，多吸收別人的一些先進成果，不要過分狹隘的進行自主創新，否則會減緩前進的速度。因此，一定要轉變觀念，用先進的測試儀器，用先進的工具，用科學的方法來開發、服務和製造最先進的產品和平臺，要勇於投入，要用現代化的方法做現代化的東西，勇於搶占制高點。

建構有競爭力的平臺須有堅持開放合作、全球布局的心態。一是以全球視野布局海外研究單位引進人才，保持開放的心態，與引進的人才好好合作；二是技術體系的專家能夠真正走出去，充分利用公司海外的研究開發基地，以及公司和大 T（Tier 1 operator）客戶建立的創新中心，能夠接觸到業界最尖端的技術，了解到客戶真正的需求；三是充分利用產業鏈中的策略盟友，將有價值的供應商請進來，以開放的心態與請進來的專家合作，把業界的資源好好利用。

建構有競爭力的平臺須識別關鍵技術，提前布局，搶占制高點，支持公司策略實施。當 Marketing 發現和識別出客戶需求，企業透過決策要去滿足

這個客戶需求的時候，支援該需求的所有的技術和工業體系就要提前準備好，也就是利用已經具備的技術和工業體系的基礎能力，能夠開發出有競爭力的平臺、產品和解決方案來滿足客戶需求，這就需要提前布局。同時，平臺的技術規劃體系要不斷的、時刻的做好 Benchmark 的分析和客戶需求分析，隨時發現布局的缺失，調整布局，持續的支持平臺、產品和解決方案的發展。

4.3.5　平臺的成功，核心也是架構

隨著企業「厚平臺，薄產品」的策略實施，平臺自然承擔了產品大量的競爭力特性以及 DFX 能力的重擔，平臺與產品一樣，離不開架構與設計。

一個好的平臺架構，會使平臺具備良好的可擴展性，支援產品特性的代碼最小集合剪裁，一個好的平臺架構，同樣會很好的支援產品業務的持續演進和競爭力的持續提升。

無線中射頻基地臺平臺，經過團隊多年的持續努力，具備了良好的組件架構，有效的支持了無線 2G、3G、4G 多種制式的演進，同時支持了產品線 Single RAN 的策略落地，為客戶節約了大量投資，提升了產品的競爭力。

只有產品商業成功了，平臺才算成功了。平臺要理想支持企業多個產品的商業成功，就需要良好的服務化架構和組件化架構為產品提供服務，實現產品的商業價值。平臺的成功，核心也是架構。

4.3.6　平臺需要標準化、通用化、簡單化

平臺的核心價值就是重用，為了在更多的產品中最大化的重用，平臺並不是做得越多越好，而是簡單化，並可以模組化，可拆卸，可組裝，有效降低成本。平臺在產品重用過程中，需要被不同的產品快速整合與裝配，因此平臺須標準化、通用化，建構類似建築行業的研究開發工業體系，建構品質大廈的模數標準件。什麼叫模數的標準件？簡單說，就是建築行業為了實現設計標準化所制定的一套基本規則，使不同的建築物，各部分之間尺寸統

一、協調，具有通用性和互換性，以加快設計的速度，提高施工效率，降低工程造價。平臺也很類似，平臺不僅能夠提高效率，也能提高品質。產品未來開發的模式，要像建築行業的整合，平臺內大多數零件都是標準的、通用的，其品質是經過千錘百鍊、早就驗證過的，少部分是新開發的，這樣才能做到又快又好，效率高。

2004 年以前，華為無線控制器領域產品處於「七國八制」狀態，經常將已有的系統進行拼湊與改造，這樣無形中導致了系統架構臃腫，處理環節多，流程複雜，產品之間無法共享，導致大量資源重複投入，迫切需要一個新的平臺來支持未來的發展。2004 年，相關人員分析了公司平臺和業界平臺的優缺點及技術的發展，明確了新平臺標準化、通用化、簡單化等方面的目標，經過持續幾年的打造，最終新平臺成功支持了無線控制器領域多個產品，滿足了產品 8 ～ 10 年的發展需求，同時降低開發成本 60% 以上。

2012 年年初任正非在市場工作大會上指出：「我們在通路的硬體設計上，將推行標準化、通用化、簡單化，使之與業界通用。像 IT 一樣，實現軟、硬體解耦，軟、硬體各自升級。這樣，一旦公司出現危機時，客戶不用搬遷我們的硬體設備，就可以直接使用 Ericsson、阿爾卡特朗訊、諾基亞網絡的設備擴容，以減少客戶的損失與風險，這反而促進了客戶對我們的信任。」

4.3.7 平臺建設要耐得住寂寞，板凳要坐十年冷

從事基礎平臺研究開發的人，就像一百多年前建教堂的人一樣，默默無聞的無私奉獻，人們很難記起哪一條磚縫是何人所修。基礎平臺，要經歷幾代人的智慧不斷累積、最佳化，這些平臺累積，不是一個新公司短時間能完成的，因為企業已把過去的平臺成本不斷的攤完了，新公司即使有能力，也要投入相等的錢，才能做出來。擁有這樣強大的優質資源，是任何新公司不具備的，這是大公司的一個制勝法寶。試想：大公司創新不如小公司，幹勁不如小公司，為什麼勝的還是大公司？

十年之前，中國國產手機做得都很差，自研晶片更是不值一提。十年之後，中國國產手機集體崛起，但在自研晶片這條充滿崎嶇的道路上堅持前行並且做出點模樣的奮鬥者卻屈指可數。放眼中國乃至全球手機市場，擁有自研晶片的終端廠商寥寥無幾，華為是其中的典型代表。華為於 2004 年專門組建手機晶片研究開發團隊，希望擺脫對美國晶片的依賴。華為從 2008 年推出手機晶片，2017 年推出第一個人工智慧行動運算平臺麒麟 970，到 2018 年發表全球首款 7 奈米晶片麒麟 980，華為一直在手機晶片這條「不歸路」上堅持著。麒麟晶片透過十餘年的堅持，逐漸從青澀走向成熟，實現了多項創新和突破，在手機晶片市場實現「逆襲」。轉眼間十餘年過去了，憑藉多年來的持續投入和不懈努力，華為麒麟晶片獲得了越來越多消費者的支持，成為華為手機目前穩坐全球智慧型手機市場第三把交椅及擁有差異化競爭優勢的核心力量。

平臺建設一定要耐得住寂寞，板凳要坐十年冷，特別是基礎研究。

4.3.8　平臺要從封閉走向開放，透過內部開放原始碼釋放生產力和創造力

為了滿足企業內部資訊安全保護的要求，平臺往往會以閉源方式向產品交付，即以目的碼（object code）的形式交付產品，產品看不到平臺任何原始碼。

在這種模式下，一方面，當產品在面對「疑似」平臺問題時，都會依賴平臺來協助定位，而平臺支持往往是一對多，很容易成為瓶頸，甚至因內部耦合原因會出現平臺須跨地域協同作戰，容易導致問題解決週期長，產品與平臺間的協同效率低；另一方面，原始碼會成為平臺部門的私有財產，嚴加看護，產品方在獲取原始碼不順暢的情況下，就會出現重複做相同的「輪子」而產生重複浪費。甚至出現平臺內部壟斷和不夠開放導致競爭力不夠的情況。

要解決以上協同效率低、重複開發、不夠開放等問題，平臺要從封閉走向開放，在保證核心資產資訊安全的前提下，進一步推進軟體架構和程式代碼更多的在內部進行開放。如平臺向產品交付時，適當的把與產品密切相關的模組原始碼開放。當產品發現「疑似」平臺的問題時，可以直接找原始碼，不需要再協調平臺來配合支援，大大縮短了問題定位時間；當產品出現一個快速交付的需求需要平臺配套修改，而此時平臺暫時無資源來支援時，產品方的開發人員可在平臺版本上提交修改，滿足快速交付的要求，從而促進產品與平臺協同效率提升和減少重複開發。

平臺要進一步對平臺架構進行解耦，方便工程師快速獨立建構和獨立驗證，為內部開放原始碼模式打下良好基礎。另外，透過內部管理最佳化支持內部開放原始碼模式落地，如透過最佳化企業任職和幹部選拔機制以及採用專項激勵基金等方式，鼓勵和吸引全公司的開發高手來幫助平臺改進和做貢獻，建構起一個開放的環境和氛圍，解放被束縛住的生產力和創造力。

4.3.9　平臺要進一步向生態開放，關鍵連接是開放的 API

一個不開放的組織，會慢慢成為一潭死水，一個封閉系統，能量最終會耗盡，在產品開發上，同樣需要開放，須緊緊圍繞業務架構，在業務層面走向開放，並不是什麼都去做，而是能激發別人來做。在行業數位化轉型中，不少領先的企業在構築連接、雲端、大數據、人工智慧等方面的競爭力的同時，也在利用技術、資料、資本等各種手法吸引和獲取垂直行業的優質生態資源，透過能力開放，吸引更多的開發者參與生態建設。

平臺在企業內部走向開放的同時，也需要進一步向生態開放，支持企業的生態布局。即產品和平臺透過開放的應用程式介面（Application Programming Interface，簡稱 API）的方式對外開放能力，生態中的開發

者利用該 API，將其上層應用與開放的能力融合，建構差異化的創新解決方案，助力企業客戶數位化轉型和商業成功。

　　為了向開發者提供良好、一致、穩定的華為 API 的體驗，華為透過明確「API 管理六項原則」，來支援開發者生態建設。

- ‧ 價值原則：制定明確的可衡量的 API 價值指標，牽引價值提升。
- ‧ 穩定性原則：透過 API 版本化管理，避免和減少對開發者的影響，保證 API 穩定性。
- ‧ 易用性原則：API 設計要面向開發者，提供從學習、開發到應用程式發表全過程的良好體驗。
- ‧ 安全性原則：制定 API 相關的風險控制措施以保護資料和監控訪問。
- ‧ 一致性原則：API 應按統一的格式規範、發表管道對外呈現，以保持一致的開發者體驗。
- ‧ 服務支援原則：遵循統一的流程規範，為開發者提供良好的服務支援。

　　華為透過在產品和平臺落地「API 管理六項原則」，為生態中的開發者應用 API 時提供良好的體驗，有效支援了開發者生態建設、企業客戶數位化轉型和公司雲端化策略落地。

4.4 CBB 與優選器件庫

共用基礎模組（CBB）是指那些可以在不同產品、系統之間共用的零件、模組、技術及其相關設計成果。在產品開發中鼓勵共享和重用 CBB，可以帶來諸多好處：對研究開發能減少重複開發，節約開發資源，縮短開發週期和上市時間，減少模組種類，提高產品品質；對製造降低庫存，減少廢料，降低製造成本，改進供應連續性；對採購可以降低採購成本，提高採購效率，降低採購風險；對服務可以降低維護成本。

優選器件庫（簡稱優選庫）是為指導研究開發設計選用物料時提供必要的物料資訊的處所。優選庫提供針對某物料編碼以及該物料編碼下廠家型號給出的推薦選用的等級評價、器件維護等資訊。

CBB 和優選器件庫是由架構與平臺設計決定的，是內部業務分層最基礎的層次，這兩個層次的管理對象如同基礎積木塊一樣，在支持產品快速開發和交付，保證產品品質和與周邊協同上發揮非常關鍵的作用。

4.4.1 開發和重用基礎模組，簡化產品設計複雜度，保證品質

基礎模組（Building Block）是系統中一組實現特定功能、性能及規格的實體單元，對外以介面的方式呈現，介面包含了該模組所提供的功能和調用它時所需的要素。基礎模組是構成系統的單元，是基於系統架構逐步抽象出來、定義並開發的。它一般是自上而下分解獲得，因此基礎模組是可能被分開開發的管理單元，支持團隊重用模組，利於團隊間合作開發及研究。

在系統設計中，為提高整體設計效率和設計品質，縮短開發週期，鼓勵基礎模組設計成可重複使用的 CBB，CBB 是系統建構的核心資產，可以跨產品、產品族、產品線共用。CBB 具備如下特徵：共用性，即可以支援不同的

應用系統或產品；具備靈活方便的二次開發能力；與產品或應用系統間介面清晰，可實現上層應用的技術無關性；可以非同步開發；具有明確功能規格、性能指標；具有可靠性、可用性、可服務性；有完善的可維護、可測試特性；有完善的資料手冊。

　　產品開發過程中，只有從成本和效率的角度關注高價值 CBB，才能為公司帶來高價值或產生重大影響。

　　自研的高價值 CBB 必須滿足下列條件之一：占公司或產品線硬體發貨額80%，軟體發貨代碼總量 80% 的產品所應用的 CBB；按生產物料成本高低排序，在產品中占生產物料成本排序前 30% 的 CBB；按開發 CBB 投入資源（費用）高低排序，投入資源排序前 30% 的 CBB；對公司或產品線產品發展影響較大／有策略意義的軟硬體平臺或子系統／技術模組；系統核心零件典型應用模組或典型應用方案，如關鍵器件典型電路；技術體系規劃和推薦的重點CBB。

　　對於外購件，高價值 CBB 包括以下內容：價值下跌很快且採購成本很高的外購件，如 CPU、主機板；對產品制約很大、有較大採購風險的外購件；供應商獨家供貨的外購件；對採購成本影響較大的外購件；對整體方案有較大影響的關鍵器件。

　　CBB 是實現平臺策略過程的結果，CBB 作為技術開發貨架技術的重要內容要超前於產品開發，識別並開發能夠重用的零件並將其封裝成 CBB 是技術體系的主要職責。CBB 管理過程不是一個獨立的流程，而是提供一個對分布在所有流程中的 CBB 所有活動進行管理的框架。CBB 管理主要分為 5 個階段：規劃、開發、使用、維護和監控階段，分布於技術規劃、技術開發、產品開發、解決方案開發、新器件採購等各個流程中。在這些過程中產生基於架構開發的 CBB、遵循技術趨勢和技術標準開發的 CBB、基於已開發系統後向整理的 CBB 以及結合供應商的技術發展趨勢所提供外購件 CBB。

4.4.2
構築優選器件庫，降低風險，降低成本，保證品質

在零件層面的共享和重用就是標準化、歸一化的建設，建立優選器件庫，確保產品設計選擇優選的零件，建立產品全生命週期競爭力。

華為一直在處理零件歸一化建設的問題，比如電池、音訊裝置等要歸一化，在不同款終端上能通用。歸一化能提升競爭力、提升效率、降低成本，最主要的是歸一化之後，能解決供應風險、庫存風險。一種產品滯銷了，另一種產品可以重用。大量複製，不僅能保證品質的穩定性，也能降低成本。

為保證歸一化管理的落實，必須從物料的選用到生命週期過程予以管理和控制。把握物料的生命週期節奏，控制物料新需求及編碼的無序成長，推行標準化、歸一化設計，建設優選器件庫，減少產品零件種類，提升產品可採購性，享受工藝技術進步帶來的產業鏈價值，增強產品成本、品質優勢，保障產品的市場競爭力和供應能力。

不同階段，需要定義不同的原則。引進物料時加強產品線的需求收集和規劃，搭配行業發展趨勢，合理有效制定物料的路線，嚴控非標準類的物料引入，實現物料的匯聚歸一，引導產品未來的物料選用。應用物料時做好優選庫建設，識別行業主流物料，在滿足產品業務有序發展的同時，保障物料品質，提升匯聚，支持採購議價能力，使產品享受成本優勢；產品設計選型優先從符合器件路線的器件和優選庫中選擇，並遵循各領域技術標準及規範；產品設計中嚴格控制非標準類的物料新申請和選用，禁止使用禁選器件，向主流靠攏，開發環境中封鎖禁選器件，使開發人員在設計過程中無法調用禁選器件。退出時，器件主動搭配單板演進規劃，識別低效／長尾物料，並跟隨單板改板／退出計畫，有版本、有節奏的實現主動退出。對大量單板定期演進再生，淘汰衰落期、退出期器件。

對於優選器件庫的管理，主要表現在如下幾個方面：

· 建立 C-TMG（公司級技術管理組）組織並充分發揮 C-TMG（包括 CEG、TQC、器件可靠性／各產品線代表等角色）成員作用，了解各產品（線）需求、器件發展趨勢、成本，C-TMG 內部充分評審，採購維護優選庫，對準確性、及時性負責，批量維護由行業管理與 TQC（技術認證中心）共同發起。

· C-TMG 根據領域技術發展趨勢、公司應用需求、牽引匯聚方向，聯合各產品線、採購等部門共同收集產品需求、物料規劃，從綜合成本、技術、品質、供應等各方面選擇最符合華為產品需要的物料集，建立優選庫，使產品向推薦的主流、量大物料匯聚，實現產品的成本優勢，建立路線庫，引導產品未來的選用規劃，實現與業界主流的適配。

· 各產品線在產品開發過程中，須在路線庫和優選庫中選擇已有編碼。若須選用或申請路線庫和優選庫外的物料（包括拆分編碼），必須通過評審。

4.5　軟體工程，從 CMM 到敏捷

軟體工程是指用工程化的方法定義、開發和維護軟體的工程技術和學科。應用該方法能在預算和進度範圍內，交付滿足客戶訴求的軟體產品。在華為，軟體工程包含從需求到設計、編碼、驗證和維護的全生命週期工程活動，是軟體開發的能力基礎。

為了有效組織和管理這些工程活動，華為引入了 CMM（軟體能力成熟度模型），對軟體開發的過程進行清晰的定義、實施、度量、控制和改進。高成熟度的過程，保證了軟體交付的可預測性和高品質。隨著時代的發展，為了更快的回應業務變化和客戶訴求，華為又引入了敏捷開發實踐，透過組建全功能團隊，基於一個主幹實施疊代開發，建構持續交付流水線，達成快速交付客戶價值的能力和成果。

4.5.1　軟體工程是實現大規模軟體開發的基礎能力

　　1990 年代中期，華為一般二、三十人開發一種產品，約定俗成的開發過程非常簡潔，開發速度很快，但因為只關心編碼和測試，而缺乏一些關鍵的活動，例如計畫管理、配置管理，導致了一些嚴重的問題。1990 年代末期，已經需要上百人開發一種產品，溝通與交流的複雜性大大提升。在這種情況下，如果對研究開發過程分為哪些活動、每個活動要達成的輸入與輸出要求沒有一個統一明確的標準，就會帶來各種問題。

　　只有將軟體研究開發過程中的工程活動進行清晰的劃分，明確每個工程活動的目標、要求，以及工程活動之間的相互關係，再輔之以配套的管理活動，才可能協同上百人團隊成員高效工作。華為將研究開發過程分為如圖 4-4 所示的 14 個相互關聯的活動，其中線段表示執行的活動，節點表示活動的輸入輸出文檔。這張圖表達的不是各活動之間的時間順序關係，而是活動之間的輸入輸出關係。

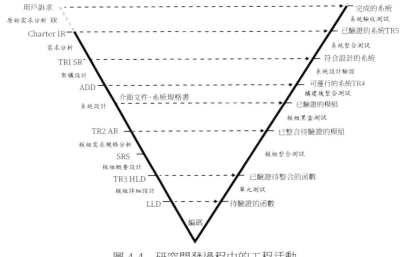

圖 4-4　研究開發過程中的工程活動

　　下面是每個活動的簡短描述：

1. 原始需求分析：真實記錄來自客戶不同場景下，原汁原味的用戶訴求。

2. 需求分析：將產品在不同使用環境下的需求綜合整理成對產品的系統需求，並在需求細節上反映客戶的期望。

3. 架構設計：給出產品的基本組成結構，使得當前、甚至某些未來的需求能夠基於這個結構實現。

4. 系統設計：基於架構設計給出系統結構分解，並使得模組的設計能夠獨立進行。

5. 模組需求規格分析：給出分配需求的功能分解、分配需求實現的可行性、分配需求之間的功能和資料關聯。

6. 模組概要設計：相當於模組的架構設計，內容包括子模組分解、狀態機設計、模組全局資料設計等。

7. 模組詳細設計：高層設計到函數，並以函數為單位，給出函數的黑盒要求，複雜函數給出設計思路。

8. 編碼：準確實現模組詳細設計的內容，並保證程式碼清晰、簡潔，使程式碼具有可測試性、可擴展性。

9. 單元測試：驗證模組函數級別的輸入輸出行為，確保編碼活動準確實現模組詳細設計。

10. 模組整合測試：從函數開始逐層向上，拼裝為一個統一模組，並保證關鍵分配需求是按概要設計實現。

11. 模組黑盒測試：驗證模組的黑盒輸入輸出行為，確保模組準確實現模組分配需求。

12. 建構塊整合測試：從模組開始逐層向上，拼裝成一個統一的系統，並確保不同零件之間的介面、狀態機能夠相互配合。

13. 系統設計驗證：驗證系統的功能是否實現，並同時發展安裝類、調試配置類、告警類、升級指導書、版本說明書等資料的測試，以保證系統功能符合設計要求。

14. 系統整合測試：驗證系統非功能特性（如 DFX）是否正確實現，確保系統準確實現所有設計需求（含功能和非功能需求）。

15. 系統驗收測試：確認產品滿足產品組合需求中給出的不同應用環境下的需求。

定義了每個工程活動的輸入輸出要求還不夠，還需要說明如何將輸入轉換成輸出，這正是工程方法存在的目的。將工程活動的輸入轉換為輸出的方法、技巧，子活動的分解，支持每個工程活動的具體實施操作。工程方法和工程活動是鬆耦合關係，同一類工程活動，可以有多種實現方式，比如需求分析，可以寫標準的軟體需求規格（SRS）文件，也可以用 Use Case 描述，還可以用實例化需求方法。這種方法與活動解耦的設定，增強了軟體開發的靈活性和適應性。

光有活動定義、工程方法還不夠，還需要透過計畫管理來協調各活動之間的關係，針對不同產品的交付場景，挑選和組合最適合的工程與管理活動，以達成產品高品質和高效的交付目標。在華為，這個過程被稱為「品質策劃」。透過品質策劃活動，明確研究開發產品交付的關鍵目標，識別風險，將工程活動和管理活動有機串聯起來，確保產品目標最終達成。

定義並實施軟體工程活動、工程方法和管理活動，大規模軟體開發就能有序、高品質、高效。

4.5.2
CMM的核心是用過程的規範性保障軟體開發的品質

一、CMM 是從「雜牌軍」到「正規軍」的必由之路

為了使軟體能夠更快速的回應客戶需求，並提供規模化、高品質的產品給客戶，使產品在市場上更具有競爭力，華為從 1998 年就開始關心並考慮將 CMM 模型引入軟體開發過程。按照 CMM 模型的要求，在 IPD 基礎上，華為建立了一整套軟體開發品質保證體系 IPD-CMM。

2000 年，華為建立起符合 CMM2 級的軟體流程體系 IPD-CMM V1.0，CMM 開始在公司部分測試專案啟動探索；2001 年，華為公司印度研究所的測試專案率先通過 CMM4 級認證；2002 年，結合印度研究所實踐發表了符合 CMM4 級的 IPD-CMM V2.0 流程體系，隨後在公司範圍內全面深入的發展 CMM4 級實踐推廣和 5 級探索；2003 年，在充分實踐的基礎上，發表了符合 CMM5 級的 IPD-CMM V3.0 流程體系，並在全公司推行。同年，華為公司北京研究所、南京研究所通過 CMM4 級認證，印度研究所通過 CMM5 級認證。2004 年 10 月 16 日，位於深圳本部的華為公司中央軟體部一舉通過 CMM5 級認證。2005 年，華為開始推行 IPD-CMMI。到 2006 年，100% 涵蓋所有研究開發領域。

二、Mini Project 是華為 IPD-CMM 的「播種機」和「使能器」

CMM 的實施，使得華為軟體研究開發從「雜牌軍」走向了「正規軍」。但如何將單個測試專案的成功複製到公司所有專案中，是 CMM 能否落地生根的最大挑戰。Mini Project 作為華為在 CMM 實施方面的重要創新，為推廣實施 CMM 立下重大貢獻。

CMM Mini Project 培訓是華為經過多年實踐和摸索，總結出來的一套有華為特色，行之有效的培訓課程，面向所有研究開發中高層管理人員和軟體開發人員。透過 7 天時間，進行一個虛擬的軟體開發專案，讓所有的學員

以演練的方式，嚴格遵守流程、工程方法及模板等要求，進行端到端的實戰開發，完成一個真實可運行的程式（比如電梯程式，代碼行數統計分析程式等）。所有員工在 Mini Project 培訓中所用到的流程步驟、工程方法、工具和模板等都將與實際工作中完全相同，可以使新員工在實戰中學習和領會開發過程和方法，在實際開發時可以盡快上手。

這種以實戰演練貫穿始末的 Mini 培訓模式，已經成為華為培訓的寶貴財富。從軟體開發領域拓展到硬體、資料等各個領域，獲得廣泛應用。尤其是面向高階管理者的「總監 Mini」培訓更是讓管理者學會了什麼是 CMM，讓「野戰軍」出身的管理者進入「軍校」深造，逐漸步入「正規軍」的行列。各級管理者理解什麼是品質管理、明白在 CMM 中他們應該承擔的責任和作用，是實現整個組織品質文化轉變至關重要的一環。

華為 Mini Project 的成功絕非偶然。首先，它凝結了印度品質專家多年 CMM 實施和品質工作經驗，最初的課程設計都是在模擬印度研究所真實交付專案基礎上提煉而成；其次，「狗食理論」（公司／團隊使用自己生產的產品以發現問題，驅動改進）在 Mini Project 培訓開發中得到充分應用，「己所不欲，勿施於人」，所有課程都是負責課程開發的責任人首先在自己的專案中進行了真實應用，只有課程開發者自己充分認可並體驗的流程和方法才會真正落地生根。

三、持續改進是 CMM 生命力的泉源

測試專案證明了 CMM 方法論價值的存在，Mini Project 培訓加 QA 的引導和審計保證了方法論的落地和成長，但是所有 CMM 專案的執行是否不依賴於 QA、PM 的責任心和能力而一樣獲得成果，則必須進行獨立的驗證，這就是內部品質審計制度。

結合 CMM 內部審計，華為形成了一套系統、成熟的軟體管理思維和方法，使得軟體專案開發過程可視、可控、可預測，孕育了「品質是我們的自

尊心」的品質文化，建立了豐富的華為過程資產，包含組織軟體過程、專案資料、能力基線、工具庫、風險庫、經驗案例庫和缺陷預防庫等。華為內部資料顯示，實施 IPD-CMM 與未實施前相比，軟體開發週期縮短了 30%，生產率提高了 2.2 倍，同時也提高了軟體交付品質，軟體遺留缺陷密度降低了 90%。

　　印度專家告誡我們：「基於 CMM 的持續改進只要停止一個月，就會前功盡棄。」但是到底應該如何改進？經過深入的思考後，華為認為，需要綜合應用內部審計、度量分析、根因分析等方法，建設並實施以「持續改進」為目標的研究開發管理體系。只有這樣，才能確保 CMM 的推行和改進不依賴於個人與外界的影響而自發的主動進行，從而賦予 CMM 持久的生命力。

4.5.3　建構敏捷工程能力，實現價值快速閉環

　　華為敏捷經歷了專案級、版本級、產品級、商業級敏捷幾個階段實施與探索，實施過程中，我們深刻體會了「與 CMM Process Based 不同的是，敏捷是 Skill Based」這句話背後的含義。我們充分認知到敏捷轉型的關鍵是團隊意識的轉變和核心工程能力的累積。下面是各階段敏捷實施的關鍵能力。

一、專案級敏捷的核心是「疊代開發」

　　專案級敏捷主要聚焦單個專案組的開發與測試階段能力改進，其核心就是固定時間箱的疊代開發。每輪疊代包括計劃、開發、測試、回顧四項活動，以啟動疊代計畫作為一輪疊代的起點，以完成疊代回顧作為一輪疊代的終點。開發中最重要的是保持疊代的固定節奏，如果出現本輪疊代結束時間到，但 User Story 還沒開發完成（設計、編碼或者測試中），也要停止本輪疊代，將未完成的任務移動到下一輪疊代，參與下一輪疊代的需求挑選（未完成任務，往往作為下一輪疊代高優先級任務），以保證每輪疊代的交付是一個穩定的、通過測試驗證的可用版本，防止團隊「帶病疊代」。

　　這裡「帶病疊代」是華為專有術語，特指對疊代中發現的問題沒有及時

解決，不斷遺留到下一輪疊代，缺乏有效的原因分析和計畫調整，導致版本問題不斷累積，品質風險不斷增加的開發模式。「帶病疊代」導致開發不能構築在一個穩定的品質基礎上，進而增加了問題發現和解決的難度，往往導致版本延期，人力不能順暢使用，最終降低產品的競爭力。要解決「帶病疊代」首先就要明確疊代目標，清晰定義疊代出口標準，轉變管理者意識，從單純重視功能交付到關心可用的軟體才是真正的進度衡量標準。其次要正確評估團隊交付能力，根據團隊真實「管道」，搭配最高價值的需求，制訂合理的疊代計畫，而不是一味的向團隊壓需求，長期過載必然導致品質下降。最後要對團隊成員賦能，加強持續整合和自動化測試能力建設，持之以恆建構基礎工程能力。

二、版本級敏捷要做到「One Track」

版本級敏捷關注從版本的定案到實驗局發表環節整體效率的提升。隨著業務發展，產品出現大量定製和分支版本，導致版本間同步工作量龐大，重複浪費嚴重，因此版本級敏捷的重心就放到主線（One Track）開發能力建構上。所謂 One Track，就是整個產品軟體在多版本開發過程中都採用一個主線版本給全球客戶應用，而且保持版本正向相容的開發模式。

要做到 One Track，需要從 IPD 流程和工程兩方面同時入手。流程方面，要提早規劃版本「火車節奏」，制定產品生命週期管理以及版本最佳化收編策略；制定版本並行開發／維護分支統計規則並持續視覺化管理；同時最佳化組織陣型，設置主線 Owner，簡化版本運作模式。工程能力方面，首先，要明確綠色主線要求，定義主線健康度指標，持續交付流水線；其次，要展開服務化架構改造，產品服務間透過 API 調用，鬆耦合，支持主線少量快速交付；再次，設計方面要持續管理好介面，落地兼容性設計，保證升級不中斷業務，確保客戶體驗。總之，做到 One Track，要求目標明確，主管當責，持續營運。

三、產品級敏捷重點是「流水線」（Stream line）

　　產品級敏捷關心從定案到版本規模發表的整個 E2E TTM 縮短，它是基於 One Track 基礎上，將整個產品組合按照業務訴求和價值，透過持續規劃方式，逐步精進為多個少量需求組合，應用流水線持續開發方法，持續交付多個商用 Release 的產品開發模式。

　　產品級敏捷的核心是價值流水線持續流動：持續規劃，持續開發，持續發表。持續規劃要求商業決策與需求決策分離，投資決策團隊關心投資收益、資源約束、長期經營指標等；產品需求決策授權 RMT，RAT 持續進行需求分析與按價值優先級排序，進而支持需求少量持續落入持續開發流水線。持續開發注重建構服務化架構和自動化測試能力，鬆耦合架構支持多服務並行開發，自動化持續交付流水線即時驗證版本品質，保證開發具備穩定的交付節奏和可預期的品質水準，支持開發與發表解耦，做到按固定節奏開發，按市場需要發表。持續發表須協同各功能領域制定年度功能領域策略和版本計畫，按上市訴求和 Release 計畫展開對應的導入活動，配置器、資料等搭配 Release 快速發表；功能領域代表參與到持續開發流水線中，導入 DFX 要求，發展 DFX 驗收，實現功能領域敏捷。再搭配全功能團隊，兼顧生態與合作夥伴，最終構造一條不間斷的研究開發價值流。

四、商業級敏捷探索 JAX 和 DevOps 價值閉環

　　為了應對智慧化時代大數據、雲端運算和物聯網等新產業帶來的挑戰，華為啟動了全面雲端化、數位化轉型。搭配轉型策略，研究開發模式也在敏捷開發的基礎上，進一步探索聯合客戶共同敏捷 JAX 以及營運驅動開發的 DevOps 模式，以達成業務價值交付的敏捷性。

　　JAX 的核心是協同客戶及合作夥伴一起創新與交付，提升整個產業鏈的競爭力並促進商業成功，主要包括三個聯合：聯合敏捷規劃（JAP），聯合敏捷交付（JAD）以及聯合敏捷運作維護（JAO）。聯合規劃，共同識別行業「痛

點」，聯合創新，應對挑戰；聯合交付，透過遠端開放實驗室，在疊代過程中就對方案進行早期驗證和灰度發表（Gray release），提升特性價值，縮短上市週期；聯合運作維護，第一時間定位並恢復問題，提升最終使用者經驗和滿意度。

　　DevOps 是針對公用雲等自營運服務產品的開發模式，和以往最大的不同是軟體開發拓展到運維營運端，團隊透過服務自運維，最大程度加快了價值的流動、回饋和持續改進。為了達成 DevOps，除了組織、文化和流程的調整，工程能力方面更要在架構、部署流水線、自動化測試以及運作維護監控方面做好準備。在華為，我們組建了為 E2E 經營和交付負責的服務化組織，建構滿足 Cloud Native 要求的微服務架構，定義並持續建設滿足 SHARP（Single-Holistic-Alive-Reliable-Productive）要求的持續整合、持續交付（CICD）流水線以及自動化為基礎的測試金字塔體系。並在進一步探索強化服務回饋和持續改進的自動化、高效、智慧的運維、營運系統，以應對雲端時代的機遇與挑戰。

4.6　開放原始碼

　　簡單的說，對大眾開放原始碼就是開源。不同的開源軟體（Open Source Software）均可以在其相應的開源社群中供人自由下載，並歡迎大眾自由的參與到社群的開發中，也允許商業機構進行再次開發並按照相應的開源協議進行發表。

　　從純粹的技術視角來看，企業可以透過使用開放原始碼的策略，如免費使用開源軟體或者共同參與開源軟體建設，從而減少在軟體開發上的投入，提升研究開發效率，以及快速獲取有競爭力的技術運算法，提升產品的競爭力。

從商業的視角來看，在 ICT 行業，開放原始碼正在成為掌控事實標準、建構產業生態圈、開放式創新的有效方法。企業可以充分利用開源社群的發展規律，結合本身的業務策略，在合適的時期，實施對外開放原始碼的策略，建構生態圈，整合行業力量，共同實現商業成功。

4.6.1　開放原始碼是打造產業生態、實現公司策略目標的重要方法

從客戶來看，未來更多企業會採用 ICT 外包和雲端服務，這將有利於促進公用雲的機會，營運商更趨向用網際網路的模式採用開源軟體自己建設公用雲。事實上，越來越多的營運商已在投標書中明定開放原始碼的要求。

從行業來看，隨著硬體的通用化和可編程能力的發展，軟體化成為大勢所趨，如軟體定義網路（SDN）、軟體定義儲存、軟體定義資料中心等。開放原始碼也開始向網路領域滲透，行業中不斷有新的開源組織產生，比如：ODL（Open Day Light）、OpenStack（雲端平臺）等，它們都會對我們的未來產生深遠的甚至顛覆性的影響。

回顧一下 Android 的開放原始碼發展歷程，Android 最早是由一個創業公司的 Andy Rubin 主導開發的智慧型手機操作系統，其商業模式是賣操作系統，沒有其他賺錢的模式。Google 收購 Android 操作系統的原因是 Google 發現在行動網路快速發展的趨勢下，一定要占領行動網路的入口，所以 2005 年 Google 收購了 Android，然後直接把它開放原始碼了。Android 平臺透過開放原始碼獲得了快速發展，Google 也透過 Android 開放原始碼快速占領了智慧型手機的搜尋入口，從而提升 Google 廣告的商業價值，為 Google 帶來了豐厚的收入。

再看看 Linux 開放原始碼的案例，站在 IBM 的角度，如果微軟把桌面及伺服器操作系統全部統治了，那麼整個伺服器的服務與整合市場就和 IBM 沒有太大的關係了。所以，IBM 於 1999 年投入 10 億美元大力支持 Linux 開

源社群，以及大力推進 Linux 在企業領域的應用和快速發展。Linux 開放原始碼打破了 Windows 的壟斷，推動了 IT 產業的價值向整合與服務的領域轉移，為 IBM 帶來超過 100 億美元的整合與服務商業機會。

　　所以，開放原始碼對於一個商業組織來說，須圍繞其商業策略建構開源生態、參與各種開源組織及活動，並不斷最佳化企業內部的開源管理架構以適應行業發展。

4.6.2　開放原始碼的發展規律及企業參與策略

　　任何事物都是有發展規律的，開源社群也是如此。透過洞察大量的開源社群的發展歷史，開源社群通常可劃分為萌芽期、升溫期、收編期、商業應用期和成熟期五個階段。

· 萌芽期：是開源新技術產生和產業生態圈的初期。該階段通常由技術創新能力強的大學、研究機構或企業發起，需要深入追蹤了解技術特點和判斷產業生態圈技術演進方向。

· 升溫期：多個開源專案湧現，處於百花齊放階段。在該階段，除了需要留意技術外，同時需要留意其未來應用場景和客戶互動，追蹤影響社群方向和參與生態圈發展。

· 收編期：經過不斷的發展，開源專案持續被收編和融合，形成事實標準和主流社群，此時開源社群通常以基金會形式運作。在該階段，企業須積極加入聯盟和參與社群貢獻，參與和影響社群軟體架構、方向與節奏的定義。

· 商業應用期：開源的商業環境已形成，合作夥伴一起做大生態圈這個「蛋糕」，並慢慢推動新技術走向成熟和商用。在該階段，企業一方面須加強社群貢獻力度，提升社群貢獻度排名；另一方面積極了解客戶需求，構築基於開源社群的客戶化商業解決方案。

167

· 成熟期：開源已形成穩定的商業環境，生態圈內良性競爭，開源技術已成熟服務於社會。在該階段，社群的格局已經形成，企業重點在於面向客戶的商業版本與客戶化方案的構築和商用。

企業須適應開源社群發展規律，積極參與，實現企業的策略目標和商業價值。

4.6.3　開放原始碼帶來研究開發效率和產品競爭力的大幅提升

企業一方面可以直接利用開源社群已有的成熟技術成果建構產品與解決方案，另一方面也可以採用與開源社群合作開發的方式，來開發產品非核心業務或非競爭力特性，從而減少研究開發人力投入，提升研究開發效率。華為各領域結合業務特點，利用開放原始碼建構產品與解決方案，在過去的傳統 CT 時代，積極參與 Linux Kernel（嵌入式操作系統）等開源專案，CT 領域應用的開源占比超過 30%；進入 ICT 時代，更進一步的參與 OpenStack（雲端運算）、Spark（大數據）、Hadoop（大數據）、OpenDayLight（SDN）、Andriod（手機操作系統）等開源社群或專案，其中，IT 領域應用的開源占比達 70%，手機終端領域應用的開源占比達 90%，大大減少了研究開發投入，提升了研究開發效率。

開放原始碼也為企業提供了全球優秀人才為我所用，以及獲取業界創新資訊的另一扇窗口，企業可利用開源社群的優秀成果來提升產品競爭力。華為網路產品線 Fenix 平臺引入開源社群最新的無損壓縮運算法程式碼，整體性能提升 31%，在客戶 POC（Proof of Concept，概念驗證）比拚測試中超越友商 25%，助力某大 T 與華為聯合發表雲端化 BRAS CU 分離（寬頻遠端接入服務雲端化產品 —— 控制面與轉發面分離）架構，拿下中國多個省分的實驗局。

在開源大趨勢下，企業須學會充分利用開源社群的優秀人才和成果，來大幅提升研究開發效率和產品競爭力。

4.6.4　開放原始碼的使用須加強品質管理

　　企業在開發過程中可充分利用開源社群的已有成果，減少軟體開發人員的投入，從而帶來研究開發效率的大幅提升。在使用開放原始碼的過程中，企業需要透過以下幾點，做好開放原始碼的品質管理：

　　使用「嚴進寬用」策略，優生優育。「嚴進」即開源管理團隊對開源軟體進行充分評估，選擇那些能滿足業務需求、程式碼品質高且安全風險小、社群活躍度高的開源軟體／專案，並將這些社群的軟體納入企業的軟體庫來管理；「寬用」則是軟體庫中的開源軟體可以在企業內所有產品中共享共用，產品團隊在技術選型階段，從軟體庫中挑選滿足要求的開源軟體，不須再評估，可以放心使用。

　　對開源軟體需要進行生命週期管理，牽引和推動產品使用「優選」軟體，禁止使用「禁選」的軟體，實現歸一化管理，降低成本和風險。

　　避免「侵入式修改」，解耦開發。為了使開源軟體功能更強，滿足商用要求，直接在開源軟體的原生程式碼中修改，這種方式稱作「侵入式修改」，它勢必會增加產品中開源軟體版本切換的成本。

　　善用開放原始碼，合法合規，企業需要重視開放原始碼的品質管理。

4.6.5　開放原始碼要與標準連動

　　傳統的 CT 行業，透過標準來建構產業生態。IT 行業，開放原始碼是構築事實標準、建設產業生態圈、領先策略競爭對手的有效手法。ICT 融合將使開放原始碼與標準之間關係更密切，目前已經看到標準與開放原始碼的連動趨勢，兩種同時存在，以支持生態系統，因此須在商業決策的指導下實現開放原始碼和標準的連動。

　　例如，Apache CarbonData 是一個關於大數據查詢的開源專案，由華為開發並貢獻至 Apache 基金會（大數據領域最權威的開源組織）。在開源專案運作中，開源專案團隊與企業標準團隊通力合作，最終將其成果導入

ISO ／ IEC WG9 20547-3（大數據參考架構）草案和 IIC（工業網路聯盟），為國家標準和行業標準做出貢獻。同時華為也是開放容器倡議組織（Open Container Initiative，簡稱 OCI）的初創成員，在容器運行、鏡像格式、鏡像工具等多個規範中都有顯著貢獻。目前，OCI 的規範已為主要雲端運算廠商所採用，華為也是唯一一家在該組織中擁有關鍵席位的中國公司。

標準團隊也要持續參與相關開源社群，在開源社群的貢獻可以不僅是程式碼，文件、郵件列表等都是討論需求、架構及規範邊界的有效平臺。標準團隊要和開源團隊一起及時發現業界的產業變化，或預判產業即將發生的重大變化，識別標準和開源連動機會點並及時上報企業高層決策，以便制定最佳的開源策略和開源社群的有序管理，逐步提升企業的產業影響力。

4.6.6　開放原始碼要和商業利益相結合

ICT 融合背景下，構造開放生態系統已經成為未來商業競爭的關鍵。開放是策略，開放原始碼是重要手法。

在面向千億連結的物聯網時代，華為利用輕量化架構和智慧化應用等優勢，開放原始碼 LiteOS，為社群提供完整的、標準化的物聯網操作系統。透過開源社群運作建設 NB-IoT 生態聯盟，加速了終端領域智慧化進程，在商業上已為德國 DHL（物流運輸）等企業提供服務。

純粹的開放原始碼貢獻不是商業組織的做法，對於一個商業組織來說，開放原始碼須和商業利益相結合，不能為了開放而開放。

4.7 研究開發能力管理體系

在華為公司的早期階段，研究開發組織成熟度較低，能力也較弱。為了快速提升，在研究開發組織內部設有行業管理，這是華為公司的研究開發組織跟西方公司的研究開發組織的一個不同點。現在各研究開發組織逐漸成熟，在已經成熟的領域裡，已經不需要過強的行業管理了，於是把行業管理逐步轉變為能力中心。

研究開發能力中心的目的是保障華為的研究開發團隊在面向未來的挑戰中具備強大的競爭力，透過建立組織機構，獲取並聚集相關的人才資源，透過專職團隊的全方位追蹤與跟進，將業界最新研究成果，轉化為華為可落地的研究開發能力組件，快速補齊或提升公司關鍵業務的能力。研究開發能力中心承載了華為公司 20 多年來研究開發管理方面的經驗、能力、歷史和教訓，擔負著提高全公司的研究開發能力、研究開發效率的使命。在公司層面，華為的研究開發能力統一由 2012 實驗室來支撐，它擔負著提高全公司的研究開發能力、研究開發效率的使命，匯聚大量公司級專家展開各類研究開發能力的規劃與研究。

華為的研究開發能力分為技術能力與非技術能力。其中，技術能力是指產品本身涉及的各類專業技術，如軟體操作系統技術、資料庫系統技術、硬體工程技術、DFX 技術、材料技術、晶片技術、資訊處理技術等，它們是透過技術管理體系（TMS[10]）來進行管理。非技術能力是指研究開發理念、流程、方法論、工具、基層團隊的組織運作模式等。它們是透過研究開發能力提升委員會進行管理，包括定方向、形成共識、做出決策等，同時依託 2012 實驗室發展建設和應用。相關成果由 2012 實驗室組織部署實施到各研究所的一線研究開發團隊，各研究所承擔了研究開發能力落地的職責，各研究所的

---

10 TMS，Technical Management System，技術管理體系。

品質與營運部、人力資源部履行的也是能力中心（COE）的角色，推動整個研究所業務團隊的研究開發能力提升。

華為研究開發技術能力中心的設置和建設是分布式的。除了 2012 實驗室的硬體工程院、軟體院、海思半導體與器件業務部之外，各產品線、各研究所也承載著不同領域能力中心的職能。比如無線網路產品線是射頻技術能力中心，固定網路產品線是 IP 和光纖技術能力中心，網路能源產品線是電源技術能力中心，俄羅斯研究所是運算法能力中心，法國研究所是美學能力中心等。

華為研究開發技術能力的管理是透過技術管理體系來保障技術管理工作有效運作的。技術管理體系是以 ITMT 為核心，包含 ITMT、C-TMT、C-TPMT[11]、PL-TMT、Sub-TMT、專業領域 MC、專業領域 TMT、C-TMG、PL-TMG、TDT 等團隊。技術管理體系團隊結構如圖 4-5 所示。

ITMT 主要負責在公司策略指引下，洞察和掌握業界技術發展趨勢，負責公司技術投資決策，建設公司技術體系，建構公司現在和未來的工程與技術能力，支持公司研究開發能力提升，確保產品發展需要的工程和技術能力提前 Ready。透過主動產業鏈經營構築技術斷裂點，實現產品市場競爭力和客戶需求回應速度業界領先。

C-TMT 是 ITMT 的支援組織，在 ITMT 授權下，在技術管理、決策、仲裁及評審活動中為 ITMT 提供專業支持和推動。

---

11 TPMT，Technology Portfolio Management Team，技術組合管理團隊。

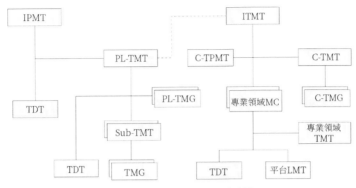

圖 4-5　技術管理體系團隊結構圖

註：圖中實線表示直接業務領導關係，虛線表示業務指導關係。

　　PL-TMT 是產品線技術與工程專家委員會，是產品線創新、技術開發投資、關鍵技術斷裂點構築責任主體，負責產品線現在和未來的工程與技術能力的建構及與業界同步，確保產品線發展需要的工程和技術能力得到保障，避免因技術能力不足或複用水準弱而影響產品市場競爭力和客戶需求回應速度。

　　TMG（技術管理組）是各層級專項技術專家團隊（C-TMG 是公司級、PL-TMG 是產品線級），是專項技術領域的最高技術權威。

　　各類技術能力以技術研究專案的形式發展組合管理，由 ITMT ／ TMG 進行里程碑的決策與管理。具體操作方式如下：

1. 對面向滿足客戶需求的下一代新產品和解決方案、新商業機會進行探索與研究，利用專案方式聯合各能力中心共同參與，實現關鍵技術準備、原型驗證和標準／專利布局，並推動公司做產業化定案。
2. 打破產品線界限，識別出公共的、基礎的以及公司發展需要的關鍵技術，建立相應的實驗室，建構技術研究的能力中心。
3. 引進業界專家，借鑑業界成熟模式建設基層研究團隊，不斷提升研究能力，讓有能力且有意願的員工從事研究工作。

4. 針對面向未來的一些重要創新研究專案，如 5G、下一代的 IT 等，華為與業界資源充分合作，利用全球各個主要國家和區域的大學和研究機構多年的累積，共同面向未來，展開研究和創新工作。

華為研究開發能力管理體系經過多年的運作，持續的提升了產品的競爭力，仍在持續不斷建設和完善中。

第 5 章　創新與技術開發

　　企業存在的理由是滿足客戶需求，為客戶創造價值。由於在市場經濟中存在充分的競爭，受上面兩個條件的約束，創新是必然的選擇，否則無法在市場中一直活下去。

　　一切有利於更好的滿足客戶需求，為客戶創造更多、更大價值；有利於改造內部運作效率和品質，降低成本；有利於更好的與客戶做生意，方便服務客戶；有利於提升客戶體驗，增加客戶忠誠度的技術、管理、商業模式的創新都是必須的。它展現在客戶更堅定的選擇華為，綜合呈現在市場的卓越表現上。由於內部管理及商業模式的創新與改進，最終都要表現在客戶對華為的綜合感知和感受上，表現在為客戶創造的價值上。因此可以概括的說：華為創新是緊緊圍繞著客戶需求進行的，即使是在客戶需求和技術雙輪驅動並強調技術牽引的時候，也必須回答技術如何滿足客戶需求，為客戶創造什麼價值。

　　創新是華為發展的不竭動力，華為已經從跟隨者逐漸走到業界尖端，更加需要產品和技術創新來推動公司進步。華為將創新分成兩類進行管理，確定性創新由產品線負責，不確定性創新由 2012 實驗室負責。華為鼓勵創新，寬容失敗，加大研究開發投入，實現群體突破，彎道超車。

　　IPD 將技術開發與產品開發分離，並單獨進行管理，以便能更好的降低投資風險，實現非同步開發。技術規劃和技術開發流程是創新和技術管理方法，建立相應的技術管理體系是其有效運作的保障。

　　智慧財產權是拓展全球市場的制空權，必須重視研究標準和專利工作，並透過全球專利布局和技術及管理機制保護華為智慧財產權，在掌控關鍵資訊安全的同時促進資訊共享，保證研究開發的效率。

5.1 創新與不確定性管理

5.1.1 創新是企業發展的不竭動力

自創新理論的鼻祖約瑟夫・熊彼得（Joseph Alois Schumpeter）在 1911 年出版的著作《經濟發展理論》一書中提出，創新是經濟發展的根本動力以來，創新就成為經濟學、管理學中被頻繁引用的詞彙。熊彼得認為，創新就是建立一種新的生產關係，也就是把一種從來沒有過的關於生產要素和生產條件的「新組合」引入生產體系。熊彼得將「新組合」的實現組織稱為企業，所謂的「經濟發展」就是不斷實現這種「新組合」的結果。這種新組合包括 5 種情況：

1. 採用一種新產品
2. 採用一種新的生產方法
3. 開闢一個新市場
4. 控制原材料的一種新的供應來源
5. 實現任何一種工業的新的組織

這就是我們通常所說的產品創新、技術創新、市場創新、資源配置創新、組織創新，其中產品和技術創新是根本。

被譽為「現代企業管理學之父」的彼得・杜拉克（Peter Ferdinand Drucker）深受熊彼得的影響，指出企業的目的是創造客戶，企業的基本功能之一是透過創新來創造客戶。一個企業只有不斷創新，為客戶創造新價值，客戶才會不斷給企業發展所需的資金，否則就會活不下去，更談不上發展。

2000 年，任正非在〈創新是華為發展的不竭動力〉一文中寫道：「華為十年的發展歷程，使我們體會到，沒有創新，要在高科技行業中生存下去幾乎是不可能的。在這個領域，沒有喘息的機會，哪怕只落後一點點，就意味

著逐漸死亡。有創新就有風險，但絕不能因為有風險，就不敢創新。若不冒險，跟在別人後面，長期處於二、三流，我們將無法與跨國公司競爭，也無法獲得活下去的權利。若因循守舊，就不會獲得這麼快的發展速度。只有不斷的創新，才能持續提高企業的核心競爭力，只有提高核心競爭力，才能在技術日新月異、競爭日趨激烈的社會中生存下去。」

科技的進步，新企業的不斷湧現，使得滿足客戶需求的產品和服務越來越豐富。誰能在激烈的競爭中不斷創新，搶得先機獲得更高的收入和利潤，誰才能繼續活下去。Nokia 因為不斷的技術革新，推出更先進強大的新產品而站在巔峰，也因為後來的故步自封、創新乏力，導致在與蘋果的智慧型手機競爭中跌下神壇。柯達曾經是傳統影像行業的霸主，也因為因循守舊，不願放棄底片市場，喪失數位技術優勢而最終破產。

只有不斷投入研究開發，才能保持創新優勢。華為堅持每年將 10% 以上的銷售收入投入研究開發，從不因短期經營效益的波動或短期的財務目標，而減少在創新方面的投入，逐漸從跟隨走到技術領先，保持了三十年的高速發展。

1997 年，任正非在〈抓住機遇，調整機制，迎接挑戰〉一文中指出：「我們抓住機遇，靠研究開發的高投入獲得技術領先的優勢，透過大規模席捲式的行銷在最短時間裡獲得規模經濟的正回饋的良性循環，擺脫在低層次上的價格競爭，利用技術優勢帶來產品的高附加價值，推動高速的發展和效益的成長。」

5.1.2　華為創新管理理念

一、鼓勵創新，寬容失敗，但反對盲目創新

一個企業，無論大小都要勇於創新，不冒險才是最大的風險。華為大力鼓勵創新，這是唯一生存之路，也是成功的必由之路。

科學研究不可能、也做不到 100% 成功，100% 都成功就意味著沒冒一點風險，沒有冒險就意味著沒有創新。創新就要勇於試錯，允許冒險就是允許創新。允許創新就要允許功過相抵，允許犯錯誤，允許在資源配置上有一定的靈活性，給創新空間。不允許功過相抵，就沒人敢犯錯誤，就沒人敢去冒險，創新就成了一句空話。高科技行業機會是大於成本的，因此華為鼓勵創新，給予創新空間。

鼓勵創新，必須寬容失敗，特別是面向未來模糊區的探索，要更多的寬容。寬容失敗，就是對失敗的專案和人要正確評價。失敗是成功之母，是寶貴的財富。科學研究專案不成功，說明此路不通，只要善於總結失敗中的成功基因，避免未來在這個方向上大規模的商業投入而造成不必要損失，這樣的失敗也是值得的。看待歷史問題，特別是做基礎科學的人，更需要被看到他對未來產生的歷史價值和貢獻。

「在確定性的領域我們可以以成敗論英雄，在不確定性的領域，失敗的專案中也有英雄，只要善於總結。所以在評價體系上，不要簡單草率。」任正非針對失敗，多次談了自己的上述觀點。

但創新是有邊界的，盲目創新，發散了公司的投資與力量。創新一定要圍繞商業需求，不是為了創新而創新，是為客戶價值而創新。

2013 年，任正非指出：「要防止盲目創新，四面八方都大喊創新，就是我們的葬歌。」

從統計分析可以得出，幾乎 100% 的公司並不是技術不先進而死掉的，而是技術先進到別人還沒有對它完全認識與認可，以至於沒有人來買，產品

賣不出去，卻消耗了大量的人力、物力、財力，喪失了競爭力。華為是一個商業組織，要成就的是自己的夢想，不是人類夢想，沒有先進技術不行，但也不能毫無限制。在產品技術創新上，華為明定要保持技術領先，但只能是領先競爭對手半步，領先三步就會成為「先烈」。因此，華為反對盲目、沒有邊界、沒有價值的創新。

二、以客戶需求和技術創新持續為客戶創造價值

任何先進的技術、產品和解決方案，只有轉化為客戶的商業成功才能產生價值。華為以前是跟隨者，創新一直是緊緊圍繞客戶需求進行的。現在華為逐漸走到了業界尖端，需要透過技術進步來創造和引領客戶長遠、隱形的需求，為客戶持續創造價值。

早在 1995 年任正非就說過：「唯有思維上的創造，才會有極大的價值。為使公司擺脫低層次上的搏殺，唯有從技術創造走向思維創造。」那時華為就成立了中央研究部，目的是要逐漸培養一批勇於打破常規，走別人沒有走過的道路的一代「科學瘋子」、「技術怪人」。

2002 年，任正非提出：「對於投資，我們有兩個牽引，一個是客戶需求牽引，一個是技術牽引，我們不排斥兩個牽引對公司都是有用的，也不唯一走客戶需求牽引或是技術牽引道路。」2004 年，任正非強調說：「整個公司的大方向是以客戶需求為導向，但實現這個目標要依靠技術，所以必須保證技術創新的合理費用投入。」

2011 年，華為逐漸走到行業領先，於是明確提出了「雙輪驅動」策略：要以滿足客戶需求的技術創新和積極響應世界科學進步的不懈探索這兩個車輪，來推動公司的進步。

2014 年，任正非在與消費者 BG 管理團隊午餐會上指出：「投入未來的科學研究，建構未來十年、二十年的理論基礎，公司要從工程師創新走向科學家與工程師一同創新。」

2016 年，在白俄羅斯科學院會談時，任正非解釋了華為做科學研究的原因：「華為公司實際上還是一個工程技術公司，不是一個科學基礎研究的公司，為什麼我們要進入基礎科學研究？因為電子技術和資訊技術的發展速度實在是太快了，我們等不及科學家研究完成果、發表完論文，根據論文理解去做工程實驗，最後才指導工程，這個時間太漫長了；在科學家基礎研究過程中，我們不得不在科學家提出問題時，就開始研究用工程的方法去解決，這樣我們就能更快的響應社會發展的速度，我們才能生存下來。」

華為已進入無人區，為了保持領先，不僅要做基礎研究，也要做理論創新。「如果我們在理論創新上不突破，就不可能有科學研究發明的源頭，我們是不可能成功的。」任正非在接受新華社採訪時回答說，「理論創新才能產生大產業，技術理論創新也能前進。一個基礎理論，變成大產業要經歷幾十年的努力，我們要有策略耐性。」

三、開放合作，一杯咖啡吸收宇宙能量

華為的核心價值觀中，很重要的一項是開放與進取。華為一致主張要建立一個開放的體系，這是符合熱力學第二定律——熵原理的：在相對封閉的組織中，總呈現出有效能量逐漸減少，而無效能量不斷增加的一個不可逆的過程。

任正非在很多地方、很多場合反覆強調，如果華為不開放，最終是要走向死亡的。「如果企業文化不開放，就不會努力學習別人的優點，是沒有出路的。一個不開放的組織，會成為一潭死水，也是沒有出路的。我們在產品開發上，要開放的吸收別人的好東西，要充分重用公司內部和外部的先進成果。」所以華為堅持開放的道路不能動搖。

一個公司再大，能力也是有限的，並不是所有技術、產品都要自主開發。開發，單靠內力成本太高，因此要借用外部的力量。開放與合作是企業之間的大趨勢。未來世界誰都不可能獨霸一方，只有加強合作，你中有我，

我中有你，才能獲得更大的共同利益。

「我們在創新的過程中強調只做我們有優勢的部分，別的部分我們應該更多的加強開放與合作，只有這樣，我們才可能建構真正的策略力量。」任正非在與 2012 實驗室座談時解釋道。

做研究開發就不能關起門來做，要開放，多參加國際會議，多交朋友，多喝咖啡。不同領域帶來的想法碰撞及互相啟發，能擦出創新火花，能釋放很多「能量」。在未來探索的道路上，華為提出要「一杯咖啡吸收宇宙能量」。

「我們要以大海一樣寬廣的心胸，容納一切優秀的人才共同奮鬥。要支持、理解和幫助世界上一切與我們同方向的科學家，從他們身上找到前進的方向和力量，用一杯咖啡吸收宇宙能量。」任正非說。

徐直軍指出：「我們為什麼不能利用全球各個主要國家和區域的大學和研究機構多年的累積，與他們一起來面向未來，來從事研究和創新工作呢？華為有能力和意願把這些資源充分利用起來，我們希望深入各個國家的創新和研究的圈子裡，與業界資源充分合作，共同面向未來、從事研究和創新工作。我們面向未來的一些重要創新研究專案，像 5G、下一代的 IT 等，不應該只侷限在華為內部的資金和資源的基礎上，而是要利用全球各個國家和區域的資源和資金，來開創研究和創新工作的全新局面。」

現在，華為把能力中心（研究所）建到了策略資源聚集地區，以各種方式靈活的與世界上頂尖科學家和教授合作，保持對未來敏銳的洞察力。華為要防止出現「黑天鵝」，即使出現，也希望飛到「咖啡杯」中。

四、鮮花插在牛糞上，在繼承的基礎上創新

創新往往需要借助別人的肩膀，在繼承的基礎上不斷最佳化。人類文明都是在繼承的基礎上發展的。華為不提倡什麼東西都自主創新，一是沒有這麼多資源和能力，否則企業就會穿上「紅舞鞋」；二是不要過分狹隘的自主

創新，否則會減緩華為的領先速度。所以，華為要開發合作，聯合創新，像海綿吸水一樣不斷吸取別人的先進經驗。

　　早在 1998 年〈華為的紅旗到底能打多久〉一文中，任正非就明確指出：「創新不是推翻前人的管理，另做一套，而是在全面繼承的基礎上不斷最佳化。從事新產品開發不一定是創新，在老產品上不斷改進不一定不是創新，這是一個辯證的認知關係。一切以有利於公司的目標實現成本為依據，要避免進入形而上學的誤區。」

　　2010 年，任正非強調指出：「華為長期堅持的策略，是基於『鮮花插在牛糞上』的策略，從不離開傳統去盲目創新，而是基於原有的存在去開放，去創新。鮮花長好後，又成為新的『牛糞』，我們永遠基於存在的基礎上去創新。在雲端平臺的前進過程中，我們一直強調『鮮花插在牛糞上』，綁定電信營運商去創新，否則我們的『雲端』就不能生存。」

　　「如果說我們的系統能夠做到很好的開放，讓別人在我們上面做很多內容，做很多東西，我們就建立了一個大家雙贏的體系。我們沒能力做中間件，做不出來，我們的系統就不開放，是封閉的，封閉的東西遲早都要死亡的。『眾人抬柴火焰高』，要記住這句話。」任正非叮囑道。

5.1.3　不確定性管理

　　不確定性是指影響公司業務發展的各種外部與內部不可預期因素的統稱，包括外部整體環境、產業發展、技術趨勢等變化及事件發生的不可預知等，也包括內部組織營運管理、執行結果等的不可控。

　　彼得‧杜拉克在《創新與創業精神》一書中指出：經濟活動的本質在於以現在的資源，實現對未來的期望，這意味著不確定性和風險。企業核心任務之一就是降低企業風險。進行不確定性管理，有助於識別並管理公司未來發展面臨的各種關鍵不確定性和顛覆性風險，做好提前布局和有準備的應對，支持公司策略目標的達成。

華為不確定性管理目標是要盡可能做到有機制去管理、有備案去應對。其基本原則如下：

1. 不確定性管理是公司策略管理的重要內容之一，納入 DSTE（從策略到執行）流程管理，在每一輪策略規劃中更新和疊代閉環。

2. 採用情景規劃作為不確定性管理的基本方法，圍繞主航道識別和管理公司未來發展所面臨的關鍵不確定性和顛覆性風險，提前布局和做好充分的應對策略。

3. 採用「統一識別、分層管理」的方式展開，確保公司在不確定性管理上整體一盤棋，既合理分層又有效協同。

4. 各層級規劃部門作為不確定性管理的支持機構，支持各層級管理團隊有序發展不確定性管理，並對相關組織進行必要的賦能。

面對未來技術的不確定性，華為採取多路徑、多梯次、多場景的方式尋求突破。任正非說：「對於產業趨勢，不能只賭一種機會，那是小公司資金不夠的做法。我們是大公司，有足夠的資金支援，要勇於投資，在研究與創新階段可從多個進攻路徑和多種技術方案，多梯次的向目標進攻。在『主航道』裡用多種方式『划船』，這不是多元化投資，不叫背離主航道。現在的世界變化太快，別賭博，只賭一條路的公司都很難成功。因為一旦策略方向錯誤，損失就會極大。我們做策略決策的時候，不能只把寶押在一個地方。」

華為提出要發揮「敢為天下先」的精神，經濟大形勢下滑時，加大投入，實現反週期成長；在市場下滑時，要加大研究開發投入，錯開相位發展。抓住機會，勇於在世界競爭格局處於拐點的時候，加大投入，實現「彎道超車」。

當決定在某一策略方向發展時，也在相背的方向，對外進行風險投資，以便在自己的主選擇出錯時，贏回時間。當市場明晰時，立即將投資重心轉到主線上去，勇於匯聚多支團隊的力量，進行飽和攻擊，尋求突破，快速攻克，領先世界；在有清晰長遠目標思路的條件下，勇於抓住機會窗口開窗的一瞬間，贏取利潤。

不確定性管理，大企業最需要預防的是顛覆性創新。顛覆性創新也叫突破式創新或 EBO（Emerging Business Opportunity），通常是整合技術、產品、市場、產業鏈等因素的商業創新，不是單純的技術研究或產品開發，而是對現有商業模式、解決方案比較重大的改變。比如數位技術顛覆底片技術，蘋果智慧型手機顛覆了 Nokia，Uber 顛覆傳統計程車行業。華為認為顛覆性創新既是威脅也是重要商業機會，應對這種威脅的對策是一杯咖啡吸收宇宙能量，同時一旦發現機會，快速決策，依靠大公司資源優勢，採用快速原型驗證 EBO 的技術和商用可行性，快速決策後移交產品線進行規模化開發商用。

隨著行動、萬物互聯、人工智慧、雲端運算智慧型社會的到來，創新不斷湧現，未來撲朔迷離，充滿不確定性。華為在 2011 年成立了 2012 實驗室，負責對未來技術的研究探索、創新和不確定性管理，並且加大了研究占研究開發費用的比重，未來要達到 30%，其他的 70% 用於確定性的技術和產品開發。

5.2 技術開發與研究

5.2.1 技術開發的特徵

廣義的技術是指為實現社會需求而創造和發展起來的手段、方法和技能的總和。華為定義的技術是指在產品開發與生產過程中所涉及的軟硬體技術及工藝、裝備等工程領域的專有技術。它可以是能被許多產品應用的設計方案，例如 ASIC、計算模型、軟體程式碼、樣機、具有特定功能的單板、提供特定功能可重用的硬體或軟體模組等，不直接對市場商用交付。

先進的技術通常決定了產品的競爭力：更多的功能、更好的性能、更低的成本等。但如果一個產品包含太多新技術，開發的難度大，能否開發出來具有非常大的不確定性，一旦出現暫時無法攻克的技術難關，產品開發將無

法進行下去。在開發過程經常會出現新的問題需要解決，這使開發時間往往難以預計。

在引進 IPD 之前，華為將複雜的技術研究（預研）與產品開發過程糅合在一起。沒有單獨技術路線規劃，採用市場跟隨策略。在沒有了解清楚技術成熟度及新技術應用可能帶來高風險的情況下，如果直接進行產品開發，就會導致產品開發大量延誤，開發成本大大超過預算，甚至有些產品因為新技術無法實現而導致專案的失敗，帶來研究開發費用的大量浪費。

華為現在將技術開發與產品開發進行分離，當技術達到一定成熟後才轉移進行產品化開發。這樣既可以降低技術風險，使開發過程可控，減少開發經費的浪費，也便於更好的實現非同步開發。當技術達到可行時能快速轉化，進行後續產品商用開發，縮短了產品開發和投放市場的時間，提高了產品開發的成功率。

將技術開發與產品開發分開，能使技術開發人員集中精力關注底層技術、模組、子系統和系統／平臺級技術，而不被與技術無關的工作所干擾。

當一項項技術或 CBB 獨立開發出來放在貨架上時，可提供給多個產品和解決方案選用，就能實現技術共享和重用，避免了重複開發，大大提高了開發生產率。

5.2.2　技術開發流程

技術開發不同於產品開發，不是關注技術的商用性。技術開發只需要關注被開發的技術能否突破或實現，技術是否可行，不需要做到商用級、可以量產的程度。因此，技術開發流程與產品開發流程有很大差異。

華為技術開發（Technology Development）流程，簡稱 TD 流程，也是採用統一的、可重複的結構化流程方法，這樣能與產品開發統一語言，便於產品開發團隊 PDT 和技術開發團隊 TDT 的溝通與協同。透過設計、開發，技術達到成熟度要求（技術遷移標準）後，技術成果遷移給 PDT，在產品開

發中作為建構模組按非同步開發的模式漸增建構到產品（或平臺）中，繼續完成開發、驗證到發表階段產品商用的後續開發過程，以實現技術成果快速轉換，縮短了開發週期。

技術開發流程的結構與產品開發非常相似，也是包括一系列安排有序的技術開發評審（Technical Development Review，簡稱 TDR）和 DCP 點，用來管理技術開發活動。它包括概念、計劃、開發和遷移階段，以及遷移後的生命週期技術維護階段，沒有產品開發的驗證、發表階段，如圖 5-1 所示。

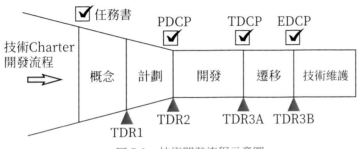

圖 5-1　技術開發流程示意圖

ITMT 或 IPMT 收到技術 Charter 後進行評審，通過後組建 TDT 進行技術開發。

在概念階段，TDT 需要清晰定義技術開發需求，確定一個最優的備選概念、制定初步商業計畫和開發計畫，確保技術風險可以被有效的管理。

在計劃階段，TDT 要完成技術方案設計，包括系統設計、軟體設計、硬體設計、整機設計等其他子系統的方案設計，同時確定開發計畫，提交 ITMT 進行 PDCP 決策批准後才可以投入大量的資源進行技術開發和驗證。風險太大或方案不可行，ITMT 可以否決終止專案或重新確定技術方向，避免浪費開發經費。

在開發階段，TDT 要完成技術開發活動，解決出現的技術問題，技術一旦驗證可行準備遷移；技術不可行可提請決策暫停或終止。開發過程如有產出，可提交標準或專利。

遷移 DCP（TDCP）決策通過後進入遷移階段，TDT 正式將技術成果及相關文件遷移給用戶 PDT，並支援產品／平臺的 Charter、設計／開發、系統聯調、生產驗證等活動，解決出現的相關技術問題，直到應用此技術的產品成功上市。遷移是否順利，是快速技術轉化，保證縮短產品開發週期的關鍵之一。技術成功商用後進行技術遷移，結束評審（End DCP，簡稱 EDCP），通過後技術成果貨架化，技術開發專案關閉。

技術維護階段，TDT 保留的技術人員要支援配套產品上市後線上問題的解決，建立技術成果共享管道，為用戶產品提供技術成果運用支援和升級維護等。

技術開發根據開發的技術對象不同，流程是可以裁剪的，比如純軟體模組開發專案，硬體相關的活動或工作沒有就應該取消，因此結構化的技術開發流程同樣是靈活的。華為 TD 流程適用於硬體、軟體、運算、邏輯、CBB、整機、產品工程工藝、測試工具等公司各技術開發專案，也適用於工程樣機（包含原預研樣機）的開發。

5.2.3　研究的特點

技術開發的目的是將技術盡快應用到產品上快速推出市場，所以技術開發關心的是中短期技術。研究是對策略方向有關的前端、長期技術進行技術研究，包括概念／框架研究、關鍵技術先期研究（包括理論分析、仿真、實驗等）、或直接參與重要標準中的課題研究。

華為要研究的是業界已經在研究或還未開始研究的東西。只有這樣，才能與業界研究同步，真正產生新的理念和概念，同時獲得「山腰、山頂」的專利，在產業界發現機會、創造機會，解決業界和客戶面臨的問題。因此，研究的首要成果是產生專利（並不是新型發明或實現型的專利），透過專利保護所發明的技術，為公司保駕護航，然後透過專利技術標準化，走向大規模產業化，提升專利價值，為未來產品的關鍵技術提供解決方案和智慧財權 IPR 保障。

「研究」最大的特點是難度大,研究的過程和結果是難以預料的,即使投入大量人力物力,也可能失敗。因此,研究採用階段評估或叫螺旋式管理方法,以便及時確定研究是繼續下去還是重新確定方向,從而減少研究開發經費的浪費。

研究 Charter 通過後組建團隊,須確定研究課程要展開的工作和計畫,確定研究方案和研究方向,然後按照方案逐一展開研究工作。每個方案都需要驗證方案是否可行,必要時可以申請相關專家進行論證,確定是否調整方案或方向。管理團隊按專案階段目標評審研究階段目標實際達成情況,確定是否進入下一階段及目標。用具象的比喻就是「摸著石頭過河,走一步看一步」,這樣可以減少研究開發損失。一旦研究獲得關鍵突破或要調整方向,可以立即提請決策團隊決策,及時進行研究成果驗收或增加資源。研究成果可直接應用於技術開發、產品或平臺開發上。

5.2.4 技術規劃流程

技術規劃流程(Technology Planning Progress,簡稱 TPP)是技術管理體系的一個流程,為技術規劃活動提供了一種管理方法。用於指導公司所有產品線、各業務部門的技術規劃,完成技術布局,從源頭上推動公司的 CBB、業務分層、非同步開發等方面的實施。技術規劃要明確技術路線與產品路線的有序關聯關係,並說明哪個(或哪些)技術將用在哪個(或哪些)產品或解決方案的哪個版本上。透過對技術專案的投資,促進技術共享,降低研究開發成本、提升產品品質和開發生產率,縮短產品開發週期和上市時間,保障資訊安全,從而促進公司策略的成功,長遠的為公司創造最大價值。

技術規劃重點關注產品以及市場對技術發展和技術開發的需求,從中提煉出華為技術發展和技術開發的路線規劃,作為公司或產品線本年度或未來 3～5 年的技術發展指引,同時對技術專案進行優先級排序以便研究開發投資聚焦。

技術規劃流程分五個階段：啟動階段、環境與價值分析階段、制定技術策略和路線階段、融合最佳化階段和執行階段。其目的是輸出中長期技術策略規劃（SP）和年度技術規劃（BP）。SP 要明確未來 3 ～ 5 年的技術策略和策略控制點、重大的技術投資方向；BP 明確未來 1 ～ 2 年的具體技術專案清單和路線。SP 給出未來的路線節奏，指導 BP 落實具體路線。中長期技術策略分解到年度技術規劃中落實，年度技術規劃透過技術 Charter 開發落實。

5.2.5　技術 Charter 開發流程

透過年度技術規劃輸出技術／研究專案清單，規劃批准後，按照規劃專案清單中的計畫日期，啟動技術或研究專案 Charter 開發。Charter 評審通過後，成立 TDT 啟動技術／研究專案。

技術 Charter 開發流程與第 2 章介紹的 Charter 開發流程非常類似，分為 4 個階段：環境與價值分析、需求定義、執行策略、Charter 移交。其目的是確保開發出高品質的技術專案Charter，減少廢棄專案帶來的投資損失。

應當指出的是，研究專案需要技術專業委員會評審後才提交 IPMT 或 ITMT 評審，以便掌握研究的正確方向，減少走彎路帶來的浪費。

技術 Charter 開發流程，適用於所有技術、架構、平臺、子系統開發專案和技術研究專案。

5.2.6　研究、技術開發與產品開發的關係

技術規劃、技術開發、研究和產品開發是有邏輯輸入輸出關係的，清楚的關係有助於責任組織高效的協同運作，更多、更快、更省的將產品推向市場。它們之間的關係如圖 5-2 所示。

技術規劃與 MM 流程確定的商業計畫要相互合作，以支持公司策略的實施和及時推出有競爭力的產品和解決方案。技術規劃驅動進行中長期研究和短期技術的開發。研究輸出專利和標準或關鍵技術，中短期技術進入技術開

發，成熟的直接用於開發的產品上，所以研究成果作為技術開發，Charter
開發或產品開發流程的輸入。

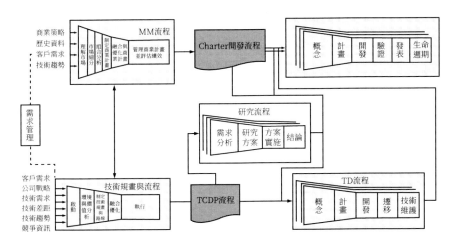

圖 5-2　規劃、研究、技術開發、產品開發流程關係

　　技術開發為產品開發提供產品需要的技術和 CBB，成熟技術貨架化之後
供產品選用。技術到達要求的成熟度遷移進入當前產品開發中，但如產品依
賴於正在開發中的技術，其技術開發遷移決策點時間最好不能晚於產品開發
PDCP 點時間，即決策確定產品開發大規模投入前。否則會為產品開發帶來
很大的不確定性，造成開發進度延誤。如果技術不可行，IPMT 就可以及時
做出正確的決策，減少投資損失。

技術管理體系

技術管理體系 (TMS) 保障了華為公司創新、研究和技術開發的有效管理和運作。它對公司各個層面的技術策略、發展、規劃、開發、推廣應用負責，貼近外部市場需求和各產品線的業務需求，為公司各業務領域的產品開發提供高性能、高品質、低成本的先進核心技術和平臺解決方案，規範公司軟硬體及產品工程架構體系，支持產品持續健康的發展，提高公司的核心競爭力，加強公司資訊安全，使公司產品在核心技術上逐步達到世界級領先水準。

5.3.1　決策和支持團隊

TMS 如產品開發管理一樣，包括決策團隊、執行團隊、支持團隊和一套運作體系。隨著公司業務越來越多，管理範圍越來越廣，橫向擴展成立了更多專業的技術分委會或小組，縱向延伸成立了專業領域管理委員會或子領域技術管理團隊，協助 ITMT 管理公司和產品線的創新、研究和技術。

TMS 團隊結構如第 4 章圖 4-5 所示，ITMT 負責公司技術投資決策，IPMT 負責產品線產品相關的技術管理和決策，某專業技術領域的業務管理與決策由專業領域 MC 代表 ITMT 負責。研究領域的業務管理與決策則由研究 MC 代表 ITMT 負責。

C-TMT、PL-TMT 分別是支持公司、產品線技術決策的組織。

5.3.2　技術開發團隊

TDT 是執行團隊，負責執行 ITMT ／ IPMT 批准的平臺與技術的開發和交付、斷裂點構築，留意專案的達成。

根據技術的複雜程度，技術開發往往需要多人甚至成百上千人參與，需要按照跨部門團隊方式組成。由技術開發涉及的功能領域代表組成核心小

組，與專業成員按需要組成擴展組，分別完成專案定義的技術開發工作，貢獻自己專業的價值。

技術開發的目的和工作任務不同，因此技術 TDT 團隊成員組成與 PDT 有很大差異。團隊由來自對專案成功最關鍵領域的核心成員組成，如圖 5-3 所示，包括 TPTDT（技術規劃）、SE（系統工程師）、RDTDT（開發）、TETDT（測試）、PTDT（採購）、UETDT（用戶）和 TQA（品質）代表。開發和測試往往有自己的擴展團隊（小組）。技術開發不直接面向外部客戶，因此用戶代表來自內部用戶，即使用該技術的各個產品／平臺的代表。硬體技術的開發需要製造代表負責樣機的試產，複雜的硬體技術可能還需要專門的配置工程師（CME）負責產品配置管理。整個技術開發團隊由專案經理（LTDT）負責管理整個技術開發過程，確保技術開發專案目標的達成。

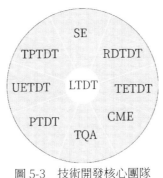

圖 5-3　技術開發核心團隊

技術開發團隊運作也採用重量級團隊模式，以保證開發的高效。

5.3.3　實體組織

技術開發團隊是專案組織，為了支持 TMS 有效運作，還需要實體組織支持。

整體技術部是支持 ITMT 和 C-TMT 運作的實體部門，接受 ITMT ／ C-TMT 委託負責推動並落實 ITMT ／ C-TMT 各項職能，同時發展跨產品線

平臺架構規劃設計等工作。

　　產品線整體技術部是 PL-TMT 的實體支持部門，接受 PL-TMT 委託負責推動並落實 PL-TMT 各項職能，同時發展產品及產品線平臺架構規劃設計等工作。

　　如第 4 章所講，2012 實驗室是集團整體研究開發能力提升的責任者，是集團的創新、研究、平臺開發的責任主體，是公司探索未來方向的主戰部隊。透過技術創新、理論突破，奠定技術格局，引領產業發展；肩負以低成本向 BG 提供服務的責任，建構公共交付件競爭力。

　　2012 實驗室下設中央研究院、中央軟體院、中央硬體工程院、海思半導體與器件業務部、研究開發能力中心以及海外研究所。

5.4　智慧財產權管理

5.4.1
只有擁有和保護智慧財產權，才能進入世界競爭

　　智慧財產權（IPR），是指「權利人對其所創作的智力勞動成果所享有的專有權利」，一般只在有限時間內有效。本書講的智慧財產權包括但不限於專利、商標、版權、商業祕密和其他資訊。

　　1995 年，華為從成功開發出具有自主智慧財產權的產品開始就深刻意識到，作為一個直接和國外著名廠商競爭的高科技公司，沒有世界領先的技術就沒有生存的餘地。只有擁有和保護智慧財產權，才能在國際競爭中不受制於人，保持競爭優勢。

　　承擔製造的企業不能隨意賣出別人的專利產品，必須獲得授權許可或支付專利費，沒有核心 IPR 的公司在國際市場上沒有地位，就沒有專利授予

或互換談判的籌碼。沒有 IPR 的代工企業，只能獲得非常低的加工費，而擁有高科技 IPR，產品的毛利有可能達到 40%或 50%，甚至更多，如蘋果 iPhone 手機。因此，未來的企業市場競爭就是 IPR 之爭。要成為大企業，成為世界級企業，必須擁有核心智慧財產權。沒有核心 IPR 的國家，也永遠不會成為工業強國。

要想擁有自主智慧財產權，必須鼓勵和保護創新，保護原創性發明。沒有智慧財產權的保護，不透過保護使原創發明人享受應得的利益，就不會有人前仆後繼、奮不顧身的去探索，就不會有原創發明。侵犯、盜竊智慧財產權的行為嚴重擾亂了健康的市場競爭秩序和環境，挫傷了企業投資原始創新的積極性，削弱了高科技企業的市場競爭力。

華為現在已是全球最大的專利持有企業之一，公司研究開發投入位居世界前列。保護智慧財產權是華為自己的需求，是企業良性發展的需求，也是人類社會科技發展的需求。

「保護智慧財產權要成為人類社會的共同命題。別人勞動產生的東西，為什麼不保護呢？只有保護智慧財產權，才會有原創發明的產生，才會有對創新的深度投資及對創新的動力與積極性。沒有原創產生，一個國家想成就大產業，是不可能的，即使成功了，也像沙漠上建的樓房一樣，是不會穩固的。」任正非說，「我們要依靠社會大環境來保護智慧財產權。依靠法律保護創新，才會是低成本的。隨著我們的研究開發能力越來越尖端，公司對外開放、對內開源的政策已經進入了一個新的環境體系。過去二、三十年，人類社會走向了網路化；未來二、三十年是資訊化，這個時間段會誕生很多偉大的公司，誕生偉大公司的基礎就是保護智慧財產權，否則就沒有機會，機會就是別人的了。」

5.4.2　透過標準專利構築華為核心競爭力

專利是發明創造的首創者所擁有的受保護的獨享權益，是重要的智慧財產權之一。

核心專利指的是製造某個技術領域的某種產品必須使用的技術所對應的專利，其不能透過一些規避設計手段繞開，這是一個企業立於不敗之地，獲得最大商業利益的保障。核心專利有時候指的就是基礎專利。一個企業只有掌握核心專利才能不受制於人，擁有專利特別是擁有核心專利是公司核心競爭力。

核心專利的成長過程是十分漫長而艱難的，即使是應用型核心專利的成長過程也至少需要 7 ～ 8 年，而基礎性基本專利形成的時間則更加漫長。因此，IPR 投入是一項策略性投入，它不像產品開發那樣可以較快的、在一、兩年時間內就能看到效果，必須提前布局，耐得住寂寞，長期的、持續不斷的累積。

俗話說，「一流的企業做標準，二流的企業做品牌，三流的企業做產品」，這說明做標準對於領先企業的重要。所謂標準就是對重複性事物和概念所做的統一規定，它以科學、技術和實踐經驗的綜合為基礎，經過相關方面協商一致，由主管機構批准，以特定的形式發表，作為共同遵守的準則和依據。如果說專利是企業保駕護航的籌碼，那麼標準就是使專利價值最大化的方法，透過標準可以獲得規模化、產業化最大的商業利益。高通公司有很多 3G 專利，已經成為 3G 事實標準，每一部手機都要向高通公司支付一筆專利授權費就是一個典型的例子。

「企業競爭的最高層次是標準上的競爭，誰掌控了標準，誰就能在這個行業內處於『不戰而屈人之兵』的地位。我們要從過去的 follow（跟隨）到 think forward（思想領先）。在標準圈裡有我們的地位、影響力和領導力。」徐直軍在 2013 年標準大會上指出，「華為要集中優勢兵力，參與到國際主流標準中。只要我們在主流標準中有基本專利，我們就可以在全球市場上解決市場准入問題。」華為要從做產品走向價值鏈的高階，做標準。

一個行業不可能是一家獨大，客戶不會只選擇一家供應商，因此透過標準主導市場，獲得多廠家支持，這是標準的最高境界。

徐直軍指出：「要與產業界緊密合作，密切溝通和交流，共同面向未來，透過創建、主導、全力參與標準組織與標準專案，來實現華為公司的訴求和影響力，建構我們的領導力。」

未來，華為要從跟隨者時的「搭大船」，走向「造大船」，建構行業領導力。徐直軍說：「要在已有的大船裡有所貢獻、有所建樹，也要與其他人一起把船做得更大，一起更富有；同時也要參與面向未來的大船建設，自己成為大人物，或與業界一起成為大人物。在產業界應該要有華為發起和主導的幾個標準組織並且運行得很好，這是我們『造大船、做大事』應具備的能力。」

截至 2018 年年底，華為加入了 400 多個標準組織、產業聯盟、開源社群，擔任超過 400 個重要職位，在 3GPP、IIC、IEEE-SA、BBF、ETSI、TMF、WFA、WWRF、CNCF、OpenStack、LFN、LFDL、Linaro、IFAA、CCSA、AII、CUVA 和 VRIF 等組織擔任董事會或執行委員會成員。2018 年提交標準提案超過 5,000 篇，累計提交提案近 60,000 餘篇。

參與標準制定的另外一個目的，就是要降低產品研究開發成本。徐直軍早在 2008 年就指出：「標準分成兩個層面，一個是硬體層面，一個是軟體層面。我們要推動硬體平臺盡量保持一致，軟體方面可以根據不同的技術體制、不同國家的具體情況的不同而差異化。只有硬體平臺保持一致，公司才可以在硬體上獲得規模化、產業化的好處，最大限度降低硬體成本。所以一定要借助全球規模化的優勢，硬體要與國際主流標準相同，而軟體版本可以有自己的東西。」

標準專利工作目標是：第一步，實現全球市場銷售沒有准入障礙（IPR 限制）；第二步，實現同行對手的零交叉許可；第三步，擁有與公司市場地位相配的標準和專利實力。

標準工作是為公司的商業成功服務的，衡量標準是否成功的標準只有一個，就是能否實現商業成功。IPR、專利和標準在華為作為各研究部部長的第一考核指標。

華為每年按照西方公司研究標準專利投入占研究開發總費用的比例的150%投入，人員投入也超過業界投入水準，並且逐漸加大研究占研究開發總費用的比例，目的是擁有更多的核心專利和成為行業標準。

華為長期堅持的高比例研究開發策略投入帶來了豐碩的成果，截至 2018 年 12 月 31 日，華為累計獲得中國授權專利 43,371 件，中國以外的國家授權專利 44,434 件，其中 90％以上為發明專利，在全球累計獲得授權專利 87,805 件。

5.4.3　資訊安全與共享

資訊安全是為保證企業智力勞動過程產生的資訊的完整性、可用性和保密性所需的全面管理。

一、資訊安全工作是關乎公司生存的頭等大事

一個企業只有保護自己的智慧財產權，才能保護企業自己的利益，才能保障公司的可持續發展。

任正非在 2005 年資訊安全工作會議上指出：「我們一定要為我們的生死存亡負責任，如果我們死了，我們什麼都沒有了。我們活著的時候少吃一塊，拿一塊來保護安全，我們就能活下去，所以安全問題一定要加強。」

資訊安全工作是長期存在的，是關乎公司生存的頭等大事。防範目標只能是策略競爭對手，否則將影響業務和研究開發效率。不能把資訊安全置於業務發展之上，應在支援業務發展的基礎上，加強科學防範。

二、資訊安全要與商業策略緊密結合起來

不能孤立的留意資訊安全，要與商業策略緊密結合起來。把平臺、CBB和晶片作為實現資訊安全的有效方法，擺脫低層次同質化競爭。

2008年，徐直軍在研究開發系統資訊安全會議上指出：「資訊安全必須與業務緊密結合，不能孤立起來談資訊安全。如果孤立的談資訊安全，最終只是『修萬里長城』。所以一定要把資訊安全與商業策略緊密結合起來，如果我們的商業策略對了，真正在產品上拉開了與競爭對手的差距，真正讓競爭對手沒辦法跟我們共享供應商，沒辦法跟我們做的一樣，就是最大的安全。」

只有資訊安全有保證了，才有利於真正發揮中國的低成本研究開發優勢。因此，只有從組織上打通技術線，大力發展整體技術、整體架構組織和專家團隊，才能從根本上鞏固和擴大研究開發成果，提升華為的核心競爭力。

三、資訊安全要沿著流程來建構，各級管理者是第一責任人

資訊是在公司發展業務活動過程中產生的。要把資訊安全構築在流程中，在流程中定義哪些是資訊資產及等級，是怎麼產生的，怎麼保證安全，誰是責任人。只有這樣，才能從源頭上建立起有效的防範措施。

費敏在2008年PSST[01]資訊安全工作會議上指出：「要想一個長期解決的辦法，我們的資訊安全需要系統性、架構性的制度，而不是脫離業務的臨時建築。小公司的開發力量不強，所以防護上主要針對程式碼和開發文件的保護，包括交付件等，我們也做得比較有效；但大公司本身的開發力量比較強，欠缺的是對方向的掌握和關鍵技術，他們採取的策略主要是跟隨加差異化，以減少判斷失誤帶來的成本，我們在防護上要重點針對創意資產以及產品路線規劃和關鍵技術策略控制點。」

徐直軍強調：「資訊安全是內部管理要求，是圍繞核心資產進行管理和保

01　PSST，Products & Solutions Staff Team，產品和解決方案實體組織，是研究開發實體組織進行日常商業決策與營運管理的平臺。

護。核心資產產生於哪裡？是產生於流程中的。所以資訊安全也要構築在流程中。」

資訊安全管理與業務管理和流程要系統結合起來，不能形成兩張皮。華為明確各級管理者是本部門的資訊安全第一責任人，各流程負責人是所負責流程的資訊安全第一責任人。各級管理者和各流程負責人共同對所負責部門／流程的關鍵資訊資產的識別、保護、共享、解密等生命週期管理負責，達到資訊安全和業務流程的自然運作。

只有建立了明確的授權管理體系，才能管好資訊安全。要加強授權管理的規則建立和落實執行，要明確誰可以被授權，誰來行權，如何行權。在關鍵資訊資產行權過程中，要建立權限分離機制。對違反審批流程獲取關鍵資訊資產的，要進行問責和彈劾。

四、資訊安全要掌握關鍵促進共享，資訊安全是共享的基礎

保密與共享是一對矛盾，需要掌握一個尺度。過度保密會影響工作效率，過度共享會帶來資訊洩密隱患。公司資訊安全的整體策略是核心資訊對外要保密，對內要開放共享。

華為在保密、防護方面投入很大，採用業界最優秀的產品和技術，「修萬里長城的城牆」，建立公司先進可靠的網路安全系統。但是，如果對所有的資訊都進行保護，實際上就是沒有保護，有些資訊想設防也是防不住的。

2014 年，任正非在關於內部網路安全工作報告會上說：「現在我們是全面保護，其實就只有薄薄的一層網。又不知道別人從哪裡進攻，所以需要 360 度防禦，別人拿刀尖輕輕戳一下，這層薄網就破了。然後我們又進行一層、兩層、三層……360 度包圍，防禦成本太高，而且任何靜態防禦都不可能防住動態進攻。」他接著又說，「過去我們內部不開放，造成重複開發，並且互相不交流，結果消耗了公司的很大成本。我們最終目的是要『搶糧食』，結果沒有搶糧食的工具，搶不到糧食，保密有什麼用呢？所以在公司內部，只有逐步開

放、開源，才能避免研究開發重複投資，才能避免市場得不到合理支援。」

　　因此任正非要求：「在圍牆內，我們只對有商業價值的核心資產進行重點防護。非主要核心技術，要先內部開源。在特別核心技術上，業務部門可在開發設計上合理設計幾個斷裂點，然後我們只需要重點保護好斷裂點，其實就保護了所有的技術安全。即使失密，對方也不能不斷升級。斷裂點不一定只是在技術上，也可能在整個世界的格局上設計斷裂點。」

　　核心資產主要是指絕密／機密資訊資產，它們對公司領先於同質化惡性競爭對手、在市場競爭中獲勝有著決定性作用，或對公司未來業務格局和規模發展有重大影響。

　　公司策略規劃，已做到了而友商還沒做到的核心技術，關鍵的設計文件，報價時的商務資訊、正在拓展的專案資訊等都是需要保密的核心資產。

　　原始碼是公司的核心資產，也是持續為客戶服務的基石。華為 30 年的發展經驗證明，原始碼的機密性、完整性、可用性、可追溯性，為客戶網路穩定運行提供了長期保障。

　　資訊安全關鍵是抓住核心資產的保護，其他的充分共享。2009 年，華為公司明確指出，要從過去「修萬里長城」式的資訊安全管理轉變成為圍繞核心資產的資訊安全管理，要防止反應過度，影響自己的商業決策和執行能力。核心資產的識別要站在策略競爭對手的角度來識別哪些是策略競爭對手真正需要的、能提高其競爭力的。真正的核心資產並不多，要避免全面防禦，核心資產就在核心資產保護的環境下也共享起來。非核心資產的管理要遵循效率優先。

　　2008 年，費敏在 PSST 資訊安全工作會議上指出：「資訊安全工作既要有系統性（整體性），又要有重點。『系統性』使我們的工作融入業務並有組織和制度保證，能持久發揮作用，可以不斷識別出重大問題和風險，並及時處理；『有重點』能保證我們的工作是有效的而不是『長城太長，形同虛設』。」

徐直軍在資訊安全部述職時指出：「資訊安全部門不去抓共享，那就全公司沒有人來關注共享。我們設防是很容易，把門全部鎖了都可以，但共享就困難了。從整體來講，整個資訊安全體系，要做右派，不做左派，業務部門本來就是左派，資訊安全體系再做左派，那就左到一起去了。資訊安全體系做右派，右一點，能夠把業務部門的左派拉一拉，至少說平衡一點。在整個設計流程裡面，在關鍵控制點設計裡面，應該是盡量減少資訊安全的內容，也就是說能夠不作為核心資產的，就不作為核心資產。」

資訊安全是共享的基礎。做好資訊安全工作必須將資訊安全和共享的兩個職責放到一塊，既考核資訊安全，又考核共享。還要考核資訊共享的滿意度。各級各部門不能只考慮圍住了就行了，要讓大家在不知不覺中明白：安全資產管好了，效率也就提升了。

市場環節在變，技術在發展，核心資產也會變。因此需要對核心資產定期審視，及時調整資訊安全策略，採用先進的技術手段、管理方法和法律手段，保護公司的核心資產和利益，同時促進共享，提高效率。

資訊安全是一個高科技公司非常重要的大事。在華為，資訊安全是一個高壓紅線，每個員工都有責任和義務保護和合理使用公司資訊資產，任何危害資訊安全的行為都將受到追究，根據對公司造成的損失和嚴重程度，採取警告、罰款、降薪、降職、撤職、辭退、甚至採取法律手段保護公司利益和追究當事人的法律責任。

第6章　產品資料及其管理

　　企業為客戶創造和傳遞價值的價值流中流動的是資料，資料在企業管理中至關重要，全流程準確、一致的清潔資料才能支持實現卓越營運。華為公司三大主業務流程 IPD ／ LTC[01] ／ ITR[02]，全球夜以繼日流動的是資料流、實物流及資金流，而且只有資料流準確了，才會有實物流的準確，才會有帳實相符，才會有日積月累的高效營運。以 LTC 為例，日復一日，月復一月，一年下來經 LTC 流程流出來的就是公司的三張表（損益表／現金流量表／資產負債表），要從這樣的視角和高度來理解資料對公司營運及管理的重要性和價值。產品資料是公司所有資料中最為重要的資料，是公司業務營運的基礎，是產品品質管理的基礎，是產品成本管理的基礎，是網路安全、合規營運的基礎，也是未來企業內眾多大數據及其人工智慧應用的基礎。產品資料管理包括產品基本資訊管理、Part ／ Bom 管理、軟體配置管理、產品配置管理，產品配置由配置器承載，配置器是 IPD 與 LTC 的橋梁。資料也是公司的核心資產，透過資料寶礦的挖掘可以進一步產生價值。面向未來，產品數位化是公司數位化轉型的基礎，支持公司實現數位化營運。

01　LTC，Lead to Cash，線索到回款。它是華為從線索、銷售、交付到回款端到端的業務流程。

02　ITR，Issue to Resolution，問題到解決。它是華為面向所有客戶服務請求到解決端到端的業務流程。

6.1 資料

　　資料是資訊的承載者，是指 IT 系統中能被識別和處理的物理符號，如編碼、數字符號、圖形、圖像、聲音等。

　　資料在企業管理中至關重要。華為公司三大主業務流程 IPD ／ LTC ／ ITR，夜以繼日流動的是資料流、實物流及資金流，以 LTC 為例，只有合約／訂單資料準確了，發貨實物才會準確，帳實才能相符，日積月累，年度公司報表（損益表／現金流量表／資產負債表）才能真實、準確、一致、可信，因此產品資料對公司營運及管理的重要性和價值不言而喻。過去每個部門對資料各自定義，加上煙囪式的 IT 建設，資料在公司各組織間割裂、不一致，IT 之間的整合不足，導致作業效率低下。IPD 變革雖然進行了十多年，也有力的支持了公司的發展壯大，但是在早期對資料的關注不夠，沒有系統的整理產品的資訊架構和資料的標準，也沒有對業務流中的資料流進行系統整理。沒有基於整理的資料來定義 IPD 流程各環節的交付件和資料，也沒有基於資料流的整理來定義 IPD 領域的 IT 應用架構和介面，導致前期 IPD 領域的 IT 和工具建設非常凌亂，沒有整合。IPD 的經驗與教訓告訴我們，對業務流中資訊的整理是流程定義的前提，是 IT 應用架構定義的基礎，也是 IT 系統開發的前提。主流程整合貫通，本質上是資料的整合貫通。資料管理在流程與 IT 中處於最核心的位置，因此需要對資料給予足夠的重視。

　　對於每個業務對象，需要定義其滿足全流程的資訊架構，資訊架構應基於企業全局視角定義，建立資料標準，形成資料共同語言。為了滿足公司流程 IT 建設及數位化轉型的需求，業務對象需要結構化和數位化。對於每個業務對象，要定義單一資料源，透過資料服務化，實現同源共享，以保證跨流程、跨系統的資料一致。

　　清潔資料成就企業卓越營運，清潔資料就是指高品質且可信的資料。工作中常見的現象是資訊的入口沒管理起來，使得進入流程中的東西毫無用處。流程是通的，但因為裡面的東西沒有價值，所以流程也是沒用的。資訊很關鍵，一定要守住入口，確保源頭資料的品質。資料品質與業務績效之間存在直接關聯，高品質的資料可以使公司保持競爭力。

　　除了流程和 IT 建設需要注意資料外，資料還是公司的策略資產，是公司經營和營運管理的基礎。基礎資料不準確，則各種經營管理所需要的報告資料也不準確，不能準確的反映業務實質，無法有效的指導經營管理。隨著公司資料的累積，透過大數據和智慧算法分析，可以進一步挖掘資料的價值。

6.2　產品資料

　　產品資料是產品生命週期內定義的資料總稱，通常指產品從概念和定義開始，直到交付到客戶手中獲得客戶滿意，涉及產品的需求、架構，產品的子系統與模組，產品的實現、驗證、行銷、上市，產品的銷售、製造、供應、交付與驗收等，在整個價值創造和價值傳遞過程中，涉及產品的各種資料，統稱為產品資料。

　　產品資料是產品與解決方案為客戶創造和傳遞價值的載體，因此產品資料是公司所有資料中最為重要的資料。產品資料是公司業務營運的基礎，是產品品質管理的基礎，是網路安全與合規營運的基礎，是成本管理的基礎，也是未來企業內眾多大數據及其人工智慧應用的基礎。

6.2.1　產品資料是公司業務營運的基礎

　　IPD 為 LTC 構築 DNA，產品資料是這個 DNA 的承載者，產品資料為產品銷售、製造、供應、交付與服務提供唯一可信資料源，也是客戶滿意、產

品銷售、研究開發、製造、供應的基礎。

　　產品資料是提升客戶體驗的基礎，產品資料的產品版本、特性、價格、配置規格、資料等資訊供客戶進行產品選擇，產品資料提供產品標識、產品認證、產品裝箱單、產品報價清單、報關單清單、驗收清單、產品安裝使用文件、產品變更通知（PCN）等內容支援客戶清關、入庫、安裝、驗收、使用、升級、維護，產品資料內容的完整、準確、一致、及時、可追溯、易獲取等是獲取客戶訂單、訂單快速交付、讓客戶滿意的重要條件。

　　產品資料是提升 IPD 作業效率的基礎，需求、版本、架構、原始碼、工具、環境、目標程式、可執行程式、測試用例、原理圖、PCB、清單、裝備、結構電纜設計圖、器件等產品資料，是 IPD 流程各業務節點的重要輸出、輸入，也是 IPD IT 作業系統實現整合自動化的基礎。

　　產品資料是提升 LTC 作業效率和資產營運效率的基礎，產品版本、Spart、BOM、報價項、配置算法、配置器等是 LTC 流程中計畫、定價、銷售、供應、製造、交付、驗收、開票、財務預算、核算的基礎，產品配置是華為公司實現業務卓越營運的基礎。

6.2.2　產品資料是品質管理的基礎

　　品質的定義就是符合要求，品質要求必須構築在流程中。為了讓每個環節的交付能夠恰好滿足下游的要求，就需要定義每個作業環節的輸入與輸出交付件及其品質要求，並基於品質管理的方法，確保每個作業環節達成品質要求。

　　產品資料就是 IPD 流程中每個作業環節的輸入與輸出，產品資料就要滿足品質要求。

　　比如，產品需求管理實現需求不丟失、可追溯的品質要求。業務關係表現在資料對象關係管理，才能實現需求全流程可追蹤，需求不丟失，發現問題後才能快速定位，並舉一反三，快速追蹤到問題涉及的其他產品版本，這已經成為品質管理對產品資料的基礎要求。

產品版本全量特性管理實現產品版本兼容性。華為早期出現過版本升級特性丟失和產品版本兼容性差的問題，透過產品特性全量管理、特性與版本配套關係管理、特性和自動測試用例管理等產品資料的管理方法，產品品質有了明顯提升。

產品變更管理實現產品齊套性。產品變更頻繁，經常影響範圍沒有識別清楚，很多變更不配套，導致產品品質低，透過產品資料關係管理、不斷學習最佳化，標準化相關部門介面，實現變更齊套，提升了產品品質。

6.2.3　產品資料是網路安全與合規營運的基礎

產品資料是網路防篡改防攻擊、漏洞管理工作發展的基礎。隨著全球對網路安全的重視，政府及營運商對產品的安全認證、網路防篡改防攻擊、漏洞管理的要求越來越高，產品資料版本編譯建構過程封閉、可追溯，實現任何時間、任何地點可以重新建構出與現網運行版本一致的二進制；產品軟體實施完整性保護，避免軟體被惡意篡改，保證了軟體安全有效性；需求到程式碼雙向可追溯、漏洞到客戶快速追溯等資料管理，實現當漏洞被發現後，透過配置管理系統迅速排查出公司哪些產品版本、哪些客戶受到了影響，降低客戶網路被攻擊的風險。

產品資料是貿易合規管控的基礎，美國貿易合規要求，不允許將含美國智慧財產權的器件、軟體銷售到惡意國家，產品資料實現產品美國器件成分比例自動測算，並將控制規則嚴格落實到所有 IT 系統中，明確紅線不可觸碰；針對歐洲環境管控要求，所有銷售歐盟的產品必須滿足無鉛、無有害物質要求，產品資料從器件到產品，整合供應商、銷售、工廠資訊，自動計算所有產品環保成分，確保發貨產品滿足歐盟環保要求。

6.2.4　產品資料是成本管理的基礎

產品配置和配置器是產品成本管理措施落地的保證。成本的改進措施都要透過產品配置和配置器落地實現。一個成熟產品的配置演算法開發，大量需求是來自於盈利／降成本措施固化需求，而一旦落實到配置器中，就意味著全球規模推行。

產品庫存單元設計是降低物料管理成本的基礎，產品資料透過標準化公用存貨單元，實現庫存成本減低，透過規範識別標準化包裝，減少物流和庫存管理成本；產品資料識別獨家供應商，透過優選等級管理降低物料成本和獨家供應風險；產品資料識別低效存貨單元，減少物料管理成本。

產品資料統計分析是降成本的機會點，透過產品資料分析，可以發現配置的銷售情況，為成本管理提供機會點，並能準確看到成本措施執行情況。

6.2.5　產品資料發展歷程及管理範圍

在資料領域，華為公司最先關注並有效管理的是產品資料。1993 年，華為公司就成立 BOM[03] 科管理 BOM，用 BOM 統一了研究開發、供應、計畫、製造、交付的語言，持續進行 BOM 資料品質改進，使 BOM 準確率快速提升並持續穩步在 99.95%以上，有效解決了計畫沒有可信 BOM、製造經常停線、經常發錯貨、呆死料、獨家供應器件無法識別等問題。

隨著 IPD 引入並推行，產品資料開始建立文件和配置管理。在產品開發過程，明確文件管理要求；透過文件規劃，明確了文件計畫和責任人；透過文件檢視流程，解決了文件品質可信；透過文件歸檔變更流程，實現了文件可信資料源。從根本上解決了技術性公司對人的高度依賴，專家升級、調職、甚至離職，透過設計文件可以快速找到，從而落實了資訊安全。

為滿足規模生產、銷售的需求，產品資料建設了產品配置和配置器，透

03　BOM，Bill of Materials，物料清單，詳見 6.4。

過產品配置和配置器實現了大規模定製，既滿足了客戶介面銷售配置靈活多變，又滿足了生產流程化、標準化及重用共享。

為實現全公司資訊源頭的唯一可信，建設了 PBI[04]，透過統一的產品資訊及產品目錄，解決不同業務領域定義不同的產品名稱，導致銷售收入、發貨成本、專案費用投入無法計算到同一產品維度的問題，實現了產品維度財務統一口徑。

為了實現需求可追溯、流水線開發及網路安全的要求，產品資料建設產品的需求、架構、代碼管理。透過產品資訊架構建設，實現從原始需求到初始需求，再到特性，最後到分配需求的全流程追蹤管理及驗證。建設了系統邏輯結構，將設計文件結構化，實現需求可分解，功能可追蹤。透過開發實現單元管理，實現了原始碼、第三方軟體、開源軟體、建構環境管理，有效解決了 UK 一致認證問題。

面向未來，隨著雲端化、服務化、數位化技術發展，基於營／銷／製／供／服／財領域使用者經驗訴求，業務對產品資料提出了數位產品和資料化營運的要求。透過建構完整滿足全量的資料模型並落實到具體產品中，實現數位主線（Digital Thread）和資料孿生（Digital Twins），並最終實現數位化營運。

6.3 產品基本資訊管理

產品基本資訊指產品及其強相關業務對象（目錄、組織、專案）的編碼、名稱等關鍵資訊及關聯關係。產品基本資訊是一切產品相關業務展開的基礎，被產業投資組合、研究開發、銷售、供應、服務、財務等各領域廣泛使用，貫穿企業的各個方面。產品基本資訊管理的核心價值是統一語言和統一規則：主資料統一交易語言，維度資料統一報告語言，規則資料統一業務

04　PBI，Product Base Information，產品基礎資訊。

要求。產品基本資訊架構是公司治理架構在產品領域的表現，受公司治理架構的影響和約束。

　　產品基本資訊的管理包括產品維度基本資訊管理、Offering 及 Release（版本）基本資訊管理、研究開發專案資訊管理三個主要部分。產品維度主要管理產品按各種維度的分類和組織，包括產業目錄、銷售產品分類、重量級團隊。產業目錄和銷售產品分類由策略驅動制定及更新，以指引投資、銷售等業務策略方向；Offering 及 Release 由產品規劃產生，指引具體產品的開發銷售等業務發展；研究開發專案基本資訊表現研究開發過程和研究開發結果的關係，以支援過程精益管理。

　　為保障產品基本資訊的準確、一致、可信，華為從以下三個方面進行管理：

一、集中管理產品資訊，統一產品相關報告語言

　　華為的產品涵蓋從網路設備到個人終端、從硬體設備到軟體網路和服務等跨度極大的業務領域，其涉及產業眾多，產品數量數以千計，市場遍布全球。眾多的產業和產品需要良好的分類和組織，並在各業務領域統一分類語言以對齊報表資料。為此，華為制定了產業目錄和銷售產品分類以指引產業規劃和不同市場的產品銷售，並清晰定義了其與所負責團隊的管理關係。

1. 產業目錄（Industry Category）是公司面向投資決策等內部管理提供的包含所有 Offering 的分類和列表，是產業和技術規劃的基礎資訊。產業目錄按全公司的產業規劃和布局視角劃分，不區分客戶群和市場。
2. 銷售產品分類（Sales Category）是公司面向市場和客戶提供的可銷售產品的分類和列表，是一線銷售及客戶獲取產品資訊的基礎分類。銷售產品分類是區域和 BG 對產品視角進行銷售預測、市場目標制定、全損益分析的基礎。銷售產品分類按客戶、市場、商業視角劃分，按不同 BG 分別發表。

二、集中管理 Offering 和 Release 基本資訊，統一產品相關交易語言

　　華為作為產品公司，一切產業投資、規劃、研究開發、銷售、服務、財務等活動均圍繞產品進行，故產品的編碼、名稱、版本等資訊使用極廣，極其重要，關係到各業務領域資料是否能對齊、系統是否能對接、資訊能否流轉。

　　華為以 Offering 的術語來描述所有面向內外部客戶提供的「產品」，包括「解決方案、產品、服務、平臺、子系統、技術」六種類型。

　　Release 是同一 Offering 在不同發表時間點的版本交付。每個 Offering 都會有一個到多個 Release。Release 的交付件由該 Offering 下的軟體、硬體、資料等產品零件的特定版本按照既定的配套關係而組成。

三、集中管理研究開發專案資訊，展現產品研究開發過程組織

　　華為的產品非常複雜，涉及軟體、硬體、結構等，各部門分工協同，開發週期漫長。研究開發專案是 Offering 在開發的具體組織形式，其基本資訊展現了研究開發過程與結果、研究開發過程與受益主體的關聯關係，是研究開發精細化管理的基礎。研究開發專案按管理複雜度可分解為一、二、三級專案。

6.4 Part ／ BOM 管理

BOM 是長江的源頭，源頭汙染了，下游不可能乾淨！正本清源，要從
BOM 做起。

—— 任正非

　　Part ／ BOM 是公司級的重要主資料，連接了研究開發、銷售、採購、製造、供應、財務等多個領域的業務，是實現製造企業資訊流暢通，進而實現物流、資金流暢通的基礎。透過定義 Part ／ BOM 資料規範，管理 Part ／ BOM 資料的變更及發表，為各業務領域提供準確唯一的 Part ／ BOM 資料，實現各領域業務間高效、正確的資訊化協同。

　　Part 即物料編碼，是公司範圍內對物料的唯一定義，在產品零件選用、物料計畫、採購、驗收、盤點、儲存、發料、發貨等業務中使用唯一定義的物料編碼，避免一物多名，一名多物或物名錯亂等問題。

　　BOM 即物料清單，由多個 Part 編碼組成父子項關係，以結構化資料形式表達產品的物料構成、加工層次及順序等；可根據不同應用場景建構不同的視圖，是銷售訂單選配、製造任務發料／加工、物料需求計畫、財經成本卷積等的重要依據資料。

　　Part ／ BOM 的管理在華為主要包含了規則／規範的管理及變更管理，如定義 Part 唯一性原則、Part 分類及屬性管理、Part 編碼規則管理、Part 版本規則管理、Part 生命週期規則管理、Part 模板及 BOM 類型管理、BOM 多視圖管理等，這些規則／規範及變更管理規定，共同確保了為全流程提供唯一可信的基礎資料。

一、編碼唯一性原則

物料編碼的唯一性，通俗是指同一種物料只能對應一個編碼，同一個編碼只能代表一種物料。唯一性原則是物料最重要的基本要求，失去唯一性，物料將會出現一碼多物或一物多碼的亂象，隨之將導致物料管理混亂，如發生物料呆滯或物料短缺等問題。華為使用 3F 原則（Form、Fit、Function）作為編碼唯一性的基本判斷準則：當物料的 Form（幾何形狀）、Fit（裝配尺寸）、Function（使用功能）均相同，則認為應該用同一個物料編碼管理。3F 原則是我們所有其他的編碼唯一性判斷的重要依據。

二、編碼分類及屬性管理

華為產品涉及的物料種類多達千種以上，龐大的物料類別需要進行規範化管理，以實現物料在公司內外高效溝通及充分共享。華為參考 UNSPSC[05]、eCl@SS[06] 等國際標準，制定了集團內統一的物料編碼分類結構框架，分為如下 4 層：行業（Segment）、族（Family）、類（Class）、商品（Commodity）。

華為的物料分類只反映物料本身的產品的物理（或自然）屬性、產品的功能屬性，不受業務類型、物料來源（自製還是採購等）、行政組織、供應商等因素的影響。

在分類結構框架下，華為細化定義了千餘類物料類別的屬性集管理機制：每個分類詳細定義了此分類管理的屬性都有什麼（如資料類型、預設值等），這些屬性在此分類內的使用標準是什麼（如是否必填、是否合成為物料編碼的描述等）等等。

05　UNSPSC，The Universal Standard Products and Services Classi fi cation，是第一個應用於電子商業的產品及服務之分類系統。

06　eCl@SS，是用於劃分和描述產品和服務類別的國際化標準。它按產品規格具備不同的架構層次，並能進行精確的描述和認定。

集團內統一的物料分類結構及分類屬性集管理，對外方便了與供應商、客戶、政府（如海關）之間進行物料資訊配對，統一溝通的語言；對內保障了物料可高效識別及共享。

三、編碼規則

華為已使用的物料多達幾十萬種，如果沒有統一的編碼規則，將導致公司內外溝通、識別障礙及 IT 系統應用不暢。為此華為建構了統一的編碼規則體系，物料編碼採用部分有含義的複合編碼規則，採用「分類碼＋流水碼＋後綴碼＋特殊位」格式，最長 17 位。

除了物料編碼外，用於描述物料編碼對象的文件，華為同樣建構了統一的編碼規則，文件編碼由「Item 編碼＋文件類型代號＋擴展位＋語言標識」組成，最長 28 位。

集團內統一的物料編碼規則及文件編碼規則，避免了不同業務應用不同編碼規則後導致識別障礙及歧義等問題。

四、生命週期規則

物料編碼產生後，還需要進行後續的「生老病死」全過程管理，以確保 Part 編碼在業務活動及 IT 系統中嚴格遵從產品的研究開發、上市、下市等策略。華為透過「生命週期狀態」和「受限狀態」來標識 Part 編碼的不同生命週期階段，Part 編碼的「生命週期狀態」＋「受限狀態」共同決定了 Part 編碼在特定時期內能做什麼及不能做什麼。

生命週期狀態是 Part 編碼的主控制狀態；指 Part 在全生命週期各階段中，透過關鍵里程碑點後被賦予的標識，狀態值包括：Develop、Pilot、GA、EOM、EOP、EOFS[07]、EOS 等。

07　EOFS，End of Full Support，停止全面支援。

受限狀態是 Part 編碼可選的輔助控制狀態，指 Part 編碼被賦予生命週期狀態（主控制狀態）後，由於一些例外或非主流因素（如客戶特殊需求、品質或供應風險等）影響，需要臨時調整 Part 編碼的業務有效性和可用性，額外標記的輔助狀態標識，包含 Active、Inactive 等。

五、版本規則

物料編碼的版本是物料技術狀態變更的標識，透過物料編碼的版本管理，可對技術變更前後的物料進行精細化管理，實現物料的有序切換及良好的庫存控制管理。華為的 Part 編碼版本包含大版本和小版本，大版本為一位大寫字母，如 A、B、C 等；小版本為 2 位數字，如 01、02、03 等；大版本＋小版本共同標識了編碼的版本資訊，如 A01、B02 等，版本之間的演進基本規則如下：

升級前後的版本間是雙向替代關係：以小版本形式表現，如 A01 升級到 A02。

升級前後的版本間是單向替代關係：以大版本形式表現，版本標識為一位大寫字母，如 A02 升級到 B01。

六、Part 編碼模板及 BOM 類型管理

除了使用物料分類進行自然屬性的區分外，物料編碼在應用場景上也需要進行特定的區分並顯性標識，用於規範及約束物料編碼在研究開發、供應、製造、財務等領域的業務及 IT 系統應用。華為主要透過編碼模板及 BOM 類型來標識應用場的區分。

華為參考業界 ERP[08] 的應用，主要考慮以下應用視角：來源（是自製還是外購等）、發料方式、加工模式、BOM 類型等，設定了一套 Part 編碼模

08　ERP，Enterprise Resource Planning，企業資源計畫，是一種主要面向製造行業進行物質資源、資金資源和資訊資源整合一體化管理的企業資訊管理軟體組合。

板，包括 PTO（按訂單揀料）、ATO（按訂單裝配）、POC（PTO 可選類）、AOC（ATO 可選類）、AI（裝配件）、PH（虛擬專案）、P（採購專案）、SI（供應專案）、SV（服務專案）、SW（軟體專案）等。

BOM 類型用於定義 BOM 的子項是固定的還是可選的，及父子項的允許存在關係等；華為應用了如下 BOM 類型設置：模型 BOM 清單（Model）、可選 BOM 清單（Option Class）、標準 BOM 清單（Standard）。

BOM 類型作為一個關鍵屬性在 Part 編碼模板屬性集中被設定，每個 Part 模板只屬於一種 BOM 類型。

七、BOM 多視圖管理

隨著對數位化管理程度要求的提升，華為在多個業務場景下，需要具備同一個編碼並行管理多套 BOM 的能力，如部分產品會選用多種核心器件設計多套方案，這些不同的核心器件的配套物料可能不同，導致相同的成品編碼需要同時管理多套 BOM 清單；另外一個典型場景是單板升級，單板的 A 版本在量產時，B 版本已經啟動研究開發試製，在此期間，量產的 A 版本 BOM 和研究開發驗證中的 B 版本 BOM 需要同時存在及並行變更。

為了實現上述業務場景的管理需求，華為設計了多視圖 BOM 架構，允許同一個編碼除了管理主 BOM 外，可建構多套替代 BOM 並行管理，也可以創建研究開發階段的研究開發視圖等，提供了同一個編碼多套 BOM 並行管理能力，大幅提升了這些業務場景的系統自動化管理程度。

八、變更管理

Part 及 BOM 的變更管理，對內影響到計劃、採購、製造、訂單、物流等，對外直接影響客戶的應用等，與基本規則同等重要，需要被規範化管理，華為建立了相應的工程變更管理流程及產品變更管理流程，實現了對 Part ∕ BOM 變更的規範化管理。

工程變更（Engineering Change，簡稱 EC）主要是指為解決產品開發及維護中出現的各類問題，如滿足規格需求、品質改進、降低產品成本等情況下的變更中，涉及製造／供應／交付等的產品資料變化的變更。華為對工程變更建立了相應的 EC 管理流程，管理 EC 的發起、審批及追蹤閉環等，以保障工程變更的正確交接及執行。

產品變更通知（Product Change Notice，簡稱 PCN）是由華為發給客戶的、描述說明已交付產品的變更內容及影響的正式的通知。在產品開發階段及生命週期階段，當出現影響到產品的性能或壽命的變更時必須通知客戶。華為制定了可適配不同客戶類別及不同變更類型的 PCN 管理流程，實現 PCN 從研究開發到一線到客戶的資訊及時傳遞。

依靠 EC 管理流程及 PCN 管理流程，華為實現了變更管理在公司內部及客戶介面的內外閉環。

6.5　軟體配置管理

配置管理是透過技術與管理的方式，對產品生命週期不同時間點上的產品配置項進行標識，並透過配置管理系統記錄配置項的開發、歸檔和變更過程，控制配置項的版本變更，保證產品的完整性、一致性和可追溯性。

配置管理是軟體工程的基礎活動，是團隊高效運作和品質管理的基礎，是網路安全的基石。

一、配置管理是軟體工程的基礎活動

配置管理是實現產品持續建構、快速發表與部署的核心，是軟體工程活動發展的基礎。依據 CMMI 標準，在 IPD 流程定義了獨立的「發展配置管理」流程，需求分析、架構設計、編碼、編譯建構、測試、發表與部署所有

工程活動和交付件（代碼、文件、版本等）都必須實施配置管理。

面向 SDN ／ NFV（網路功能虛擬化）、雲端化服務化場景軟體交付週期縮短的趨勢，配置管理服務化是實現迅速且低風險的軟體交付的關鍵。

配置管理對象上雲端管理，包括軟體生產活動所需要的代碼庫、環境、工具和第三方軟體等，也包括生產活動所產生的代碼、二進制組合、資料組合等，實現了資料同源一致、資料共享、生產狀態可視。

配置管理活動服務化，透過代碼管理、建構管理、組合管理、環境管理、發表與部署管理、病毒掃描與數位簽名等服務，實現代碼庫環境極速創建、基礎設施代碼化管理、開源及第三方軟體快速認證、資料在多環境的自動部署，使軟體生產過程自動化流水線作業，縮短軟體交付週期，降低投入成本。並且自動記錄軟體生產過程，包括版本所依賴的原始碼、環境、工具、平臺組件、三方件等資訊，實現軟體生產過程可重複。

二、配置管理是團隊高效運作和品質管理的基礎

施活動，裁決的結果透過配置狀態發表活動知會到相關人員，並追蹤閉環。這樣可以避免由於變更帶來的開發混亂，並且能確保需求與設計、開發、測試、資料等活動的一致性，避免產生品質問題。

版本發表是產品研究開發向客戶交付的最後一道品質把關，禁止研究開發工程師不經過評審直接向客戶交付軟體，也不允許沒有達到品質目標的產品向客戶交付。為此，配置管理定義了版本發表管理要求，任何產品發表，必須經過嚴格的系統級測試和各功能領域專家評審，目的是能夠交付給客戶品質達標的產品。

三、配置管理是網路安全的基石

配置管理是政府安全認證機構和營運商對產品進行安全性評估的基礎。配置管理對建構資源進行標準化管理，在建構過程中自動從配置庫下載所需

代碼、第三方軟體、建構腳本，並自動實施鎖庫，確保產品組合組件來源的合法性和安全性；透過對建構過程的標準化管理和紀錄，確保產品建構過程的可複製／可還原、可追溯，隨時隨地可以透過原始碼建構出與現網運行一致的軟體。

　　配置管理是防止軟體被竄改的基礎能力。軟體從編譯建構到部署至客戶網路過程中，軟體組合要經過測試、發表、上載 Support、售服工程師下載、客戶網路加載等多個環節。配置管理建設了公司級病毒掃描和數位簽名中心，透過數位簽名、病毒掃描服務，自動的對交付給客戶的軟體組合進行病毒掃描和數位簽名，保證交付給客戶的軟體組合不含病毒且所有環節軟體組合不會被竄改，避免惡意軟體在客戶網路運行導致被攻擊。

　　漏洞預警是客戶對華為公司的基本要求，當第三方軟體／編譯建構工具／華為自研組件等發現漏洞時，我們需要第一時間排查出公司哪些產品版本受到了影響、哪些客戶受到影響，透過配置管理系統，可以追溯到產品與平臺、開源及第三方軟體、編譯建構工具的使用關係。當漏洞被發現或者披露後，可以快速排查出受影響的產品版本和客戶，第一時間做出回應，最大限度的降低漏洞對客戶的影響。

6.6　產品配置與配置器

　　產品配置和配置器是產品的核心競爭力，透過「人無我有，人有我全，人全我快」的模式，實現了對準客戶需求做配置，按照客戶需求快速量身打造，快速發貨，快速降成本，以滿足客戶對「品質好、價格好、優先滿足客戶需求」的要求。

　　在二十年前，普遍存在的觀點是認為裁縫店只能是小工廠形式，與全球標準產品來比，無法實現規模化收益。但近年隨著 DIY 流行，企業應該能夠

提供給客戶更多的客製，更有利於贏得客戶。華為公司一直堅持「以客戶為中心」，按照客戶需求提供給客戶合適的產品配置，使公司成為電信領域最大的「裁縫店」。隨著工業 4.0 到來，需要將裁縫店發揮到極致，要實現一個自動化流水生產線，能生產交付出客戶不同的訂單。

配置器是連接「產品開發流」（IPD）與「合約及其執行流」（LTC）華為兩大主業務流的橋梁與紐帶，是「合約及其執行流」高效高品質運行的基礎。產品開發生成的配置與目錄價資訊，透過配置器發送給「合約及其執行流」使用，並貫穿投標報價、合約履行、交付，以及最終回款全過程。

6.6.1　產品配置和配置器是產品的核心競爭力

產品配置是銜接研究開發、銷售、製造、供應、計畫、交付、財務及客戶的載體；產品配置是研究開發交付給下游環節的載體，銷售和客戶確定要什麼產品配置，製造、供應、計畫按照產品配置進行加工供應，財務依據產品配置的收入、成本進行概預核決。

產品配置是承載客戶需求與價值、公司商業模式的載體；使用幾個標準配置供客戶選擇，還是滿足客戶 DIY 訴求，軟體按價值報價、按年費報價，服務本地化報價，不同區域不同的銷售清單管理等等，這些都要透過產品配置設計來承載。

配置器是產品研究開發與客戶、銷售與製造、供應與交付等的橋梁；產品依照複雜商業模式開發的產品配置最終實現在配置器工具中，配置器給銷售和客戶使用，按照客戶網路規劃計算出如每個站點的銷售配置清單，用於採購訂單（PO）下單、驗收、開票，同時計算出所有清單，用於生產發貨，保證產品物料齊套。配置器實現了複雜計算功能，極大的簡化了銷售、成套、交付人員的配置處理工作量。

產品配置與配置器是全流程準確一致、高效營運的基礎；海關清關、客戶驗收單一致、單貨一致等要求需要產品配置承擔；配置器計算品質，決定

了錯貨、漏貨、多發貨，影響專案進度和成本；產品配置的銷售單元、存貨單元設計影響計畫、ITO、製造、物流週期等要素。

6.6.2　Spart設計是商業模式的載體和全流程資訊打通的關鍵

Spart 全稱 Sales Part，中文名為銷售編碼，也稱銷售項。Spart 是華為與客戶在合約介面達成一致的銷售單元，承載價格並支持驗收，也是供應、交付、開票等業務環節與客戶互動時使用的對象。對於服務產品，Spart 表現為 Service Component。

Spart 設計是商業模式設計的載體，要展現銷售策略，考慮清楚什麼要擴容、什麼要持續收費。Spart 承載客戶價值導向原則客戶化、抽象化描述，呈現客戶價值導向；Spart 承載了銷售靈活性原則，客戶介面是選擇，還是選配，呈現客戶滿足需求優先；Spart 承載客戶訂單順暢履行的原則，客戶訂單配置到清關、驗收、合規要求，滿足客戶合規要求。

Spart 設計是供應交付履行高效的前提。產品實現快速供應的核心是標準化、模組化，面向客戶的 Spart 是多樣性，在客戶多樣性中提煉出標準化模組，實現存貨共享、快速供應交付，所以 Spart 設計需要面向供應交付優先 Spart 大顆粒度設計，實現按訂單生產加工簡化。Spart 的物料清單 BOM 設計要考慮模組化、標準化，實現相同模組可以快速製造出差異化 Spart。

Spart 是訂單履行全流程資訊打通的關鍵，客戶介面、海關清關等外部介面要求的單單一致、單貨一致需求必須按 Spart 實現。公司內部銷售、製造、交付、財務等環節必須統一使用 Spart，如果不同領域使用不同語言，就會出現大量資料轉換工作。華為公司原本的 C-S-B（客戶編碼 —— 銷售編碼 —— 製造編碼）轉換就導致大量低效工作。

6.6.3 銷售目錄是實現產品銷售管控的基礎

銷售目錄是公司實現「百客百店」的基礎。在 PBI 中，公司需要一套產業目錄實現語言統一、管理統一、統計口徑統一，但一線面向不同客戶、不同的合約，往往需要一個更簡便的目錄結構。與天貓、京東越來越重視每個人看到目錄介面不同，銷售目錄要滿足客戶、合約的靈活需求。

銷售目錄是銷售管控的基礎，以前產品在配置器中要麼全球可用，要麼全部下架，但越來越多的需求是需要按照區域國家或大 T 合約來控制銷售清單，銷售目錄可以控制產品族、解決方案、產品、Spart 的管控要求，實現銷售區域範圍、銷售顆粒度的靈活銷售管控要求。

6.6.4 配置器是銜接 IPD 與 LTC 的橋梁

配置器是打通銷售、製造、供應、交付的橋梁，其主要功能包含以下方面：

1. 產品研究開發人員開發出產品的同時也規定了配置器的產品配置算法。
2. 網路設計人員利用配置器，按照客戶的要求配置出需求的產品。
3. 報價人員利用配置器生成報價清單。
4. 商務評審人員在配置器上對報價進行商務評審、成本核算和利潤分析。
5. 勘測人員輸入勘測資料，配置器計算出對應生產物料的編碼。
6. 工程實施人員在配置器上進行工程設計，生成圖紙和報表。
7. 訂單處理人員將配置器的資料導入 ERP，形成指導生產的訂單。
8. 生產工藝人員從配置器中提取指導生產安裝的板位圖等資訊。

配置器是實現產品「簡單留給客戶，複雜留給自己」的工具。華為公司的配置器以自主研究開發的方式上線，包括三個主要模組：第一個是配置算法維護模組，由研究開發工程師對銷售 BOM 維護配置算法；第二個是銷售報價模組，提供給市場使用，有了研究開發維護的配置算法，報價人員只需

要輸入簡單的報價參數，例如用戶數、鏈路數、軟體配置等，即可生成報價書；第三個是配置傳遞模組，它可以將市場一線傳回的銷售 BOM，自動配對到 ERP 訂單系統中，並根據維護的配置算法，生成一套設備的完整發貨清單。

配置器是華為公司展現強大的行銷能力的一款利器，在產品靈活配置、降成本措施實施、與客戶流程整合、功能最佳化等方面，都有非常大的優勢。

6.7 產品數位化與營運

6.7.1　產品數位化

雲端運算、大數據、物聯網、人工智慧等數位化技術已經在各行業被廣泛應用。透過數位化轉型，應用新的 ICT 技術，各行業都在重塑使用者經驗、產品和服務及商業模式，進而實現企業創新和業績成長。

華為提出「把數位世界帶入華為」，實現公司的數位化轉型。公司數位化轉型的基礎首先是產品的數位化，透過產品作業過程、產品資訊的全面數位化和連接，如數位化設計、數位化仿真等，縮短產品上市週期、降低驗證成本；透過產品全生命週期大數據分析和數位化營運等數位化技術，實現可預測的市場行銷、產品品質預防預測、決策效率提升等。

產品數位化是指為了實現物理產品在數位世界的數位化，對產品全生命週期進行數位化建構的整個過程，包括：產品對象數位化、產品作業過程數位化、產品運行態數位化。產品數位化是提升 E2E 系統競爭力的基礎，其核心是：

1. 定義產品全生命週期資料模型和標準。
2. 數位主線生成產品數位模型，聚合連接產品全生命週期資料。
3. 資料服務化，資料同源、按需調用。

一、定義產品全生命週期資料模型和標準

　　過去大量的孤島式 IT 系統，導致產品全生命週期資料割裂。在整個產品生命週期中，每個環節都有自己的一部分資料，但很多資料是孤立的，且缺乏標準，資料不一致，難連接；每個環節想要資料的時候，都發現想要的資料資訊是分散的，需要花大量的時間，去清洗資料，然後組裝在一起使用。這種做法非常低效，更多的情況是根本不知資料在哪裡，找不到、拿不到。即使拿到了，也不能確定資料的準確性；即使確認是需要的資料，求助對方開放一個資料介面，排版本也是一兩個月以後才能完成的事。

　　從華為資料領域的語言來看，資料模型和標準主要是定義資料資產目錄、資料概念模型、資料邏輯模型（資料對象間的主關係）及資料屬性字段標準。其包含產品全生命週期範圍內的所有資料，其從靜態資料和動態行為描述整個數位化產品的全量資訊。透過分析產品 E2E 業務場景和資料需求，定義產品資料模型和標準，如圖 6-1 所示，生命週期的每個領域都是整個模型的一個視圖。

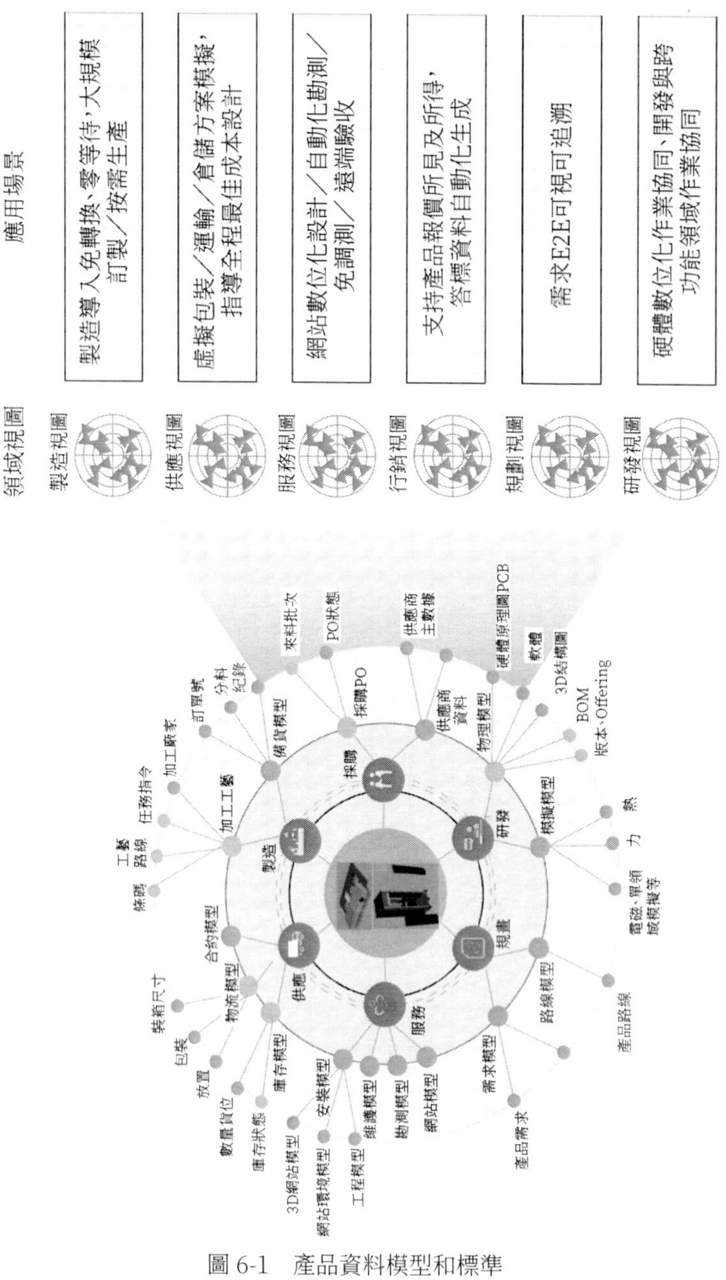

圖 6-1　產品資料模型和標準

二、數位主線生成產品數位模型，聚合連接產品全生命週期資料

數位主線（Digital thread）是利用數位化技術建構的，使能產品全生命週期和全價值網路資料高效聚合（如圖 6-2），並為各領域提供高效、同源、可信的資料索引、追溯、交互服務的數位化能力。

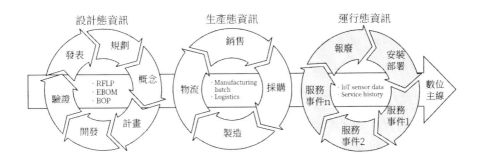

圖 6-2　數位主線聚合示意圖

使能產品全生命週期和全價值網路資料高效聚合的意思是：

· 使能產品 E2E IT 系統資料高效聚合，包含研／銷／製／供／服、供應商／ EMS（設備製造供應商）、合作夥伴等設計態和生產態的資料聚合。

· 使能產品物理設備與數位世界的連接（IoT），包含測試裝備、產品設備／網路設備等運行態資料聚合。

為實現上面所說的數位主線能力，數位主線須具備如下功能：

· 定義和管理數位產品元模型（含對象／關係）。

· 生成和管理數位產品模型，即產品 GA 時聚合所有產品設計態的資料組合。

· 定義和管理數位化產品（Digital Twins），如同使用模型印出來一個個具體相對應的數位鏡像，高效聚合生產態和運行態的資料。

· 高效低成本定義資料對應的屬性、服務、事件、訂閱。

三、資料服務化，實現各領域同源、按需調用

聚合的產品全生命週期資料，根據業務述求，設計成服務化 API（包含基礎資料服務和主題資料服務），並開放出來，供其他的作業平臺按需調用，靈活編排。資料服務化主要價值有：

- · 資料同源，便於獲取、可信。透過服務化，將專業能力延伸並部署到作業平臺或桌面，讓用戶對後臺的能力提供源及資料存取無感，在提升使用者經驗的同時，保證了資料源的唯一、資料基礎規則的統一。

- · 能力統一構築，多處複用，資料解決方案快速上架。某項能力在一處構築，透過開放服務的介面，需求方即拿即用，避免重複開發。

- · 服務可按需編排，支持業務多態。相互解耦的服務，不同的業務場景，可按需進行組合，支援差異化需求的快速回應。

6.7.2　產品資料治理

資料作為業務過程和結果的直接表現，其管理內容與範圍跟隨業務變化而不斷改變，其儲存、呈現、獲取方式跟隨技術發展而不斷演進。隨業務和技術持續變化和演進，資料治理必然是長期的過程。

產品資料治理主要從組織、標準／政策、改進幾方面進行，以保證資料工作方式的與時俱進與資料品質的長治久安。

一、組織設置劃好「責任田」，確保資料工作全涵蓋

資料工作涉及多部門協同，其組織設置須涵蓋三個方面：資料 Owner 負責業務所產生資料的品質並對結果負責；資料管家負責提供專業的資料管理方法並輔助資料 Owner 制定資料管理措施；評審管控組織負責專家評審，確保資料管理方向一致。華為已自上而下建立了全面完整的資料管理體系並在產品資料領域遵從落地。

　　持續的資料治理需要有業界洞察、業務規劃、改進舉措制定、改進活動執行等多方面的活動。在專業組織方面，產品資料建立了規劃組織負責業界洞察和業務規劃；建立了涵蓋 PLM（產品生命週期管理）、配置管理、產品配置三大解決方案的能力中心負責制定改進方案；建立了涵蓋各產品線的資料管理組織負責執行；建立了技術專家委員會負責技術方面的評審決策和管控。健全的組織設置在華為產品資料治理工程中發揮了重要作用，保證了對業務變化和技術演進的及時回應。

二、標準政策定好基本法，確保資料產生和使用合乎規則

　　語言是溝通的基礎，產品資料是產品業務的語言，需要有明確的標準定義和約束。產品資料針對產品／Part 等各業務對象制定了一系列標準和要求，涵蓋編碼、命名、版本、狀態等方方面面。基礎規則的統一在業務流和IT 打通、規避風險、合規遵從等方面有顯著收益。

三、持續改進補齊短處，提升資料管理成熟度

　　伴隨公司業務範圍和規模的擴大及資料管理手法的進步，產品資料在架構、模型、標準、品質等領域持續改進，提升管理能力，擴展管理範圍和深度。

　　在架構方面驅動產品資訊架構的建立和持續完善，以架構指引研究開發領域的系統建設；在模型方面持續整理 IPD 資產目錄，明確資料 Owner、資料源的定義，探索全面產品資料模型管理；在標準方面深入 IT 底層物理表，不斷完善資料標準涵蓋率，確保所有資料有定義可依據；在資料品質方面建立全面的資料品質監控和度量體系，持續推動資料的品質提升和端到端打通。

6.7.3　數位化營運

　　企業的管理方式要現代化，須從定性走向定量，從「語文」走向「數學」，實現基於資料、事實和理性分析的即時管理。

　　數位化營運是企業在原始投入價值實現的過程中，基於一致、可信的資料和資訊，展開理性分析和決策，進行營運管理和持續改進，實現企業卓越營運的過程。數位化營運是為了達成業務策略及目標，對業務進行量化分析改進的基本閉環管理方法。

一、數位化營運實現業務視覺化即時高效管理

　　數位化營運的作用是企業透過建立一致的、可信的資料平臺和資訊分析系統，圍繞管理訴求與業務流程活動進行量化設計、統計分析、預測改進，實現從投入、價值創造、到產出全過程的視覺化，為沿著主業務流程的商業決策提供有效支持，最終實現業務「現狀可見、問題可察、風險可辨、未來可測」。

　　數位化營運可透過量化分析，實現業務視覺化即時高效管理與改進。

　　案例　產品品質指揮系統建設

　　華為公司大量產品發往全球並上線後，如何對線上產品品質狀態進行準確、及時的監控。當發生問題時，如何關聯產品、單板、器件進行資料相關分析，及時做出正確的管理改進決策並對缺陷進行追溯清零，都是產品管理面臨的重要挑戰。

　　此時數位化營運可發揮其重要作用，首先可建立全球品質監控地圖，監控各產品在每個地區部、代表處、客戶的線上事故、線上問題等，進行整體監控，同時可提供更深入的工具支持分析改進：如透過產品監控到某單板返還率較高，可調用單板浴盆曲線進行分析，發現該單板近期市場壞件較多；調用單板故障圖，查到該單板的缺陷器件；並可透過器件失效率曲線驗證該器件的品質，同時可統計該器件所用到的其他返還率高、發貨量大的單板，

從而舉一反三，鎖定需要修改的單板與器件；最後啟用單板器件一鍵式追溯，對有問題的產品、單板、器件進行追溯清理改進，對於已經發貨單板，可以追溯到代表處、客戶；對於入庫的成品或者半成品及器件可以追溯到倉庫；對於正在加工中的單板，可及時進行生產攔截。

整個過程涉及幾十億的資料，50 多個業務系統，根本無法進行人工分析。使用數位化營運進行資料的關聯分析，可以極大的提升分析效率，滿足產品管理與改進訴求。

二、數位化營運利用大數據技術具有更廣闊的應用前景

近年來，隨著數位化及人工智慧技術的興起，數位化營運由傳統的指標設計、量化分析、指導業務改進，逐步向大數據、智慧化發展，在企業的各個領域有更廣闊的使用前景，為業務帶來更多的增值。

在網路行銷方面，可在累積了全球網路拓樸圖和網路資料流量基礎上，對網路流量、用戶成長、頻寬容量等進行智慧化分析，從而更好的為客戶進行網路最佳化設計，提供更好的解決方案。

在研究開發流程執行時，既可以實現流程自動編排、裁剪及 QA TR 點自動審核，極大提升流程操作效率，也可在產品開發與測試過程中，透過建立代碼、日誌、缺陷之間的大數據組合分析模型，實現日誌自動化分析，測試問題自動定位及代碼的智慧修改。

在服務全網預防預測方面，可對網上某類單板進行壽命預測分析，對產品備件管理、產品 EOX 設計，單板替換開發等提供較好的大數據模型參考。比如原預計單板壽命為 10 年，分析發現該單板在 8 年時進入損耗期，返還率激增，可提前啟動替換單板開發。也可以對某塊單板精準預測損壞時間，作為網路維護的重要參考，對風險單板進行聚焦管理，可極大的節省服務成本。該特性可作為產品解決方案增值服務，為客戶帶來價值。

在組織工作模式改變方面，隨著行動辦公的方便性，數位化營運可支援

行動端，把 E2E 各領域資料推送到手邊，可隨時隨地查詢，用資料武裝頭腦。除了行動化，數位化營運未來還可改變會議模式，在會議討論過程中，多螢幕協同，隨時調用所需資料，主副螢幕配合展示業務分析資料，真正把會議室打造成作戰室，與會者可參考各種資料進行討論與決策，從而進行產品智慧化決策與管理。

　　總之，沒有量化就沒有管理。隨著產品數位化、各種自助分析工具及大數據和人工智慧分析技術的發展，產品傳統化營運轉化為數位化、精細化營運的基礎越來越好，前景越來越廣闊，價值空間也越來越大。超越資料，實現價值變現的時代已經來臨。

第7章　品質管理

　　品質是客戶最基本的需求，是客戶不會明顯提出，但卻是永遠不會妥協的需求。在華為，品質就是滿足客戶要求，滿足要求的標準是零缺陷，即意味著一次把事情做對。

　　華為視品質為企業的生命，品質是客戶選擇華為的理由。品質優先，以質取勝是華為品質方針。華為品質管理的目標是建立大品質體系，將客戶要求傳遞到全流程、全價值鏈，共建品質，建立全員參與，一次性把事情做對並持續改進的品質文化，使華為成為 ICT 行業高品質的代名詞。

　　大品質管理貫徹在華為 IPD 全流程和每個環節、每項業務活動中。每個環節、每項活動都有品質要求，IPD 把所有品質要求和流程結合在一起，透過遵從流程，一次把事情做對，來保證工作品質和產品品質。

　　業務部門一把手是品質的第一責任人，必須關注做好部門業務和專案的品質策劃、品質控制、品質改進，這是做好品質管理的關鍵。

　　品質與成本並不矛盾，道理顯而易見：投資決策低品質與錯誤是最大的浪費和成本、一次把事情做對／不重做是最低的運作成本……沿著流程把品質做好了，大量簡單重複的事日常都按要求一次性做好，不良品率降低，不重做、不停工，效率是最高的，成本是最低的。

　　華為的品質管理實踐很多，關鍵實踐包括：透過管理責任和績效評價落實業務領導者的品質首要責任；透過 IPD 在流程中建構品質要求；每年發展以 TOPN 持續改進；每年品質問責（負向激勵）和品質獎（正向激勵）制度，讓華為人人都時刻關心品質。

　　本章介紹品質相關的基本概念，華為對品質的認知、關鍵品質實踐及華為如何圍繞 IPD 流程構築品質管理體系，實現產品高品質交付，滿足客戶要求、為客戶創造價值。

7.1 品質就是滿足客戶要求

　　在工業化早期，品質定義為符合性品質，即檢驗產品是否符合工廠標準即可；後來發展到適用性品質，開始從客戶角度來考慮品質的定義，品質意味著客戶認為可用；再往後，在 ISO 9000 品質管理體系標準中，定義品質為客戶滿意度品質，即只有不斷滿足客戶變化的需求，使得客戶滿意，才能夠獲得品質；ISO 9000：2000 版本、美國國家品質獎、戴明獎、歐洲品質獎等將品質提升為策略品質和卓越經營績效的層面，得到各企業較為普遍的認可。

　　ISO 9000：2000 把品質定義為：「一組固有特性滿足客戶和其他相關方要求的程度。」品質表現了客戶和其他相關方對供方提供的產品（或服務）滿足其要求的一種滿意程度。

　　品質是客戶最基本的需求，在華為，品質定義為滿足客戶要求，即提供產品、解決方案和服務滿足客戶要求，為客戶創造和傳遞價值，實現客戶滿意和卓越經營目標。這些要求包括明示的（如明確規定的）、通常隱含的（如組織的慣例、一般習慣）或必須履行的（如法律法規、行業規則）需求和期望。同時，客戶對品質的要求是動態的、發展的和相對的，它將隨著時間、地點、環境的變化而變化。

　　根據品質的定義，品質合格就是品質滿足要求。那麼，什麼是滿足了要求？其標準就是零缺陷，即基於品質要求的檢驗／驗收沒有不合格的缺陷。零缺陷是相對於客戶和其他相關方的要求而言的，客戶如果明確提出需要產品具備某項功能，而這項功能還存在缺陷的話，客戶可能無法使用這項功能，產品交付給客戶後就會導致客戶強烈不滿甚至投訴。如果客戶確認這個缺陷即使不解決，也沒有關係，或者不需要這個缺陷影響的功能（要求），那麼就可以把這個要求去掉，剩下的其他要求還是要按照零缺陷的標準交付。因此，零缺陷與完美或絕對零缺陷不同，其區別在於是否客戶的要求。

　　需要說明的是，這裡的「客戶」既包括外部客戶／最終用戶，也包括內部客戶／下一道工序。因為客戶對產品和服務的最終體驗取決於形成此結果的過程中每個環節的工作品質，要實現最終客戶的滿意，就必須把「客戶第一」落實到企業內部，即下一道工序就是上一道工序的客戶，在流程每個環節為品質把好關，按照零缺陷的標準，一次把事情做對，讓每個環節的交付符合要求，做到「上游不把汙水排放到下游」。

　　華為在發展初期就明確了「以客戶為中心」的唯一價值觀。在其發展過程中，品質管理的概念和內涵不斷擴展，品質管理也從最初基於檢測的生產過程品質管理，到基於流程和標準的產品生命週期品質管理，發展到今天面向全員、全過程、全價值鏈的全面品質管理。在這個過程中，如下幾個里程碑事件對華為影響深遠：

- 2000 年 9 月，華為組織召開了一次特殊的「頒獎」大會，將近年來由於工作不認真、BOM 填寫不清、測試不嚴格、盲目創新等所造成的大量呆死物料和「救火」機票作為特殊「獎品」發放給研究開發系統的幾百名幹部，對華為員工進行了一次深刻的心態教育。這些「獎品」很長一段時間成為研究開發辦公桌上最重要的擺飾，時時提醒著每一位當事人及周圍的人。這次自我批判大會是華為公司將品質定為核心策略的一個起點，是研究開發從幼稚走向成熟的分水嶺和里程碑。

- 2007 年 3 月，華為公司 70 多名中高階管理者進行了品質高階研討，以克勞斯比（Philip B. Crosby）「品質四項基本原則」為基礎確立了華為的品質原則。會後美國克勞斯比的著作《品管免費》（*Quality Is Free*）在華為熱銷，主管送下屬，會議當禮品，這本書在華為公司極受歡迎。從此華為內部統一了品質的認知和核心理念，即一個中心（第一次就把正確的事情做正確），四項基本原則（品質即符合要求、品質系統的核心在於預防、工作標準是零缺陷、品質用不符合要求的代價來衡量），逐步形成了全員參與，一次把事情做對的品質文化。

- 2015 年 5 月，任正非在公司品質工作簡報會上的講話中首次提出「大品質」概念：「華為公司要從以產品、工程為中心的品質管理，擴展到涵蓋公司各個方面、貫串端到端的全流程、服務於全球幾十億客戶的大品質管理體系。」隨後，華為發表〈華為公司品質目標、品質方針、品質策略〉。2017 年，華為開始全面建設和實施大品質管理。大品質就是基於 ISO 9000 的全面品質管理，即對準客戶需求，以策略為牽引，實施全員、全過程、全價值鏈的品質管理。

7.2　華為公司品質方針和品質文化

7.2.1　讓 HUAWEI 成為 ICT 行業高品質的代名詞

過去 20 多年來，華為一直堅持以「品質為企業的生命」，努力提升產品品質和服務品質，贏得了客戶的信任，也構築了華為今天的成功。今天，華為的很多產品已經做到了全球領先，華為從通訊設備製造商發展成為 ICT 解決方案提供商，業務範圍擴展到了營運商、企業和消費者三個領域。面向未來，華為要成為 ICT 行業的領導者，必須在產品、交付和服務的品質上與行業領導者的追求和地位相配，因此華為提出「讓 HUAWEI 成為 ICT 行業高品質的代名詞」作為面向未來的品質目標。

2014 年，徐直軍在華為品質變革聯合頒獎典禮上的演講中指出：「客觀的講，我們過去的品質目標、方針等，並沒有真正成為我們每個團隊和個人共同去追求、去努力實現的目標。面向未來，我們要把品質目標形成指導我們行動的品質方針和策略，把品質目標、方針、策略及相關政策落實到流程中、構築到組織文化中，使品質目標真正成為我們每一個團隊和個人共同去追求、去努力實現的目標。」

在品質目標的基礎上，華為提出了「品質優先，以質取勝」的公司品質方針。

· 時刻銘記品質是華為生存的基石，是客戶選擇華為的理由。

· 把客戶要求與期望準確傳遞到華為整個價值鏈，共同建構品質。

· 尊重規則流程，一次把事情做對；發揮全球員工潛能，持續改進。

· 與客戶一起平衡機會與風險，快速回應客戶需求，實現可持續發展。

· 華為承諾向客戶提供高品質的產品、服務和解決方案，持續不斷的讓客戶體驗到華為致力於為每個客戶創造價值。

7.2.2　品質優先，以質取勝

2015 年，華為明確提出：公司一切工作，要以品質為優先，研究開發、採購、製造、供應、交付……都要以品質為優先。華為對客戶負責，首先要考慮品質；與供應商分享，首先也要考慮品質。所有採購策略中，品質是第一位的，不管是技術評分，還是商務權重等，都要以品質為中心。沒有品質就沒有談下去的可能性。

要以使用者經驗為中心，不斷提升品質競爭力，實現品質溢價。透過目標、標準牽引，建構品質比較優勢，華為的追求是「品質高於日本，穩定性優於德國，先進性超過美國」。

一、時刻銘記品質是華為生存的基石，是客戶選擇華為的理由

從企業活下去的根本來看，企業要有利潤，但利潤只能從客戶那裡來。華為的生存本身是靠滿足客戶需求，提供客戶所需的產品和服務並獲得合理的報酬來支持。員工是要給薪資的，股東是要給報酬的，天底下唯一給華為錢的，只有客戶。華為依存於客戶而存在，因此為客戶服務是華為存在的唯一理由。

　　華為透過向客戶提供滿足其需求的產品和服務來傳遞客戶價值，獲得客戶滿意的同時，華為也獲得商業的成功。品質是華為向客戶傳遞價值中最基礎、最核心的價值，品質是客戶最基本的需求，是永遠不會妥協的需求。對於客戶來說，品質就好比人對空氣和水的需求一樣，是生存的必須，是預設必須具備的。如果公司的產品品質不行、產品不穩定，或是交付品質不好，客戶是不會跟華為討價還價的。

　　面向未來，華為明確提出要「以質取勝」，以品質樹立品牌，以服務贏得客戶信任。「以質取勝」意味著華為視品質為企業的生命，把品質作為企業價值主張和品牌形象的基石，是華為對踐行「時刻銘記為客戶服務是華為存在的唯一理由」所做出的承諾。「以質取勝」意味著華為要面向最終客戶的需求和體驗打造精品，交付高品質的產品和服務，持續不斷的讓客戶體驗到華為致力於為每個客戶創造價值，使客戶高度滿意並決定選擇和推薦華為。「以質取勝」還意味著華為堅持品質第一，反對低質低價，倡導透過提升品質來降低生命週期總成本，倡導打造精品並按價值定價把產品賣到合理的價格，用合理的利潤來持續提升品質，保證為客戶提供優質的產品和服務。

二、把客戶要求與期望準確傳遞到華為整個價值鏈，共同建構品質

　　華為深刻意識到要提升自己的產品和服務品質，不能獨善其身，必須和客戶、供應商及整個價值鏈共同合作、共同構築高品質，這樣才能實現華為的品質目標。

　　華為要與供應商和合作夥伴充分合作，把華為的品質要求和期望及客戶的品質要求和期望與供應商、合作夥伴進行充分溝通、充分交流，使供應商、合作夥伴能夠充分理解。華為也要與供應商、合作夥伴一起共同最佳化雙方相關流程並實現對接，將華為的品質標準和要求融入到雙方整合的流程中。華為還會加強對供應商的品質評估，促使供應商的產品和交付品質達到華為的品質標準，從而透過整個價值鏈的共同努力，來打造高品質的產品和服務。

在對供應商的管理上，華為有三點做法：第一，選擇價值觀一致的供應商，並用嚴格的管理對他們進行監控。第二，優質優價，華為對每一個供應商都會有評價體系，而且是合作全過程的評價。品質表現優秀的供應商會獲得更多機會，達不到品質標準且不願意改進的供應商會被淘汰，保持高品質和持續表現優秀的供應商能獲得溢價機會。第三，華為自身也要做極大的投資，在整個生產線上建立自動化的品質攔截，一共設定五層防護網，分別為元器件規格認證、元器件原材料分析、元器件單件測試、模組組件測試、整機測試。一層一層進行攔截，如果某些供應商的器件品質出現問題，華為就能儘早發現並攔截。

三、尊重流程與規則，一次把事情做對

要確保最終交付給客戶的產品與服務讓客戶滿意，就必須遵從流程，樹立一次把事情做對的理念，交付前明確客戶的要求，交付後驗證要求確保達成，不把問題留到下游。

流程是最佳實踐的總結，既承載了價值創造過程，也承載了關鍵的品質控制活動，是確保客戶要求能夠得到滿足，交付品質得到保證的基礎。徐直軍指出，IPD 流程這些年來最大的貢獻，就是在產品領域不再依賴「英雄」，而是基於流程就可以做出能滿足客戶要求、品質有保障的產品。所以公司在不斷變革，公司業務不斷的流程化，華為的品質要求不斷的融入流程之中，其目的就是期望透過固化最佳實踐，構築「一次把事情做對」的系統框架，使得華為不再依賴「英雄」。實現這個目的的前提是流程被有效遵從，因為只有流程被有效遵從，固化到流程中的最佳實踐和品質標準才能指導員工一次把事情做對，也只有秉承「一次把事情做對」的理念和追求，才不會把問題留到「下游」，從而確保最終交付給客戶的產品與服務讓客戶滿意。

另一方面，遵從規則還表現在對法律法規的嚴格遵從。華為在任何國家推出任何產品或發展服務都要求確保交付的產品和服務符合客戶的品質標

準，符合美國、歐盟等相關禁運和貿易管制政策，符合相關國家對資訊安全和網路安全的要求及當地所有的法律法規。

四、發揮全球員工潛能，持續改進

華為的追求是成為 ICT 行業的領導者並保持卓越，為實現這個目標，必須要求整個組織不斷的進行持續改進。持續改進包括自上而下的改進（如 TOPN），以及全員自下而上、自動自發立足本職工作的改進（如 QCC[01]、員工改進建議）。

持續改進，在華為公司是有文化基礎的，QCC、TOPN 等思維和方法也被根植到各級 ST[02] 和廣大員工中。華為在供應鏈、GTS[03]、產品與解決方案等多個領域很早就推行 QCC，倡導員工立足本職工作，展開自下而上的持續改進。同時也要求各級 ST 每年都要找出需要改進的 TOP 問題，把這些 TOP 問題納入到 ST 的例行議程中，展開自上而下的持續改進。另外，華為公司的核心價值觀中的自我批判，其核心思想就是自我改進。

華為公司明確指出，各級 ST 是客戶滿意和持續改進的管理組織，ST 主任是客戶滿意和持續改進的第一責任人。各級 ST 要以客戶滿意和業務目標為驅動，透過不斷識別業務過程中的改進機會並實施改進，以持續提升品質、效率，降低成本、風險，最終形成持續改進的文化。

華為認為，持續改進還要真正激發出全體員工的潛能，讓員工自發的去改進。為此在品質文化建設上要把「人」這個要素凸顯出來，重點關注人的要素。

首先，在品質文化建設上，要讓每一個員工都能切實感受到持續改進會得到鼓勵和獎勵，各級主管要發自內心的去鼓勵和獎勵那些能夠主動發現問題、提出問題、改進問題的員工和行為，從文化層面去導向自動自發的持續改進。

01　QCC，Quality Control Circle，品質控制圈，是由基層員工組成，自主管理的品質改進小組。

02　ST，Staff Team，辦公會議，華為公司實體組織進行日常業務協調與決策的平臺，對組織內的營運事務進行日常管理。

03　GTS，Global Technical Service，全球技術服務部。

其次，人力資源政策，包括績效管理、激勵政策等，要能夠搭配品質文化導向，讓那些主動發現問題、主動改進問題的員工和行為能得到認可和獎勵；幹部政策，尤其是基層幹部的選拔，要讓那些主動發現問題、主動改進問題的員工更容易被提拔。這樣，透過文化的建設和政策的導向，能激發出全體員工的潛能，真正構築起持續改進的品質文化。

此外，在構築持續改進的品質文化的同時還要尊重專業，打造各領域的世界級工匠群。2014 年，徐直軍在華為品質變革聯合頒獎典禮上的演講中指出：「我們必須承認人與人之間是有差異的，在很多領域比如軟體領域，不同的人產生的結果品質可能有天壤之別，我們要客觀的看待這種差異性，尊重這種差異性。對於真正優秀的專業人才，我們要勇於破格提拔，讓這些優秀的專業人才在各自專注的領域為客戶創造更大的價值，這樣才能真正支持我們以質取勝。」

五、與客戶一起平衡機會與風險，快速回應客戶需求，實現可持續發展

隨著資訊化、網際網路，特別是行動網路的快速發展，無論是營運商還是企業，在回應他們的最終用戶需求的時候都面臨著前所未有的挑戰。華為要成為 ICT 行業的領導者，就不能僅僅被動的回應客戶的需求，而是要與客戶一起共同應對挑戰，與客戶一起平衡產業快速發展所帶來的機會與風險，從而實現可持續發展。

過去人們往往把品質與快速回應客戶需求看成一對矛盾，缺乏與客戶一起去平衡機會與風險的理念。華為歷史上為了快速回應客戶需求做過一些不穩定的版本，也有為了遵守 TR5 前嚴格控制發貨的政策把交付時間點一推再推的情況，這些都不是真正「以客戶為中心」的做法。而事實上，客戶大多數情況下對產品和交付品質有嚴格的要求，但也有很多時候為了搶占市場，卻希望能盡快驗證最終用戶需求以抓住市場先機，這種情況下如果還是僵化

的執行品質標準而不顧客戶的商業追求，也不是真正的「以客戶為中心」，因為客戶在這種情況下更期望華為能基於一定的品質標準快速交付，同時把可能面臨的風險與他溝通清楚，支持他做出選擇和決策，然後與他一起共同去抓住機會、應對風險。

2014 年，徐直軍在華為品質變革聯合頒獎典禮上說：「未來隨著經濟、社會、產業的進一步發展，隨著大數據、雲端運算等新技術的應用，客戶和我們面臨的挑戰會越來越大。所以面向未來，我們要與客戶一起去平衡機會與風險，快速回應最終用戶的需求，實現客戶與我們的可持續發展。如果客戶要求我們把品質做好，或者客戶把品質作為最基本的隱性需求，那我們在產品和交付品質上就一定要滿足客戶的要求甚至超過客戶的期望；如果客戶以快速回應他的客戶的需求為優先，並且願意承擔適當降低品質要求所帶來的風險，那我們就要在滿足一定品質要求的情況下力爭快速交付，與客戶充分溝通，在客戶認可的情況下幫助客戶實現機會與風險的平衡。」

六、向客戶提供高品質的產品、服務和解決方案，持續不斷的讓客戶體驗到華為致力於為每個客戶創造價值

華為承諾向客戶提供高品質的產品、服務和解決方案，這是華為很早就提出來的，也一直在踐行。面向未來，華為明確提出，把持續不斷的讓客戶體驗到我們致力於為每個客戶創造價值，作為是否真正做到華為承諾向客戶提供高品質的產品、服務和解決方案的檢驗標準，這個檢驗標準的核心就是「體驗」和「為客戶創造價值」。「體驗」包括華為直接面向的客戶和最終用戶的體驗，不僅僅是客戶和最終用戶對華為交付的產品和解決方案的體驗，而且還包括客戶與華為做生意的過程中或者購買華為產品的過程中，在端到端的每一個環節都能體驗到華為的高品質，並且發自內心的認為華為提供的高品質的產品、服務和解決方案為他「創造了價值」。

華為要做到持續不斷的讓客戶體驗到我們致力於為每個客戶創造價值，

就要重新認知以客戶為中心，不能再僅僅停留在傾聽客戶聲音、滿足客戶需求的層次上，而是要真正站在客戶的角度思考，與客戶一起應對挑戰，瞄準客戶的需求，交付符合客戶要求甚至超越客戶期望的產品、服務和解決方案，為客戶創造價值。同時，華為還要真正構築起打造精品的理念和文化，以最終使用者經驗為中心打造精品，使客戶高度滿意並決定選擇和推薦華為。最重要的是，華為要改變過去以產品、服務等有形、無形交付件為中心的品質理念，要從以產品、服務為中心的品質向以最終使用者經驗為中心的品質轉變，要在 IPD、LTC、ITR 等端到端的業務流中，在每一個客戶介面上的活動或者能為客戶和最終用戶帶來感知的活動中，讓客戶和最終用戶持續體驗到華為的高品質，持續體驗到華為致力於為每個客戶創造價值。

7.2.3　建設在「一次性把事情做對」基礎上「持續改進」的品質文化

在華為人看來，創新要向美國企業學習，品質要向德國、日本的企業學習。在華為的「大品質」形成過程中，與德國、日本企業的對標產生關鍵作用。

德國企業的特點是以品質標準為基礎，以資訊化、自動化、智慧化為手段，融入產品實現全過程，致力於建設不依賴於人的品質管理系統。德國強調品質標準，特別留意規則、流程和管理體系的建設；大約 90% 的德國發表的行業標準被歐洲及其他洲的國家作為範本或直接採用。德國的品質理論塑造了華為品質演進過程的前半段，即以流程、標準來建設的品質管理體系。

日本企業的特點則是以精益生產理論為核心，減少浪費和提升效率，認為品質不好是一種浪費，是高成本。日本企業側重關注「點」上的品質改進，高度關注「人」的因素，強調員工自主、主動、持續改進。這也幫助華為慢慢形成持續改進的品質文化。

華為認為高品質企業的根本是品質文化。工具、流程、方法，是「術」；文化是「道」。在以客戶為中心這一永遠不變的主題之外，任正非講的最多

的是「品質文化」。任正非舉過一個例子，法國波爾多產區只有高品質紅酒，從種子、土壤、種植……形成了一套完整的文化，這就是產品文化，沒有這種文化就不可能有好產品。

2010 年，徐直軍在華為北京研究所大合唱暨頒獎晚會上指出：「如果我們能自上而下圍繞客戶不滿意的問題和客戶的期望來持續改進，能自下而上讓全體員工參與到持續改進，持續改進的機制、文化及氛圍就會生根，就會發芽，就會促進公司不斷的進步。」

從「一次把事情做對」品質文化開始，華為品質管理從制度層面進化到文化層面。品質的保證，不能僅依賴於制度和第三方的監管，這樣的品質會因人而異，也不可延續。而全員認同的品質文化則能展現在每個人的工作中，確保交付的高品質和零缺陷。

文化的變革才是管理變革的根本，任正非在公司品質工作簡報會上的演講中指出，大品質管理體系需要介入到公司的心態建設、哲學建設、管理理論建設等方面，借鑑日本和德國的先進文化，形成華為的品質文化。具體總結華為的品質文化，就是將「一次把事情做對」和「持續改進」結合起來，全員參與，針對非創造性業務活動在「一次把事情做對」的基礎上「持續改進」。

7.2.4 建立以客戶為中心的高效組織，業務領導者是品質的第一責任人

華為 2010 年就建立了一個特別的組織：客戶滿意與品質管理委員會（CSQC）。這個組織作為一個虛擬化的組織存在於公司的各個層級當中。在公司層面，由公司的輪值 CEO（現為輪值董事長，下同）親任 CSQC 的主任，而下面各個層級也都有相應的責任人。「這樣保證每一層級的組織對品質都有深刻的理解，知道客戶的訴求，把客戶最關心的東西變成我們改進的動力。」這是一個按照公司管理層級設立的正向體系。

在華為還有一個源於客戶的逆向品質管理體系。比如華為每年都會召開

用戶大會，在這個大會上邀請全球 100 多個重要客戶的 CXO 和技術總監等來到華為，用幾天的時間、分不同主題進行研討，研討的目的就是請客戶提意見，替華為整理出一個需要改進的 TOP 工作表單。然後華為基於這個 TOP 清單在內部建立品質改進團隊，針對性解決主要問題。第二年大會召開時，第一件事就是簡報上一年的 TOPN 工作改進，並讓客戶投票。

要實現這兩個源於管理層級的正向體系和源於客戶的逆向體系的閉環管理，各層級的 CSQC 必須定期審視自己所管理範圍的客戶滿意度，包括產品品質本身，也包括各個環節的體驗，並且找到客戶最為關切的問題，來確定重點改進項目，保證客戶關心的問題能夠快速得到解決。同時還要針對客戶投訴舉一反三，不斷改善品質管理體系，使得這一體系跟隨客戶的要求不斷演進。

為落實「品質優先」策略，支持公司實現「以質取勝」，華為明確各級主管成員是品質的最終和第一責任人。作為第一責任人，管理者要做的主要是三件事：

第一，管理者要明確品質目標，滿懷熱情，堅定的支持品質目標的實現，這是管理者品質領導力的具體展現。

第二，要建立品質目標管理與激勵機制。

第三，要建立品質問題回溯、問責與管理者品質末位機制，這是判斷和評價各級主管是否真正履行品質職責的依據和標準。

在華為公司的最高層，每年輪值 CEO 都會設定品質目標，實行目標牽引。輪值 CEO 設定目標的原則是：如果品質沒有做到業界最好，那麼就把目標設為業界最好，盡快改進。如果已經達到業界最好，那每年還要以不低於 10% 的速度去改進。

為建立起重視品質和品質誠信的文化，2010 年華為 PSST 發文〈關於品質誠信與產品品質結果的問責制度〉，鼓勵在開發過程中勇於暴露問題並及時解決問題，回溯問題根因，確保問題不再重犯，同時年度依據產品品質誠信、品質結果問題對涉及的管理者進行問責。從 2010 年以來，先後多個產品

的主管被問責處理;被問責的產品部門知恥而後勇,在品質意識、品質管理等方面有了大幅提升,不少產品的品質因此得到了顯著的改善。

華為每年還會安排「華為品質獎」(華為最高級別的品質獎,包括組織獎和個人獎)評選,基於客戶的視角和用戶的使用體驗來評判品質結果,透過隆重的品質獎頒獎典禮及宣傳,提高品質影響,真正激勵那些內心追求工作品質、工作輸出好、客戶評價好、上下游評價好的組織和個人,透過榜樣的力量激發全員追求高品質。在近年的品質獎評選中,近半數獲獎產品來自曾經被問責的產品,這也證明管理者的品質問責是加強管理者品質意識的有效途徑。

7.3 把品質工作融入 IPD 和專案管理中

7.3.1 基於 IPD 主業務流的品質管理體系

要達成產品的品質,需要每一個人的工作品質和管理體系去保證。品質與業務不是兩張皮,而是融在產品開發、生產及銷售、服務的全過程中,每一個人對於最終的品質都有貢獻。所以,華為的品質管理是融入各個部門的工作流程中去展開的。

品質管理體系(QMS[04])是企業管理體系中最重要的組成部分,它透過提供滿足要求的產品、解決方案和服務,為組織實現策略和目標,達成客戶滿意及企業永續成功提供了一個系統的框架和藍圖。IPD 是華為為客戶提供滿足要求的產品、解決方案和服務的主業務流程,因此研究開發的 QMS 也是建構在 IPD 基礎之上。QMS 建設和部署的主要活動,如產品品質管理、客

04　QMS,Quality Management System,品質管理體系。ISO 9000 定義為建立品質方針和品質
　　目標並實現這些目標的體系。

戶滿意管理、持續改進等都必須從 IPD 流程和品質要求入手,並且最終回到 IPD 流程上,因此,IPD 與 QMS 是統一的。

　　管理體系是基於流程的,離開流程談品質就是空談、就是做活動,是不可持續的。在流程中構築好品質要求和品質標準,確保品質要求和品質標準得到有效執行,並構築滿足品質要求和標準的持續改進的能力,就掌握好了品質工作最實實在在的部分。IPD 領域是華為「把品質要求和品質標準構築在流程中」的優秀實踐。在 IPD 流程中很少看到「品質」兩個字,但只要認真履行了 IPD 流程,就能夠做好品質管理,交付高品質的產品。

　　華為 IPD 流程管理體系是融合了 QMS 與 IPD 的流程與管理體系架構,包括管理職責,資源管理,產品實現,度量、分析和改進四個方面,構成了 PDCA 閉環和持續改進系統,如圖 7-1 所示。

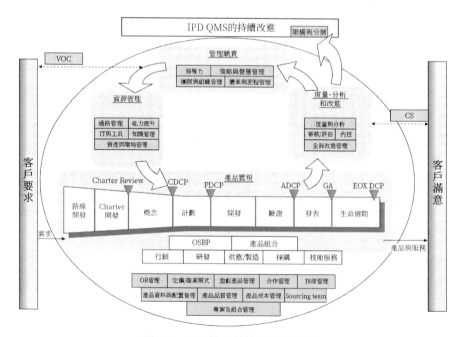

圖 7-1　IPD 的品質管理體系框架

248

一、管理職責

華為各級管理者是各業務品質的最終和第一責任人。各級管理者首先要明確品質目標，滿懷熱情的堅定支持品質目標的實現。管理者行使帶頭作用，言傳身教，尊重專業，遵守流程，對品質最終結果負責。品質結果作為幹部選拔任命、激勵、問責的關鍵要素。對於全員倡導「工匠」精神，一次把事情做對，持續改進。管理者要樹立品質標竿和關鍵事件教育。

二、資源管理

華為發展適當的教育、培訓、技能和經驗傳承，培育組織與人才，打造世界級專家團隊，保證人員能夠勝任組織的要求；加強重量級團隊建設，最佳化機制，提升團隊成員能力，提升團隊整體的決策品質和執行力，做正確的事情；適時發展品質方法與品質意識的培訓與教育，在專案中運用「做前學、做中學、做後學」等方法，總結經驗教訓，促進業務獲得有效成長。

華為對全員的要求：

· 時刻銘記品質是華為生存的基石，為客戶服務是華為存在的唯一理由。

· 積極發現問題，科學的解決問題，不放過任何一個可能影響用戶使用的問題。

· 專業化交付，追求精益求精的工匠精神，一次把事情做對。

· 人人追求工作品質。不製造、不放過、不接受不符合要求的工作輸出。

· 不遮掩、不推諉、不弄虛作假，基於事實決策和解決問題。

三、產品實現

圍繞著價值創造過程的產品實現是端到端的流程，開始於路線開發、Charter 開發，歷經概念、計劃、開發、驗證、發表階段，直至生命週期管理結束。OSBP（Offering ／ Solution Business Plan，產品組合／解決方

案商業計畫）和產品組合開發是全流程中的兩條主線，每個決策評審點和全流程都要緊緊盯住這兩條主線。行銷、研究開發、製造、供應、採購、技術服務、財務是支持產品實現的關鍵功能領域。需求管理、定價／商業模式、盈虧產品管理、通路管理、技術管理、產品資料與配置管理、產品品質管理、產品成本管理、Sourcing Team、合作管理和專案及組合管理是重要的使能流程，共同支持產品的高品質交付。

四、度量、分析和改進

度量、分析與改進是 IPD 品質管理體系 PDCA 閉環中重要的一環。度量、分析與改進的目的是：驗證產品、解決方案和服務是否滿足客戶要求及業務目標，確保管理運作符合 IPD 品質管理體系的要求，保證 IPD 品質管理體系的適宜性、充分性、有效性和高效，並驅動公司持續改進。度量和分析、審核／評估、內控等所獲得的資訊應當作為管理評審的輸入，透過 IPD 品質管理體系的持續改進來推動公司績效的改進。度量、分析與改進包括產品與過程的度量分析與改進、審核／評估、內控、全員改進管理等模組。

華為公司品質測評體系架構第一層是客戶滿意度指標；第二層是反映產品應用、技術服務、生產交付三個方面全流程的結果指標，支持客戶滿意度指標的提升和改進；第三層是針對各業務過程的指標，這些重點關注的過程品質，保證全流程結果指標的實現。

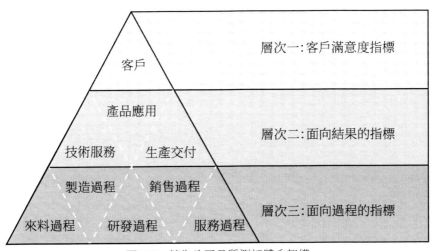

圖 7-2　華為公司品質測評體系架構

　　華為的品質測評體系中來自 TL9000 測量體系標準的指標定義，滿足《TL 9000 測量手冊》相關章節要求，品質度量將內部測量與可獲得的業界統計資料相比較，作為組織內部持續改進和管理報告的一部分；指標成熟後納入現有的品質測評體系，關鍵品質 KPI 納入一級部門主管個人 PBC，透過高層績效測評進行監控與推動品質持續改進。華為公司對 KPI 指標每年改進要求如下：

7.3.2　實現客戶滿意是 IPD品質管理的總目標

　　客戶是公司賴以生存的基礎，「成就客戶」是華為的核心價值觀，為客戶服務是華為存在的唯一理由。客戶滿意就是充分理解客戶的需求並及時有效的滿足，甚至超越客戶的需求和期望。因此，實現客戶滿意和卓越的經營績效是 IPD 品質管理的總目標。

　　以客戶價值觀為導向，各部門均以客戶滿意度為部門工作的度量衡，無論直接的、間接的客戶滿意度都激勵、鞭策著華為改進。「下游」就是「上游」的客戶，事事、時時都有客戶滿意度對工作品質進行監督。

　　華為要求把客戶滿意管理切切實實的納入日常工作之中，各級 ST 把客戶滿意管理作為自己的例行工作來持續發展。經常審視到底使華為的客戶滿意沒有，客戶對華為有哪些不滿意、抱怨和投訴，有哪些要求和需求，這些要求和需求處理了沒有，閉環了沒有，解決了沒有。只有持續保證客戶對華為是滿意的，華為才能夠持續的生存和發展下去。

　　華為客戶滿意管理框架包括客戶聲音獲取，客戶聲音處理與客戶聲音閉環。在華為看來，客戶感知品質與客戶期望品質比較，差距越小，客戶滿意度水準越高；客戶滿意度越高，客戶抱怨越少，客戶忠誠度越高。因此客戶滿意管理的關鍵是以客戶為中心，提供滿足客戶要求的產品、解決方案和服務，超越客戶的期望；建立順暢的溝通管道，保持良好的合作關係，主動傾聽客戶聲音，及時回應客戶需求；透明傳遞客戶聲音的處理機制和處理情況，坦誠和透明的告知客戶需要了解的資訊；信守與客戶的承諾，並基於客戶滿意持續改進。華為客戶滿意相關概念如圖 7-3 所示。

　　徐直軍在第二屆 PQA 行業大會上指出：「我們一切工作的基礎是在客戶那裡，我們要對客戶滿意負責，要深入各個現場真正的傾聽和了解客戶的期望、客戶的要求、客戶的抱怨，將客戶需要我們改進的地方，最終落實到我們的日常工作中。」華為非常重視客戶滿意管理，為此專門內部發文落實相關工作的要求：

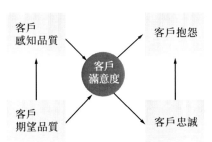

感知品質
指客戶相對於某種消費價格所感受到的某種產品或服務的品質水準。包括對產品符合要求的程度、可靠性及產品品質整體的感受。

期望品質
指客戶在購買某產品或服務前對其品質的主觀意願而非客觀的看法。包括產品是否滿足要求、可靠性、整體品質的預期。

客戶抱怨
客戶對產品與服務不滿意做出的反應，包括退貨和投訴。

客戶忠誠
客戶願意從特定的產品或服務供應商處再次採購的程度。

客戶滿意度
客戶對交付的產品或服務的滿意程度

圖 7-3　華為客戶滿意相關概念

1. 實施客戶滿意管理對管理者的要求：

   ▶ 管理者負責向全員闡述「以客戶為中心」的重要性，每年至少一次向全員溝通客戶滿意狀況及客戶關注的主要問題；負責向各層各級溝通「以客戶為中心」的工作要求及職責；負責建立本領域的客戶滿意管理組織。

   ▶ 管理者負責在本層級 ST 上進行客戶滿意度專項管理評審，審視客戶滿意狀況，識別共性問題和改進機會，組建改進專案實施改進。

   ▶ 管理者負責要求本領域各級主管和員工持續在優先重點工作或 PBC 中回答「如何讓客戶更滿意」；負責識別本領域的價值客戶，展開針對價值客戶的主動拜訪、主動傾聽；負責識別客戶關鍵滿意要素，將識別的需求和期望轉化為組織要求，持續提升產品與服務品質。

2. 對客戶抱怨／投訴管理的相關要求：

   ▶ 各相關部門總裁／管理者是本部門客戶投訴處理的總負責人。

   ▶ 對客戶投訴本部門的問題，處理責任人必須至少是三級部門主管，以保證能站在客戶和公司全局的視角處理問題。

▸ 各處理責任人在接收到處理國內客戶投訴問題後，必須在半天內致電安撫客戶；如不能在安撫客戶的同時給出承諾解決日期，在徵得客戶認可前提下，也必須在半天內再次致電客戶承諾。

▸ 對海外客戶投訴處理的時間要求，以投訴聯絡部門獲取的客戶期望回應時間和解決時間為依據。

▸ 對業務方面的投訴要求 3 天內處理完畢；對體系平臺改進方面的投訴要求 3 天內給出客戶滿意的解決方案，後續定期向客戶通報進展，直至客戶認同關閉為止。

　　同時為更好的獲取和閉環客戶聲音，華為還要求員工利用日常出差（如市場支援、技術答標、線上問題攻關、專案交付等）的機會獲取客戶的抱怨或期望；產品線和業務主管作為業務主體要主動拜訪客戶，收集的客戶「聲音」作為業務部門改進的輸入，針對共性問題要成立改進專案進行改進，並主動向客戶回饋和閉環改進結果。

　　此外，華為公司每年與國際專業顧問公司合作，展開第三方客戶滿意度調查工作。滿意度調查的內容涵蓋產品品質、售前支援服務、交付、工程安裝、維護、培訓和備件維修等各個方面。分析結果按照不同的方式、範圍、內容發給各業務部門、區域機構、公司各級員工，並納入公司高層主管的考核指標當中，同時要求各業務部門或各區域機構制定下次調查滿意度目標值，認真研究調查結果，制定合理措施，以保證目標值的達成。

7.3.3
透過決策點和技術評審點在 IPD 流程中建構品質

IPD 流程（見 3.1.3）透過決策評審點：Charter Review、CDCP、PDCP、ADCP、EOMDCP、EOPDCP、EOSDCP 等來建構決策品質。如果有早期銷售，需要透過 Early DCP 決策，當 PDT 認為有必要時還可以申請臨時 DCP 決策。在每個 DCP，CDT ／ PDT ／ TDT ／ LMT 經理完成決策評審資料按計畫申請，由 IPMT ／ ITMT 決策，專案是否繼續前進、終止或重新調整投資方向。

IPD 流程還設置了合適的技術評審點（TR）和功能領域交付評審點（XR）以在 DCP 之前評估技術成熟度和技術風險，在過程中建構產品品質。TR 用以提前發現問題並形成對策，確保專案團隊已經識別了所有技術風險，並在產品設計中進行了充分考慮以滿足規定的產品需求，避免下游階段對前期隱藏的缺陷無法糾正或者被迫耗費龐大的人力、物力和時間。透過各功能領域（如市場、製造、採購、服務等）的 XR 機制，安排功能領域專家參與，對交付件、產品品質進行全面把關，在開發過程中建構可製造性、可供應性、可交付性、可服務性、可銷售性等。

如圖 7-4 所示，TR 關注產品包成熟度；XR 關注功能領域對 OSBP 的支持以及相關的內部品質，各功能領域的相關管理部門負責評審和把關；PDTR（PDT Review）是根據 XR 和 TR 的評審結果，由 PDT 負責綜合審視和評審產品組合及商業計畫的完成情況和品質。TR、XR 評審點是 DCP 的輸入，如果 TR、XR 沒有完成，就不能上 DCP；PDT 經理必須把 TR、XR 評審結論，包括存在的問題、風險及改進計畫寫入 DCP 報告中，供 IPMT 決策時參考。

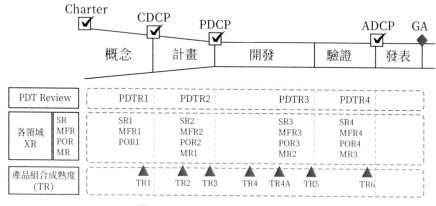

圖 7-4　TR、XR 和 DCP 的關係

7.3.4　融入 IPD 的產品品質管理

華為採用專案管理方法對產品開發專案進行管理。IPD 專案中的品質管理通常包括品質目標與要求的建立、品質策劃、品質控制、品質改進等活動。其中品質策劃致力於根據客戶和相關方的要求，策劃如何達成品質要求；品質控制致力於驗證和確認是否達成品質要求；品質改進致力於如何更好的達成品質要求。

一、IPD 產品品質管理活動

IPD 產品品質管理的首要任務是理解和確認客戶和相關方的要求，建立產品和工作品質要求，總結達到這些要求的方法，然後把精力用在達到要求的過程上。因此，產品品質管理的基準是品質要求，品質要求的落地依賴於 IPD 流程，借助產品品質計畫，透過品質策劃、品質控制、品質改進，影響和改善組織習慣，進而提升產品交付品質。

IPD 產品品質管理圍繞以下三方面來展開：

1. 產品品質計畫的制定、評審、監控：產品品質計畫是根據客戶、相關方的要求和公司品質要求，結合開發專案目標，制定專案的品質整體策略

和產品品質目標，識別專案要展開的關鍵計畫和執行活動和要求，以及過程偏差。計畫由 PQA 負責制定，PDT 核心組成員參與，PDT 經理評審後報 IPMT 批准，後續對品質計畫執行進行監控，根據需要遵循規範的 PCR 變更流程更新品質計畫。

2. 階段品質評估：按照流程和品質計畫要求，在里程碑點展開過程品質和結果品質評估，如 TR 和 XR 評估，識別問題和風險，並採取措施改進品質。

3. 產品合約制定、簽署、驗收和評估（詳見 3.4.3）

二、品質策劃

「豫則立，不豫則廢」，品質管理的首要任務是品質策劃。品質策劃是連接品質目標和具體的品質管理活動之間的橋梁和紐帶。

品質策劃包括：目標策劃、過程策劃、控制策劃、組織／運作策劃、改進策劃。品質策劃完成後，要以品質計畫文件的形式輸出並落實監控，透過對品質計畫的審核與進展追蹤，發現問題，及時糾正，確保品質目標達成。

目標策劃的目的是輸出有明確驗收標準的品質目標，並與利益關係人充分溝通達成共識。品質目標描述了專案的定位、專案成功的衡量標準，以及目標的排序。品質目標將作為後續各模組策劃的基礎。

過程策劃的目的是確定與專案特點適應的開發過程，並將品質目標導入開發過程的具體活動中。某產品／版本的品質策劃經過批准後，後續控制將以策劃的內容為標準。過程策劃重點考慮品質目標的達成風險及歷史版本的經驗教訓。

控制策劃的目的是按計畫標準去衡量執行的情況，發現實施中的偏差，採取有效的糾正措施，確保目標順利實現，根據過程策劃內容選擇合適的控制點並定義控制標準。輸出過程度量計畫及審核評估計畫，作為專案實施品質控制的輸入。

組織／運作策劃的目的是要保證過程策劃、控制策劃、改進策劃的內容

落地，透過組織策劃明確版本團隊及角色職責，針對能力差距輸出賦能計畫，參考品質目標明確團隊導向和激勵方式，輸出團隊運作的規則。

　　改進策劃的目的是要考慮在開發過程中確保持續的改進，具體的改進方法包括自上而下的 TOPN 和自下而上的 QCC、改進建議等。

　　如圖 7-5 是 IPD 產品專案品質策劃的一個實例：

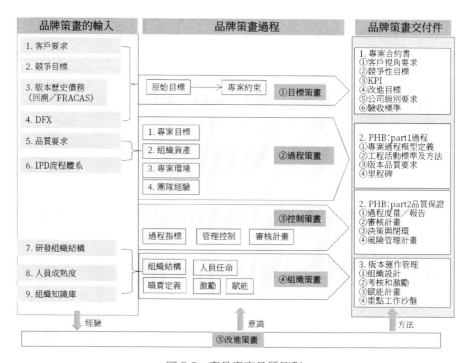

圖 7-5　產品專案品質策劃

三、品質控制

　　品質控制的目的是致力於滿足品質要求。品質控制是透過監視品質形成過程，消除全過程中引起不合格或不滿意效果的因素，以達到品質要求而採用的各種品質作業技術和活動。品質控制是基於流程進行的，嚴格按照流程執行是品質控制的前提，有效的過程控制是保證交付品質的有效方法。透過

流程執行與遵從的檢查、在關鍵品質控制點上的品質檢驗／驗證／評審（品質評估）把關，做好過程品質控制，才能確保最終交付結果的品質。

在 IPD 產品品質管理過程中的品質評估貫穿整個 TR 階段，每個 TR 階段品質評估細分為三個階段：

1. TR 預評估前，PQA 組織 PDT 核心組進行業務結果及過程品質的日常評估。
2. TR 預評估過程中，針對過程、結果品質評估識別的風險問題進行綜合分析，《TR 品質評估報告》最晚在 TR 預評估時輸出。
3. TR 評審階段，將《TR 品質評估報告》和 TR 預評估結論上品質保證委員會／品質專家團進行綜合評估，給出 TR 是否通過的結論、該階段點的風險與問題及行動措施。

TR 品質評估以產品組合成熟度為核心，重點關注 TR 和 XR 中有關產品組合成熟度相關的內容，主要分為結果品質評估和過程品質評估兩部分。其中結果品質評估重點關注影響產品組合交付和下一階段活動的關鍵結果評估項，如規格實現、性能指標、特性評價、DI（遺留問題密度）值等。過程品質評估重點關注關鍵的業務活動及品質保證活動。包括但不限於：SIT（系統整合測試）活動、硬體改板、缺陷分析、代碼 Review 等。過程品質評估是對結果品質評估的深入補充和印證。

四、品質改進

品質改進的目的是致力於增強滿足品質要求的能力，透過消除系統性的問題，對現有的品質水準在控制的基礎上加以提高，使品質達到一個新水準、新高度。品質改進本身也是一個 PDCA 循環的過程，它要固化在流程體系中進行標準化，透過品質控制使得標準化的流程得以執行實施，達到新的品質水準。

IPD 產品品質管理中的品質改進，把組織級持續改進相關目標／活動／運作與本版本專案實際開發目標／活動／運作進行有機結合，確保客戶和組

織層面持續改進需求／目標在本版本目標中落實，並在版本實際過程以及版本的團隊和例行運作中落地展開，支持最終商業目標的達成。

IPD 專案中常見的改進場景和形式如下：

1. TOPN 專案

    ▶ 適用場景：管理評審等組織活動識別的改進項，屬於自上而下的改進。

    ▶ 常見來源：a. 上級組織的改進分解到本專案開發。b. 專案開發團隊開發過程中識別出來需要組織層面規劃並長期改進的專案。

    ▶ 改進輸出：組織級別改進需求及本專案開發團隊改進範圍承諾，並明確品質目標的內容。

2. 落入產品組合需求

    ▶ 適用場景：來自對產品組合功能、性能和 DFX 等品質屬性的改進，可以使用產品組合需求進行明確，透過產品組合的具體開發過程實施。

    ▶ 常見來源：a. 在組織資產中可以獲取到的技術類問題。b. 大 T 品質要求（合約／標書）中識別出來的技術類規則。c. 內部團隊提出的具體 DFX 類改進訴求。d. FRACAS[05] 線上問題分析識別的必須在本專案中改進的具體需求。

    ▶ 改進輸出：a. 更新組合需求，形成新基線，如果涉及需求基線的變更，觸發對應需求變更流程。b. 作為品質目標策劃的輸入，審視並更新品質目標。c. 品質目標更新後，審視過程策劃和控制策劃的輸出是否需要調整。

3. QCC：QCC 來源於專案工作，由基層員工自發組織、自主管理的品質改進活動。分析問題根因，應用品質工具方法，聚焦可以實施措施，促進效率提升／品質改進／降低成本，對輸出沒有特別要求，關注改進效果。

05

開發專案中通用的支持品質改進的活動：

- ▶ 研究開發專案總結（版本復盤）：分析專案績效，總結專案經驗教訓。

- ▶ 缺陷分析：對產品進行量化標示和定性解釋。進行缺陷分析的根本目的是正確理解缺陷資料，並以此來更好的控制產品的開發進度、成本和品質。透過缺陷分析活動可以實現測試過程的理解、評估、預測和改進。

- ▶ 問題清零：針對線上問題以及歷史版本相關性，保證已經發生的問題在本版本能繼承解決結果，保證商用問題不重犯。

- ▶ 品質回溯：品質回溯是一種預防性業務改進方法，通常是由內外部重大品質問題觸發，以徹底解決問題，累積經驗教訓，避免問題重複發生為導向，同時對潛在管理問題實施的及時改進。

7.4 軟體品質管理的發展

隨著大數據、雲端運算、物聯網等新產業的發展，IT 類軟體和雲端服務類軟體開發越來越敏捷，品質管理的方法論也在隨業務變化而變化。品質管理發展的進程，如圖 7-6 所示。從 SPC（品質控制）→ People／Process／Technology（基於過程的品質管理）→ Agile（敏捷、灰度發表）發展到 DevOps。

從品質管理的發展脈絡來看，DevOps 是敏捷開發和傳統 IT 服務管理的演進，是從客戶的視角來看如何實現價值的快速開發和上市，兌現了 ITIL(6) 二十多年來未能實現的目標：增加可靠性的同時提高業務敏捷性。DevOps 管理體系目標是透過技術手法（如自動化測試）、全功能團隊運作，保證服務與產品的交付敏捷與品質。

261

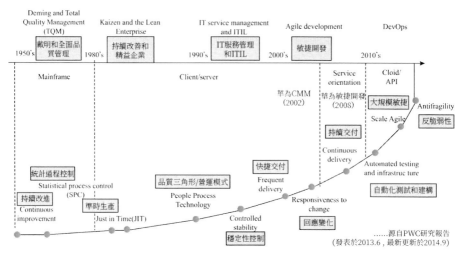

圖 7-6　業界品質管理方法發展歷程

華為軟體品質管理從 2000 年開始透過引進和建立 CMM 體系，逐漸走向軟體品質的體系保證。2003 年，華為發表和開始推行符合 CMM5 級的 IPDCMM V3.0，並於 2004 年通過 CMM5 級認證，2005 年整個公司開始推行 IPD-CMMI。隨著全面雲端化、智慧化、軟體定義一切的發展，華為也與時俱進，不但全力管理編碼品質，還顧及架構設計、軟體工程能力提升；借助軟體技術手法、流程、組織與考核體系建設，不但強調重視產品外在表現的高品質結果，更加重視產品內在實現的高品質過程，為客戶打造可信的高品質產品，以實現華為的願景和使命：把數位世界帶入每個人、每個家庭、每個組織，建構萬物互聯的智慧型世界。

7.5　品質與成本的統一

　　傳統觀點對品質與成本的認知：品質與成本是矛盾對立的，需要選擇一個最佳均衡點。1980 年代起對品質與成本新的認知：所謂的均衡點是不存在的。品質是滿足要求，一次把事情做對，總成本最低。品質管理做好了，綜合成本最優。品質管理做得越好的企業，成本越低。

　　2006 年，徐直軍在 PDT ／ TDT 經理成本高階研討會上說：「提高投資決策的品質才是最早、最大的降成本。IPMT 沒有有效運作起來，PDT 沒有發揮作用，常常是弄一個沒有基本競爭力的產品就向前走，而又沒有及時做出調整。最關鍵的問題是，在一開始定案做的時候就沒想清楚，那這種情況下，自然而然的就是高成本，不可能是低成本。決策不嚴謹，就造成我們現在 30%以上產品版本根本沒有上市；30%以上的單板開發出來沒有投產。這 30%產品本身的成本，再加上開發這些產品、版本和單板的機會成本，這個成本有多大？你們做 BOM 降成本，一年能降多少？和這個比，肯定是小巫見大巫。所以說，提高投資決策的品質，才是最真正的降成本，真正的構築最佳成本。」

　　費敏在華為大學高階管理研討班評論總結時說：「沿著流程把品質做好了，大量簡單重複的事日常都按要求一次性做好過掉，不良品率降低效率是最高的，成本是最低的。」

　　營運商 BG 總裁丁耘在 2006 年研究開發品質大會上也指出：「過去大家談成本就是成本，談品質就是品質，往往看成是矛盾的。但是在十多年前，任總創造性的把品質與成本兩個部門合在一起，使得品質和成本的工作協同展開，公司過去這些年，年年降成本達到 ××%以上，同時我們的品質在穩步提升。」

　　以前華為產品線的產品品質部、產品成本工程部、資訊安全、網路安全、貿易合規、產品資料與配置管理、流程品質、營運支持等都是分散的組

織，後來全部整合到了產品線品質與營運部。因為資訊安全也好，網路安全也好，成本也好，都是品質要素之一，都要基於流程來管理，這樣才能持續改進和進步。

　　華為的價值觀要從「低成本」走向「高品質」。對品質、成本、進度的追求要以「提升競爭力」為核心，優先考慮品質，必要時可以透過犧牲效率和成本來為高品質服務。

第 8 章　成本管理

　　成本是客戶的核心需求，是產品的核心競爭力。成本工作的關鍵在研究開發，透過 IPD 成本管理設立成本基線要求，並在設計中構築成本的競爭力。研究開發的成本管理不僅聚焦於創造毛利，一方面還要放眼公司內部運作，無論軟硬體產品，都要統籌全流程、全生命週期總成本；另一方面還要延伸到客戶的使用，既要考慮其 CAPEX，又要考慮 OPEX，客戶使用全生命期內的總成本是客戶的核心需求。

　　在滿足客戶需求，占領市場的同時，產品、版本、平臺、組件構件、CBB、備件種類、器件 BOM 清單，都應該是越少越好，以帶來全流程、全生命週期的維護工作和成本的全面降低。

8.1　成本是客戶的核心需求

　　通訊行業要能做到像水電瓦斯一樣，普惠全球 80 億人，首先成本要降下來。電信營運商採購 ADSL[01] 設備如果是 1,000 美元／端口，GSM 如果是 21,000 美元／載頻，是無法做到用戶涵蓋面廣的。用戶量上不來，單位成本也降不下去。

　　早期，WCDMA[02] 比 GSM 有技術優勢，GSM 卻在全球有絕對壟斷地位，原因就是因為成本，是最終用戶購買手機的成本。雖然電信系統設備的綜合成本是 WCDMA 最低，但最終用戶是選擇手機而非系統設備。系統設備和手機的投資比率關係大致上是 1：100，系統設備只是味精，手機才是真正的稻米。

　　近 20 多年的通訊業發展，不管是語音業務，還是資料業務和影片業務，都是透過技術、產品和解決方案的持續創新，使網路建設成本和最終用戶使用成本不斷降低，進而使電信業務成為全球普遍的業務。從先進國家到發展中國家的民眾都能享受普遍通訊帶來的生活便利，營運商也藉此做大做強，因此，成本是營運商的核心需求，成本也在華為設計與開發產品與解決方案中作為關鍵的設計要素納入管理。

01　ADSL，Asymmetric Digital Subscriber Line，非對稱數位用戶線路，提供的上行和下行不對稱頻寬，是一種資料傳輸方式。

02　WCDMA，Wideband Code Division Multiple Access，寬頻分碼多工接取，是第三代無線通訊技術之一。

8.2　成本是核心競爭力

> 成本是市場競爭的關鍵制勝因素之一。成本控制應當從產品價值鏈的角度，權衡投入產出的綜合效益，合理的確定控制策略。
>
> 公司對產品成本實行目標成本控制，在產品的定案和設計中實行成本否決。目標成本的確定依據是產品的競爭性市場價格。
>
> ——《華為公司基本法》

華為產品發展歷程中，成本和品質一樣，一直是作為核心競爭力來建構的。

2006 年，費敏在 PDT 經理成本研討會上說：「我在華為 14 年，見證了華為的成長，在華為的歷史上，還沒有一種產品是成本沒有競爭力卻能成功的。我們還不具備像 Intel、微軟那樣可以創造一個商業模式的能力，我們還沒有創造在成本之外的其他顛覆性競爭力。所以，我們如果沒有成本優勢是不可能成功的，成本是產品具備競爭力的核心規格之一。」

策略市場部總裁徐文偉在 2009 年 TCO 內部規劃報告會上指出：「產品價格不是我們決定的，而是由客戶和競爭確定的。我們怎麼生存下去呢？唯一的一條路就是我們的內部 TCO，包括從研究開發投入到 BOM 物料成本、到生產、到運輸、到安裝的所有內部綜合成本，只有在行業裡有競爭優勢，我們才能活下去。我們不能僅考慮 BOM 物料成本，而是要考慮客戶使用我們產品的生命週期成本，包括維護成本、耗電、機房面積等，在一個週期內客戶花的錢最少，才最有競爭力。」

8.3 　如何構築成本競爭力

首先，構築成本競爭力，要落實管理者職責。管理者和領導者是成本競爭力構築的第一責任人，需要確定清晰的成本目標、成本策略和重點發力方向，落實組織職責和持續改進機制。管理者重視並監控落實，是構築成本競爭力的重要保障。

其次，構築成本競爭力，核心是在規劃設計前端構築，E2E 全流程、全生命週期實施成本管理。華為發展早期，市場主要在中國國內，成本管理主要聚焦在硬體 BOM 物料成本上，較少去關注其他環節成本。但隨著華為銷售規模的增加，海外市場的拓展，硬體 BOM 以外的成本大幅增加，占比比想像的要大得多，可最佳化的空間也要大得多。另外，華為發展歷史上，因為決策失誤，研究開發也做錯了很多產品，浪費了很多成本和資源投入。2006 年在 PDT 經理參與的成本研討會上，徐直軍明確指出，成本管理一定要轉變觀念，要留意決策失誤的成本浪費，同時要從原來僅僅關注硬體 BOM 成本，轉變成關注產品全流程、全生命週期的成本，特別是服務環節，以及生產、運輸環節的成本。

8.3.1 　落實管理者職責和成本改進要求

各產品線總裁／ SPDT[03] 經理／ PDT 經理，是成本競爭力構築和目標達成的第一責任人，在所屬管轄範圍內，承接和分解華為公司的成本目標和策略要求，確定短期和中長期的重點改進方向，並落實到 E2E 組織中持續改進。為了牽引各產品線總裁／ SPDT 經理／ PDT 經理承擔起全流程成本管理

03　SPDT，Super Product Development Team，超級產品開發團隊。它作為一個獨立產業的經營團隊，直接面向外部獨立的細分市場，對本產業內的端到端經營損益及客戶滿意度負責。

職責，要求從 PDT 到產品線分層分級建立例行的成本報告和評審機制，持續改進成本管理，構築成本競爭力。

成本競爭力目標要參照業界最佳來設定，在沒有成為業界最佳前，應以業界最佳為標竿設置成本目標，在已成為業界最佳後，每年的改進必須大於業界主要友商的改進幅度。如果不清楚業界最佳，原則上每年改進不低於30%。

8.3.2　提高投資決策品質是最大的降成本

IPD 引入華為公司一段時間後，IRB 對所有 IPMT 決策過程進行聽證，分析華為公司的所有產品和解決方案走勢和虧損的情況，損失最大的是 N 產品，端到端累計虧損龐大，就是再怎麼降成本也降不回來。透過聽證，發現虧損大的產品，都是因為沒有很好的進行深度決策，或者根本就沒有決策，或者決策只是個形式，或者在做決策的時候根本就沒有做很好的調查分析研究。匆匆忙忙的一個專案組就可以決策做一個產品或一個版本，一個從市場來的未經分析的需求就可以決策做一個產品或一個版本。

決策不嚴謹，造成很多產品和版本根本沒有上市，很多硬體電路板開發出來沒有投產。這些產品、版本和電路板本身的成本，再加上開發這些產品、版本和電路板的機會成本，加起來的成本浪費很大。華為基於硬體 BOM 的降成本，和這個比是小巫見大巫。因此，提高投資決策的品質，才是真正的降成本，從最前端就去避免最大浪費產生的可能性，真正的構築最佳成本競爭力。

8.3.3　在架構和設計中構築全流程、全生命週期、E2E成本競爭力

早期華為的新產品設計，開始時總是討論不充分，完成的產品就像濕漉漉的毛巾，裡面隱含的浪費很多，要擰乾濕毛巾，有很多辦法。但事後擰毛巾已是降成本行為、事後行為，和前端就構築好成本競爭力有很大差異。

2006年，徐直軍在PDT經理研討會以及華為第一屆成本技術大會上都反覆強調，要從降成本向管理成本轉變，在前端尤其是架構和設計中構築E2E的成本競爭力，努力做到從降成本到無成本可降。

華為公司是以做產品為主導的公司，「E2E環節的問題源頭都在研究開發」。如果產品品質很好，從來不當機，從來都不出現問題，技術服務的人員維護能力再差也沒問題；如果說產品可製造性很好，生產線的工人水準差一點也沒問題。作為一個以產品為主導的公司，只要是跟產品相關的E2E環節的任何問題，只要去追根溯源，找到最後都跟產品和前端研究開發有關。因此，架構師和設計師要對產品E2E成本競爭力的建構負責。

一、構築E2E成本競爭力，首先是前端，Charter定案時就把成本目標要求提出來

華為的成本管理，遵循目標成本管理流程。專案Charter的時候，有專門的團隊去專注於Charter的開發，把市場調查清楚，把客戶需求特別是客戶在未來的價格需求了解清楚，把友商的產品成本分析清楚，確保有很好的決策品質。在調查清楚的基礎上，Marketing的人員還必須在做產品規劃的時候，不管是新產品，還是新版本，都要在做Charter的時候，就把未來這個產品或版本推出時的成本規劃出來。如果版本推遲了，就要說明，因為不同點的成本要求是不一樣的。

Marketing體系，特別是PL-Marketing在開發Charter的時候就時時留意成本並提出要求，有了這個要求，就能作為架構設計師的輸入源，要他

們圍繞這個目標去做架構，去做設計，這樣架構設計師在做架構設計的時候就有成本壓力。否則的話，客戶的特性滿足了，但是產品製造出來後的成本是友商的好幾倍，那辛苦做出來的產品也沒什麼競爭力。成本這個要素，實際上就包含在特性要素裡面，應該是需求組合裡面最重要的因素之一，同時又是最容易被忽視的要素。

二、持續透過產品設計，構築全流程、全生命週期和 E2E 的低成本

Charter 定案時的產品成本目標，不僅僅是針對硬體 BOM 領域，還包括軟體領域、製造領域、運輸領域、存貨領域以及服務領域，這些所有環節的成本目標都要在設計中構築和實現。去看一個產品成本的時候，不能只看硬體 BOM 成本，而是全流程各環節一環一環的看：硬體 BOM 成本目標是多少，相比上一個版本降了多少；服務環節的成本目標是多少，降多少；製造環節的成本目標是多少，降多少；營運環節的成本目標是多少，降多少……

1. 加強合作，減少無效的開發：有些產品或零件，華為自己開發要投入很大的力量，沒有歷史累積和明顯優勢，這樣的開發是不可能盈利的，這時就要改變慣性思維。有些東西業界已經做得很好了，這時就應該加強合作，減少無效開發。

   對於一些零件，不用一上手就自己做，要先分析一下，業界有多少零件是可以直接拿來用的，透過合作和購買，讓合作夥伴去做。現在行業追求的是一個產品快速回應市場，如果能利用業界已經有的成果，透過合作獲得一些零件，形成一套解決方案或一種產品，從而快速推向市場，何樂而不為呢？尤其是一些零件，有些廠商和合作夥伴已經做得很專業，而華為是半路出家，這種開發就是無效開發。

2. 滿足同樣客戶要求，設計越簡單成本越低：產品設計的目標是滿足客戶需求，在滿足客戶需求的前提下，設計最優方案。設計方案越簡單，則產品越可靠，成本越低，過度的設計是一種高成本。比如產品硬體 PCB

板，不要追求層數，並不是層數越多越好，工程工藝人員要研究一些新的工藝技術，使得能夠減少 PCB 板層數。減少層數，就可以降低 PCB 板的成本。

3. 軟體設計和最佳化降低成本：軟體最佳化也是最大的降低成本的方法之一。尤其是什麼都 Over IP 或雲端化以後，提高軟體運行的效率，提高軟體的性能，也是降成本。華為核心網等軟體產品，提高軟體運行的效率，在同等硬體能力下可以提高容量，提升客戶價值。也可以透過對處理器的軟體底層原始碼進行最佳化，直接提升硬體處理能力。往往努力去改硬體電路板，好不容易才降了 5%，還不如好好去把這個軟體最佳化一下，提高性能 20%～ 30%，同樣可以大幅度降低成本，達到甚至超過硬體 BOM 降成本的效果。所以，千萬不能忽視軟體降成本，其貢獻也是很可觀的。

4. 降低對工具、儀器設備、人員技能等要求，提升直通率，降低製造環節成本：生產製造環節也有一定的成本。華為公司有很多層數很高的 PCB 板，一般層數高的 PCB 板，也是面積最大的。為了這個面積最大的板子，生產線就要重新替它準備夾具，準備新的儀器、儀表，這要增加很多成本。板子層數越多，尺寸越不標準，儀器、儀表、夾具準備的費用高，直通率還低，直通率低又意味著高成本，因為維修、重做，都是成本。要留意製造環節成本到底是多少，同時還要注意可製造性。可製造性好，可減少工序和儀器、儀表，同樣是降成本。

5. 模組化設計，降低運輸成本：華為產品的運輸方式不好，因為產品設計不支援模組化運輸，動不動就是空運，且幾乎全部從深圳出發，運費很高。外購的一個小型機伺服器，一定要 IBM 從馬來西亞運到深圳，然後在華為的生產工廠裡面調測一下，然後又從這裡發到馬來西亞。做不到馬來西亞的東西直接發到全球，要到華為總部轉一下。如果能支援模組化運輸，把它拆成模組，然後到現場組裝，就可以節約運輸成本。

6. 歸一化和延遲製造，降低存貨成本：華為產品涵蓋電信營運商、企業以及消費者三個領域，產品形態多，物料種類多，配置複雜。為了靈活滿足客戶的各種需求，不同的專案又有不同的軟硬體配置要求。這麼多的產品、配置和物料種類，做好供應計畫、原材料、半成品和成品的庫存管理面臨很大的困難，很容易造成存貨成本提高。解決這個問題的關鍵是做好歸一化，對應的軟硬體要歸一。平臺少了，機櫃機框少了，電路板少了，器件種類少了，計畫對象和存貨對象也就少了，周轉才會快，存貨成本才能降下來。另一個是延遲製造，不少產品在不同的客戶市場只有細微差異或者配置差異，如果華為公司按成品庫存，管理的編碼就會非常多，庫存也大，但如果把差異部分和公共部分拆分做庫存，管理的物料編碼就會大幅減少，計畫難度也降低了，庫存量也就會降下來。透過歸一化和延遲製造，不僅能降低存貨成本，還可以快速生產交付出客戶需要的產品。

7. 產品設計最佳化，降低、最佳化服務環節成本：服務環節的成本包括安裝成本、調測成本、維護成本、處理問題的成本以及升級的成本。

   ▶ 安裝成本。早期安裝一個接入產品的機櫃，由於機櫃側門是做死的，不能打開，接入產品要手工打很多用戶線纜，耗費的工時很多。後來改進了，把側門做兩個螺釘，可以先把線打完，再把側門裝上去，安裝工時減少了 30%。產品規劃團隊應該針對安裝這個環節，分析行業裡機櫃安裝要多長時間，華為產品當前需要多長時間，Charter 時就設定和業界接近的目標。

   ▶ 調測成本。早期無線產品，一個基地臺原本要調測 40 個小時。架構設計師在設計的時候，大概也沒有調查業界一個基地臺調測時間是多長，沒有好好分析標竿。後來發現這個調測時間確實太長，成本太高。在中國調測，人力成本相對低一些，問題嚴重程度小一些，到歐洲要調測 40 個小時，要多少錢？後來就開發了一個自動調測

工具，從 40 個小時降到了半個小時，降低幅度很大，而且原本 40
個小時的調測還必須是專家才能調測，現在由於是自動化的調測工
具，一般人員就可以了，一個在天上，一個在地下。如果一開始就
設計一個自動化的調測工具，就可節省很多工時，節約大量成本。
40 個工時和 0.5 個工時，分別乘以不同國家勞動力的薪資水準，差
距就很清楚。透過 UCD 設計、可測試性設計，工時減少了，不用到
現場，一個指令就能把當時的實際參數發回總部，一個電話就可以
指導客戶自行處理，這就是可測試性設計對成本的貢獻。

▶ 維護成本。早期維護指導書寫得不好，操作一個指令就要從前翻到
後，再從後翻到前。分析 L 公司，任何一次操作，它只要三下，不
管做什麼操作，三下就可以完成。華為公司資料要從第 1 頁翻到第
20 頁，從第 20 頁又翻回到第 5 頁，從第 5 頁再轉到第 130 頁，就
是為了處理一個問題。目錄呢，主目錄到子目錄，子目錄又回主目
錄，處理一個問題，這都是維護成本！維護成本表面上是客戶的，
但最後還是要華為公司自己承擔。

▶ 處理問題的成本。早期華為交換機量大，產品品質問題多，線上一
出問題，技術服務人員就往客戶機房跑。由於不能遠端定位問題，
採用換板方式確定故障原因，為不影響電話用戶使用，經常是半夜
才開始工作。有時服務人員不能按指導書定位解決問題，還需要研
究開發人員去現場支援，有些故障不能重現，還需要現場值守，直
到找出問題原因為止。故障單板一般要寄回公司進行分析，如是設
計缺陷需要進行產品設計最佳化，影響嚴重的需要進行線上批量整
改，耗費大量人力物力。後來華為建立和不斷更新了設計規範，
IPD 流程也有嚴格的品質標準和要求，沒有達到發貨品質要求的產
品不允許發貨。

275

▶ 升級成本。站點多的產品，如接入類產品，遠端升級是天經地義的。早期接入產品不是遠端升級的。為了進入一些海外營運商市場，華為研究開發部門被服務部門要求支援遠端升級。以前沒有遠端升級，那麼多局點，要請幾十個歐洲人做幾十天。做了遠端升級工作以後，幾天就做完了，這也是成本。開發任何一種產品的時候，就要針對產品形態，設計好升級工具和方案。有的產品升級是連動的，當初設計的十幾個零件，升級任何一個，所有的零件就都要升級，必須解決緊耦合的問題。

服務環節的成本，必須考慮從安裝調測到維護、到問題處理、到升級的全方面成本。產品、版本升級是必然的，要以工時作為成本目標。接入層產品安裝就是一個機櫃，以後全球通用的基本就是 19 英吋的機櫃，不管什麼產品，同樣是這個規格的機櫃，安裝就應該有統一的標準時間，調測也是一個標準時間。服務環節服務成本居高不下，除了技術服務部門的管理問題和停工問題外，更多的是產品設計的問題，在設計過程中就構築了高成本，降也降不下來。

8. 參與到市場環節，降低客戶的 OPEX、CAPEX：不合理的合約配置降低了華為產品的盈利能力，也浪費了客戶的投資。而產品複雜性、配置的多樣化，又是不能迴避的。華為固定網路產品線開發的 Designer 設計工具，能夠直接根據客戶業務需求、網路拓樸方案，輸出設備層次的清單（電路板、機櫃、安裝物料等），利用 Quoter 工具搭配上報價，直接用於招投標，效果非常好。研究開發參與合約配置的評審，在整體方案、庫存消耗、配套件、運輸方式上可以保證更加合理。因此，研究開發參與到市場環節，是可以為客戶和華為公司創造雙贏的局面的。

綜上所述，在架構設計中構築 E2E 成本競爭力，就一定要關心全流程、全生命週期的成本管理、最佳化，不能只關心硬體 BOM 成本，更要關心服

務環節的成本，包括安裝成本、維護成本、處理問題的成本、升級成本，還要關心製造環節成本、運輸環節成本和存貨環節成本。同時，如果再有一個好的產品架構，就能確保整個生命週期內產品都有強大的生命力、競爭力。

8.3.4　透過歸一化、標準化構築規模優勢，提升成本競爭力

華為公司涵蓋產品形態多，採購規模越來越大，器件類的採購一年就是數百億元。規模大，就要獲得規模效益和規模採購優勢。但是，早期新平臺、新產品、新電路板的開發，新器件的選型管理沒有規範，存在平臺多、電路板多、器件多、輔料多的情況，華為幾乎有全球最大的 BOM 庫！但每一個器件採購量都不大，沒有成為供應商的重要客戶，供應商也不會給優惠的價格。透過公司橫向整合的平臺化、模組化、歸一化和標準化管理，減少主流產品的規格和配置種類，大幅度降低平臺、產品、電路板和器件數量，透過複用提高公司規模採購優勢，從而可以大幅度降低成本，構築起競爭力。同時規模採購下，還可以提高供應的彈性，降低庫存成本。因此需要改變觀念，是透過「細分硬體配置種類、降低硬體 BOM 物料成本」的降成本模式，還是「歸一化、標準化、透過規模複用效應」來降低採購以及 E2E 生命週期總成本，很多情況下，後者帶來的收益遠大於前者。

歸一化、標準化管理包括很多領域，架構平臺要歸一，產品、版本要歸一，電路板、器件也要歸一。

一、透過零件標準化和複用，降低全流程、全生命週期成本，構築成本競爭力

1. 電路板數量歸一和設計標準化：開發一塊新的硬體電路板，只要走向了市場，全流程的成本是很高的。因為任何一塊電路板，除了內部設計、生產、發貨各環節的成本，還有生命週期的維護成本。一發出去就要管

20 年，在生命週期內要管它的備件，它的維修，還要管因它引起的呆死料，這樣算下來成本很高。電路板設計數量越多，產品成本自然就越高。因此，要從源頭嚴格控制電路板的開發，要計算成本和投入產出，開發這塊新板，是不是能真正降低成本？為了把器件換一下，為了局部降成本，為了支援某一特性，卻開發一塊新電路板，這些產生的成本都要用以後全生命週期來承擔。可採取一些方法、技巧，把電路板的標準部分固化下來，開發可變部分，這樣的話，既能降低成本，又能適應市場的需求。

2. 電路板尺寸標準化：早期，華為不同 PDT 使用不同的電路板尺寸。現在華為已經發表了電路板尺寸規範，以後的電路板就只有幾種尺寸，必須在這些尺寸裡選。如果要創造一種新的尺寸，非常困難，要上升到很高的層級批准。因為讓華為增加一種電路板尺寸，就意味著生產線要為支持這個尺寸，在生產環節準備全新的夾具、工藝，會增加很多的成本。採用華為公司標準的電路板尺寸，在生產環節上就不會多投資。

3. 機櫃、插框、接插件、電源和線纜歸一化：以前，華為忽視機櫃、插框、接插件、電源和線纜，現在這部分所占成本的比例越來越高，而且都在漲價。華為公司是業界最多結構件 BOM 的廠商，是業界最多的線纜 BOM 廠商，也是全球最多的電源模組廠商。不同的 PDT 之間，不同的產品線之間，互不相通，各用各的，造成很簡單的線纜、接插件、機櫃，生產出很多種類。華為要求整機研究開發部門須對機櫃、插框、接插件、線纜、電源的歸一化承擔起管理責任，不能各個產品線，各個 PDT 要什麼東西就給什麼東西，需要制定規範。

機櫃、插框、電源模組、線纜等是需要重點歸一化的物料，PDT 不能只管開發的電路板，而是要把這些結構件物料也管起來。PDT 除了自身產品歸一化外，還要盡可能跟公司主流走，公司用得多的，採購成本就肯定低。採購是要看規模效應的，公司採購規模越大，採購成本越低。

4. 器件選型的歸一化和複用：早期器件管理上，出現過組織職責錯亂的問題，管理的失控，造成有一段時間新器件數量大幅度上升，華為公司成為全球最大的 BOM 廠商。公司需要制定可選型器件規範，制定可選型結構、連接器、線纜、阻容等規範。這些規範建立以後，PDT 在設計硬體時，在器件選型方面是受控的，要優先選擇在器件庫裡的器件。如果要選新器件，就要有充分的理由，否則，就只能在華為的優選器件庫裡選。當然，器件選型也要考慮終端類產品的實際，不能終端本來有 2～3 年生命週期的，卻選 20 年生命週期的器件。

5. 工程輔料和配套件的設計歸一：華為無線產品線以前更多留意基地臺的成本管理。但客戶招標時，是鐵塔、電池、天線和饋纜一起招標的。投標時，鐵塔成本降不下來，饋纜、天線、電池和基地臺成本怎麼降都沒用，做了也是白做。因為基地臺成本只占總成本的一部分。不同的產品線都面臨工程輔料和配套件的問題。工程輔料和配套產品同樣有相當大的成本空間，而且往往是在產品裡面根本無法降到的空間。

對於一些大型的專案，在方案的設計上，是天差地別的。一個大的專案，方案設計得好，它的綜合造價低；設計得差，綜合造價高，往往有 10% 到 20% 的差距。一線的行銷人力有限，這種大的專案，如果產品研究開發介入，在方案上進行最佳化的話，能夠大幅度降低工程的造價。有一個專案，原設計是室外機櫃旁再裝個蓄電池櫃，其實華為室外機櫃就有一個空間恰好可以安裝蓄電池，但一線不知道。後來就把蓄電池裝到室外機櫃裡面去，不需要獨立蓄電池櫃，因為有很多站點，這樣總共就可以節省幾百萬美元。

二、透過架構和平臺實現共享，降低全流程、全生命週期成本，構築成本競爭力

透過架構和平臺，在公司層面上達到規模優勢和共享。任何一種產品的平臺，任何一種產品的架構，都是低成本的核心原因。穩定的跨領域共享的平臺和架構，支持產品持續的生命週期就會更長；發貨量更大，成本就會更低。早期，由於特殊的市場情況，CDMA 產品線一直在夾縫中生存，很艱難，但他們用最小的投入做出最好的產品來證明他們的追求。所以，CDMA 產品線從開始到後來，器件歸一化都是做得最好的，研究開發投入是最少的。凡是華為公司已有的平臺，它基本上都用。而有些 PDT 總說平臺不符合自己的要求，非要自己做不可，這樣孤立的平臺，發貨量有限，成本也降不下來。

現在技術越來越整合，很多平臺，在各個產品線及各個 PDT 之間是可以共享的。華為要求每個 PDT，每季度或者每半年要例行清理自己的 BOM。事實上有很多是高成本的或是不用的東西在那裡，只有不斷的去例行審視、最佳化產品的 BOM 庫，才能避免 BOM 只增加不減少。

因此，歸一化、標準化管理，華為要求研究開發帶頭，各級平臺部門、職能部門合作，將器件、電路板、結構件、配套件等歸一化到有限的數量上，以架構、平臺、CBB 形式承載，在 PDT 中大量複用，透過規模優勢，減少重複開發，提升產品的成本競爭力。

8.3.5　應用價值工程方法，用精益、創新的思維，從前端構築成本競爭力

華為要求在前端設計中就構築好成本競爭力，並且明確構築競爭力的維度，但如何構築成本競爭力，特別是從前端一次性就把成本競爭力構築到位，還需要有系統的方法。

價值工程 VE 法是業界構築成本競爭力，提升客戶價值的系統的、通用的方法。該方法源於美國，日本和韓國引入後，豐田、三星等很多公司都有成功的管理實踐。VM（Value Methodology）是 VA（Value Analysis）、VE（Value Engineering）的統稱，VM 在很多情況下，也直接稱為價值工程 VE。

價值工程 VE，透過最低的 E2E 生命週期總成本，滿足客戶必要的功能和需求，進而提升客戶價值。它追求功能和成本之間的最佳平衡，而不是絕對的低成本。

VE 可用下面的公式表達：

$$V=F/C$$

其中，V ── 價值；F ── 功能；C ── 成本。

華為公司借鑑業界通行的 VE 方法，應用在設計端構築成本競爭力。VE 和傳統的成本管理方法不同，如圖 8-1 所示。它不是基於零件的替代和商務談判簡單降成本，而是以客戶需求為起點，首先針對業務對象，進行全面的功能抽象，並把功能分類為基本功能、可選功能和冗餘功能，針對不同功能實施差異化的成本管理，透過精益消除冗餘功能，透過多方案擇優滿足基本功能，尋求在設計前端就一次性構築好成本競爭力。

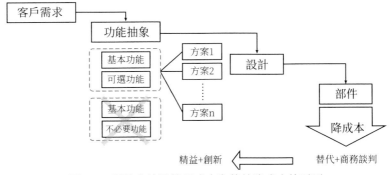

圖 8-1　價值方法論管理成本和傳統降成本的區別

8.4　成本與品質的關係

　　成本和品質都是客戶的核心需求，兩者密不可分，需要放在一起統籌考慮。任正非在一次品質工作的簡報會上提出，對品質、成本、進度的追求，都要以「提升競爭力」為核心，優先考慮品質，必要時可以犧牲效率和成本為高品質服務。

一、成本和品質一樣，需要全員意識

　　費敏在一次成本管理開工會的演講中說：「成本和品質一樣，需要全員意識，成本和品質工作是最典型的『Zero Resource，More Return』的管理改進工作，是投入產出最高的工作，最值得長期去耕耘的工作，從新員工進公司大門的第一天，就要開始灌輸。要將成本和品質的觀念形成工作意識，就像空氣和呼吸對於我們每個人一樣，這樣，我們的成本工作，就有了綿綿不絕的推動力。」

二、成本管理和品質管理要高效協同

　　當實施成本最佳化方案時，就相當於帶來一種變更，變更就有可能帶來品質風險，如果沒有有效的品質管理方式規避品質風險，就會出品質問題。因此，成本管理一定要與品質管理有效協同。當品質和成本產生衝突的時候，優先考慮的是品質，使得產品在客戶的層面，品質和成本競爭力都能得到提升。

三、顧好品質也是降成本

　　品質是符合性需求，品質合格就是品質滿足要求，滿足客戶品質要求下，一次性把事情做對是絕對的低成本。

　　8.3.2 節裡也提到，提高投資決策品質是最大的降成本，從規劃設計前端顧好品質，避免浪費。沿著流程把品質工作顧好，大量簡單重複的事按照要求一次性做好，從前端就管理好需求，權衡好功能和方案，問題儘早發現和規避，降低不良品率，不重做、不停工，效率最高，成本最低。

四、在品質優先的情況下構築成本競爭力

　　華為公司的整體策略是「品質優先，以質取勝」，要在品質優先的情況下構築成本競爭力。品質和成本協同管理的主要規則有以下幾條：

1. 品質和成本是統一的，要同時具備品質和成本意識。
2. 品質和成本都是設計出來的。
3. 品質和成本標準的制定和最佳化要瞄準客戶需求、行業要求。
4. 鼓勵透過方案創新和業務模式最佳化管理成本。

五、應用價值工程 VE 方法，同時提升成本和品質競爭力

　　GE 以及豐田等公司，使用價值工程 VE 方法，聚焦產品設計中的浪費消除和方案創新，從而達到既能降成本，又能保障品質的目的。華為公司的成本管理，借鑑和遵循類似的方法，在研究開發和交付活動中，應用價值工程 VE 方法，同時提升成本和品質競爭力。

8.5　成本管理組織

　　華為公司成本管理組織分三層：第一層是公司管理團隊，確定整個公司的成本策略和方向；第二層是成本委員會，BG、BU 層面設置成本委員會，在所屬範圍內，成本委員會是成本管理的最高決策和管理組織，負責制定本領域的成本策略、目標，管理成本措施的執行落地；第三層是各業務部門，負責具體的措施落地和成本持續改進。

　　同時，BG ／ BU 等組織下面設置品質與營運部，品質與營運部下面設置成本部，持續累積成本管理、成本方法和成本技術等能力。

　　成本部的具體職責如下：

1. 支持各級成本管理委員會和成本管理組織運作，負責跨部門成本管理工作共享、協同和協調推動，確保成本競爭力策略落地。
2. 分析和探索成本最佳化方法論，把業界最佳實踐和華為實踐相結合，形成系統的成本管理方法和技巧。
3. 持續累積低成本基線，推動低成本技術累積，提升成本機會點診斷能力和落地實施的能力。
4. 成本文化建設，透過宣傳、培訓、案例共享等方式，提高全員成本意識和能力。

第 9 章　變革管理和持續改進

進化論最核心的觀點是適者生存，世上的強和大，都不能保持基業長青。華為公司如果想要活下去，唯一出路就在符合實際和趨勢的變革。

然而變革總是困難重重，而且變革受挫幾乎是業界的常態，因此變革需要決心、勇氣和智慧，更需要領導力。任何業務變革都離不開高層領導者的大力支持，持續不斷的培訓與「鬆土」，尤其是搭配業務特點的漸進式推行。

華為變革的成功並非一帆風順，不是容易或偶然的。20 年後，再來回顧 IPD，成功的主要原因大致如下：

1. 高層的決心和領導力。主要是變革的決心，因為沒有退路，表現在華為當時堅持「先僵化，後優化，再固化」的原則上。

2. 文化價值觀的保駕護航。華為「一切為了為客戶創造價值，以創造價值的奮鬥者為本」，使得很多其他企業難以實現的變革，在華為可以實現。

3. 變革方案本身的正確性。沒有被 IBM 本身變革成功驗證過的 IPD，不可能在華為落地生根。加上華為不斷的最佳化和穩固執行，使得 IPD 的正確性得以落實。

4. 華為的執行力。包括兩部分：① IPD 之前，華為有成功的產品開發實踐和優秀的開發團隊，他們經歷過實戰的洗禮並有非常成功的經驗和經歷。② IPD 變革開始後，持續多年前仆後繼投入大量專職的、有成功產品開發經驗的優秀人才和專家。在人力資源上給予了充分的保障和有效的激勵，包括對核心組和擴展組。

5. 研究開發組織結構和治理架構的變革。2002 年產品線的大變革使研究開發組織徹底的從統一的大功能部門（大研究開發），變成了擔負 E2E 職責和使命的產品線，並從組織到管理階層，從考核激勵到營運管理體系上，完成了以產品線為經營中心的管理與組織變革，使產品線和 IPMT 在人事組織／治理運作及責任和權

利上完全一致起來。這是 IPD 從 2001 ～ 2002 年走出低谷，不斷邁向成功的關鍵。

6. 精心做好測試。事先充分準備和實施過程的全心投入和全力以赴。測試的成功和摸索出的一套符合華為實際的 IPD 初步方案，是後來推行 IPD 的基礎。

7. 管理變革的節奏。變革是透過影響人的思想進而改變人的行為和做事方式的，變革的節奏非常重要。華為採用關注（培訓與「鬆土」，獲得理解和支持）、發明（不斷最佳化驗證提升效率，適應新業務）、推行（30%推行，全面推行）、持續改進的變革方法，使華為 IPD 變革成功的走到今天。

IPD 變革是華為研究開發走向世界級的現代化之路。華為堅持虛心學習世界領先企業的先進管理體系，不斷轉化成自身的特質和內功。IPD 變革大致分為突破期、全面推行期、與時俱進三個階段。華為基於每年 TPM 評估，不斷調整改進，經過 20 年的努力，使 IPD 成為一個有生命的管理體系，支持華為全球業務的不斷拓展，成為世界級領先企業。

9.1　IPD 管理變革突破

1999 ～ 2001 年是華為 IPD 突破階段，「鬆土」、「導入」是華為員工接受和認同 IPD 變革成功的第一步。

9.1.1　高層的大力支持是業務變革成功的首要因素

一位 IBM 資深顧問曾參與過很多公司的業務變革專案，有很多專案失敗了。他認為失敗的最主要原因是關鍵人物沒有真正參與進來。IBM 公司為什麼透過 IPD 變革專案獲得極大成功呢？主要原因之一是得到了高層的大力支持。IBM 總裁郭士納（Louis Gerstner）非常重視 IPD 專案，據這位資深顧問回憶，郭士納總是要求 IBM 的高層管理者去親自參與 IPD、供應鏈的變革，有的高階主管因為沒有做到而被解聘。

任正非等華為高層管理者從專案初期開始就非常支持 IPD 業務變革。任正非多次在各類會議上發表演講，反覆強調 IPD 對華為的重要性。「IPD 關係到公司未來的生存與發展，各級組織、各級部門都要充分認知到它的重要性。不要把 IPD 行為變成研究開發部門的行為，IPD 是全流程的行為，各個部門都要走到 IPD 裡來。就 IPD 來說，學得明白就投入工作，學不明白就撤掉，我們就是這個原則，否則我們無法整頓和改革。」

任正非解釋道：「華為還可能會從現在的一萬多人變成兩萬人、三萬人，如果還採取現在這種管理方式，我認為效率只會越來越低，而不是越來越高。主客觀上，華為公司都需要一場變革，各級部門要緊密配合，努力改進我們的工作方法。從主觀上來講，首先華為希望在技術上有所發展、成為一家很優秀的公司，其次要縮短產品開發週期，加強資源配置密度，提高產品的先進水準和品質水準。從客觀上來講，中國要加入 WTO，而美國要資訊產業，我們很快就會與他們對陣。打不贏就是以我們死亡或破產為命運。所以

主觀與客觀兩方面都逼著我們必須努力改進方法。IPD 業務變革實質上涉及各個部門，是全流程的行為，而不僅僅是研究開發部門的行為。」

9.1.2　沉下心來，穿一雙「美國鞋」

世界上還有非常好的管理，但是我們不能什麼管理都學，什麼管理都學習的結果只能是一個白痴。因為這個往這邊管，那個往那邊管，綜合起來就抵消為零。所以我們只向一個顧問學習，只學一種模型。我們這些年的改革失敗就是老有新花樣、新東西出來，然後一樣都沒有用。因此我認為踏踏實實，沉下心來，就穿一雙「美國鞋」。只有虛心向他們學習，我們才能戰勝他們。

—— 任正非

在管理改進和學習西方先進管理方面，華為的方針是「削足適履」，對系統「先僵化，後優化，再固化」。必須全面、充分、真實的理解顧問公司提供的西方公司的管理思想，而不是簡單機械的引進片面、支離破碎的東西。華為有很大的決心向西方學習。2000 年之前的華為公司，當時很多方面不是在創新，而是在規範，這就是華為向西方學習的一個很痛苦的過程。正像一個小孩，在小的時候，為生存而勞碌，腰都壓彎了，長大後骨骼定形後改起來很困難。因此，任正非要求華為在向西方學習的過程中，要防止東方人好幻想的習慣，否則不可能真正學習到管理的真諦。

提倡「削足適履」，華為認為不是壞事，而是與國際接軌。華為引進了一雙美國新鞋，剛穿總會咬腳，一時又不知如何使它變成中國布鞋。如果把美國鞋剪開幾個洞，那麼這樣的管理體系華為也不敢用。任正非告誡大家在沒有理解內涵前，千萬不要有改進別人的想法，否則就犯了管理幼稚病，改革的失敗機會將多於成功。因此，華為決定在一段時間必須「削足適履」。

華為在 IPD 突破期，就是採用先僵化的方法，學習理解 IPD 的理念和真

經，讓業界最佳流程和管理體系在華為先跑起來，在跑的過程中加深理解和消化。

任正非強調指出：「要先僵化後優化。在當前兩、三年之內以理解消化為主，兩、三年後，有適當的改進。」

9.1.3　培訓培訓再培訓，鬆土鬆土再鬆土

要變革成功，在變革的整個過程中都要有充分的溝通，上下級之間、同事之間、團隊內部、團隊間都要有溝通。溝通一定要充分，寧可過分溝通也不要溝通不足。為了達到有效的溝通，對不同的人應該有不同的溝通方法及溝通內容，要注意根據對象及場合對資訊進行裁剪。如果溝通方式、策略不恰當，人們還是會對變革有很強的反抗心理，不能營造好的氣氛。

對於大規模的變革，為了達到有效的溝通，要求有明確的溝通目標。溝通要貫穿整個專案，要幫助各層主管及員工理解並接受變革的好處，同時也要理解員工的擔心，鼓勵員工的參與。變革也許是痛苦的，但無論對個人還是整個公司來說，變革都是值得的。對於重大的變革，要專門有一個溝通小組負責整個公司的溝通工作。

任正非多次指出要把 IPD 培訓做到家喻戶曉，高層管理者要親自做推廣培訓。全公司上上下下要有一種危機感。誰如果不順應這種變革，誰可能就沒有了職位，可能就沒有了工作機會。因此，要使每個人在不同的職位上、不同的條件下接受不同形式的學習和教育。

1999 年 3 月 1 日，華為 IPD 業務變革專案正式啟動。IPD 專案分為關注、發明、推廣三個階段。關注階段直到 8 月底結束，此階段除了調查和分析華為的產品開發現狀外，還有個重要目的是培訓 IPD 理論，獲得公司高層管理者對 IPD 方法論的理解和支持，謂之「鬆土」。即透過培訓，讓公司所有三級以上的管理者都能了解 IPD 變革專案，為後期的 IPD 推行排除思維上的障礙。從 3 月到 4 月底，IBM 顧問分五次對公司四級以上管理者做了 IPD 理論

和 IPD 在 IBM 實施概況的培訓，共有 200 餘位來自公司各大部門的高層管理者參加了培訓。此後從 5 月中旬開始，由 IPD 核心專案組成員擔任培訓老師，對公司所有三級以上管理者進行了數十場 IPD 方法論的培訓，旨在使各級管理者了解 IPD 基本概念、IBM 如何透過 IPD 獲得輝煌業績、各功能部門在 IPD 中的主要作用以及今後職責的定位等，累計參加人數 1,340 人。

IPD 是一個長期的、逐漸深入的專案，也是一個實踐性很強的專案，光靠幾次集中的短期的培訓是不夠的。專案組專門成立了變革溝通小組，除了組織集中培訓以外，還透過公司各種宣傳管道（華為人報、管理優化報、華為電子公告牌、高層會議、IPD 專案報告、透過郵件和電話解答問題等）展開多種宣傳和培訓。這是一項長期的持之以恆進行的工作，正如 IBM 在「變革管理」中所講的，宣傳溝通是任何一個變革專案的自始至終的重要任務。只有這樣，「鬆土」的面才盡可能廣，才能為 IPD 實施掃清障礙，打好基礎。同時，在各個功能領域（包括市場、研究開發、服務、製造、採購、財務等）展開多場次針對各功能領域主管、產品線總監、產品經理、市場經理、維護經理等的培訓學習與研討。在學習與研討的過程中對照比較、回顧公司在產品開發中存在的問題，以各產品發展過程為主線，以產品開發中的失敗與挫折為案例，進行研討和自省。對照自身的研討和學習，使得各領域主管及幹部逐步深入剖析過往自身產品研究開發過程，充分理解變革，並明確未來 IPD 變革的方向。

任正非說：「認同不等於真正的理解，理解不等於掌握，更不等於熟練的運用。我們追求的遠遠不是理解，而是在準確理解基礎上的掌握和熟練運用。當我們能夠在實踐中熟練準確的運用 IPD 的相關知識、理論，使得產品研究開發週期大大縮短、產品研究開發品質大大提高、產品市場競爭力大大提升的時候，我們的產品研究開發管理就上了一個臺階，就增強了公司的核心競爭力，多了一口活下去的『氣』。我們已經付出太多的代價，沒有理由不全力以赴的學習、再學習，改進、再改進。而要改變長期以來形成的習慣

做法和固定思維，只有不斷的反思和觸及靈魂的自我批判，只有培訓，再培訓，鬆土，再鬆土，才能使失敗化作變革的動力，才能使失敗的教訓成為我們成功的階梯！」

9.1.4　流程的設計與測試 PDT是緊密連結在一起的

流程的設計與測試 PDT 是緊密連結在一起的。在 IPD 第二階段從不同產品線選擇 4 個測試 PDT，由顧問按照 IPD 的具體做法引導 4 個 PDT 走過 IPD 流程。由於 IPD 流程的複雜性，在每一階段的操作層流程設計完成之後，都要及時的在測試 PDT 中進行驗證。因此，整個 IPD 流程的設計與測試 PDT 在時間上是非同步交叉進行的。

在高層端到端流程設計完成後，進行概念階段操作層流程的設計，同時進行第一個測試 PDT 的準備工作。概念階段流程設計完成後，啟動第一個測試 PDT 的概念階段，與此同時，開始設計計畫階段的流程。當第一個測試 PDT 通過概念階段以後，計畫階段流程也基本設計完成，測試 PDT 即對計畫階段流程進行驗證。按照這樣的思路，各階段流程設計和測試 PDT 運作之間漸進的進行，測試 PDT 的每一個階段總是在該階段流程設計完成後開始啟動。4 個測試 PDT 在時間上不是齊頭並進，而是逐個依次展開的，每個 PDT 的各階段總是滯後於前一個 PDT 的相應階段。各階段流程在不同 PDT 之間逐步得到驗證和修正，整個 IPD 流程透過 4 個不同的 PDT 不斷得到完善，在測試 PDT 結束時，華為得到了一套相當完善的流程。

IPD 專案設立試 PDT 的目的有 4 個方面：

1. 驗證新設計的 IPD 流程。新流程設計出來後，在華為是否可行，需要經過驗證。為此，測試 PDT 嚴格遵照新設計的 IPD 流程來進行產品開發，驗證其可行性。
2. 驗證新實施的 IT 工具。在測試 PDT 的運行過程中，逐步選擇、實施和

驗證 PDM（產品資料管理）等 IT 工具，用 PEBT（軟體組合驅動業務變革）方法穩固 IPD 流程的運作。

3. 培養一批具有實際運作經驗的員工。透過 4 個測試 PDT 的運行，為華為公司培養了一批具備 IPD 實際運作經驗的 PDT 經理、成員和引導者，保證了 IPD 第三階段 —— 推行階段的工作發展有充足的人員準備。

4. 開發完成 4 個成功的產品。4 個採用 IPD 流程成功運作的測試專案均是華為公司的實際產品開發專案，這也是 IPD 專案輸出的一項重要成果。

9.2　IPD 全面推行

2002 ～ 2010 年，華為進入 IPD 全面推行階段，不斷最佳化、穩固 IPD 及管理體系成為這一階段的主要工作。

9.2.1　引導者有效的工作對確保 IPD 流程的成功推行，發揮非常重要的作用

當 IPD 進入 100%推行後，一個叫做「引導者（Facilitator）」的群體活躍在 PDT 日常運作、IPMT 會議等 IPD 推行的前線上，並扮演了重要的角色。IPD 全流程引導者是一個獨特的角色，引導者集中注意開發流程，必須與 PDT、IPMT 及產品線管理人員緊密連結，以便他們可以正確的提供指導並發現問題。引導者的目標是要透過教導團隊來主動思考，最終使他們獲得有效的獨立運作的技能。

顧問無疑是高水準的，給了華為很好的指導，但是「師父領進門，修行在個人」，使 IPD 的思維和行為模式在華為真正落地生根的責任，責無旁貸的落在華為員工自己身上，更落在華為這些「內部顧問」身上。

無論經過了多少人的努力，多少專案組的試用和改進，流程、模板畢竟

是一個死的東西，不同的產品、不同的時期、不同的市場形勢、不同的產品開發團隊，都會碰到新的問題，每個團隊都需要引導。隨著華為推行 IPD 的深入，引導的職責（教練、指導）由更多掌握了引導技巧的管理者來完成，華為的運作也進入了一個良性循環的境界。這也是引導者工作的最高目標。

2001 年底，ESR（IPD30％推行專案之一）的產品開發代表事後撰文這樣評價引導員的價值：「IPD 流程第一次引入了引導者的角色。這是華為工作方法上的重大轉變。以前不管是 QA 還是鑑定部門，都像是守在終點線旁的裁判，當我們跌跌撞撞的跑到終點時，裁判告訴我們，你犯規了，必須回到起點重跑，結果只有兩種情況：(1) 迫於各方壓力，我們這次被放過了，但同時我們的品質無法保證。(2) 回到起點重跑，這樣不僅時間耽誤了，人力浪費了，運動員與裁判之間的牴觸情緒也增加了。產品開發不像賽跑，賽跑的規則定義了幾十年，運動員也不知練習過多少次了，如果有人犯規被裁判淘汰，大概不會產生多少歧義，但產品開發不一樣。首先大家都沒有經驗，我們還是蹣跚學步的小孩，哪裡會跑？更沒人有機會獲得十遍八遍的演練，再者規則的定義也容易引起歧義，造成理解不一致，這時就需要有一個教練來輔導我們前進。引導者的出現，使我們的工作由被動變為主動，他們不僅告訴我們流程應該怎麼走，遇到流程的問題或者是新的情況，還積極推動流程的改進和最佳化。」

華為 2001 年 30％的新啟動產品研究開發專案全面推行 IPD，70％的新啟動產品研究開發專案部分推行 IPD，2002 年全部產品研究開發專案全面推行 IPD。引導者是 IPD 推行的重要角色，負責指導 PDT 按照 IPD 流程的要求進行產品開發，並使 PDT 成員獲得了獨立運作的技能。引導員既是教練，又是啦啦隊長、治療專家、警察、聯絡員，他們有效的工作對確保華為 IPD 流程的成功推行，發揮了非常重要的作用。

9.2.2 管理體系的建立確保了 IPD推行的成功

2002 年，華為 IPD 進入全面推行階段，100％產品開發專案開始遵循 IPD 流程。華為基於 9 個產品線組建了 9 個 IPMT，來管理這些產品線的業務。當時流程和組織有了，還必須有一套管理體系來管理其運作，為此華為配套建立了 IPD 管理體系。

IPD 管理體系是 IPD 最為重要的使能器。它是一個基於專案和團隊的模型，是框架和決策規則，不隨著任何個人和流程的變化而變化。IPD 管理體系是整個公司研究開發將如何運作的角色模型，是一種新的整合業務運作方式。它也是內部衡量桿，透過它可以在公司內外判斷 IPD 的價值。

華為為了保證結構化流程和測試 PDT 的有效運作，首先在公司內建立了 IRB 和 IPMT，然後在不同的產品線按照結構化流程設計的時間要求，選擇了相應的專案並組建了 PDT。在整個 IPD 變革第二階段中，IRB 和 IPMT 負責對投資的決策、資源的調配、階段評審點的決策等工作，而 PDT 負責具體的開發任務，保證按時的將產品成功推向市場。與此同時，為了保證 IRB、IPMT、PDT 的有效運作和 IPD 的順利實施，對當時的組織結構進行了調整，一方面按照 IPD 的要求調整業務部門的組織體系；另一方面釐清與產品開發相關的各業務部門的角色、職責。2002 年，IPD 全面推行後，所有產品線和公司產品體系都按照 IPD 流程及管理體系運作。

IPD 管理體系的建立確保了 IPD 推行的成功，現在 IPD 及管理體系已經深入華為的骨髓和血液，使得華為成為世界領先企業，成功的進入了世界百大。

IPD 面向未來發展

華為公司過去的成功，能不能代表未來的成功？不見得。成功不是未來前進的可靠嚮導。成功也有可能導致我們經驗主義，導致我們步入陷阱。能不能成功，在於我們要掌握、應用我們的文化和經驗，並靈活的去實踐，這並不是一件容易的事情。

我們要沿著「簡單、快速」的思路，去考慮如何最佳化現有的研究開發組織，縮短流程、提高效率，一方面要繼承發揚，一方面要大膽思考改進。

—— 任正非

2011 年開始，隨著華為業務從營運商逐漸發展到服務領域、消費者業務、企業業務、雲端服務業務等，華為 IPD 最佳化發展一直在路上。

9.3.1　服務產業

華為為營運商提供通訊設備與網路，同時也提供專業服務。客戶線上設備維護的總量就有幾千億元，如果設備維護服務收取一定的費用，服務收入將是公司重要的收入來源，服務收入所產生的利潤比，遠大於製造收入產生的利潤比。所以將價值構築在服務上，2011 年起成為華為策略。

華為明確指出專業服務業務要聚焦華為公司自己的設備和網路，首先本身要實現有效成長、貢獻利潤，同時透過 Service Lead 的解決方案，帶動華為自有產品銷售，支持公司通路策略。專業服務包括：網路技術顧問、網路規劃設計、網路整合、面向未來網路 Softcom 的整合、網路最佳化及客戶體驗管理、客戶支援服務等通路服務業務，站點建造工程及能源改造類的系統整合、管理服務等非通路業務。

一、服務產品特點

服務產品是面向典型的客戶場景，能夠獨立、持續的銷售，能解決客戶一類需求或問題的通用服務方案。

多數服務產品不進行批量製造，不需要進行試產驗證，有些服務產品需要及時隨產品或解決方案推出，進行配套銷售，故服務產品與物理產品及解決方案之間，是協同和交叉銷售的關係。

華為董事長梁華在 2012 年全球交付與服務第二季度工作會議上的演講指出：「持續經營是服務的天然優勢，專業服務和交付要形成協同優勢，要為其他產品提供線索，既幫助客戶解決問題，同時我們也獲得了生意，真正實現雙贏。」

二、IPD 面向服務業務的發展

2012 年，華為公司對服務的要求是，服務要實現產品化，實現大部分服務場景有相似的銷售方式（提高可銷售性），有類似的交付方法和步驟（降低交付成本），能保持客戶的體驗基本一致（提高客戶滿意度），實現服務可複製、可客製。

為了使服務可複製，必須有一套從服務產品規劃、開發、生命週期管理的端到端的管理體系。

華為從 2011 年開始透過 IPD-S 專案來建立適合服務產品開發的流程，目前已經建立了服務工具和平臺的投資機制及完善的流程和管理體系。華為成立了服務產品線，透過平臺和工具建設、專業人才和專家團隊建設、客戶視角的流程建設等，來提升華為專業服務的能力和業務效率。

服務產品開發與物理產品開發不同，沒有試產驗證環節，因此合併了開發驗證階段。服務產品很多是與物理產品一起交付的，所以里程碑協同對齊及管理非常重要。服務產業投資、研究開發管理方法與物理產品管理的方法是相同的。

2013 年 5 月，GTS 總裁梁華在 IPD-S 全球推行開工會上指出：「經過服務 IPD 專案，我們明確了服務 Portfolio 的六層結構，這六層結構把服務在哪一層賣、在哪一層開發等定義得非常清楚。同時服務 IPD 的方案對服務需求的管理、服務產品的開發、服務生命週期的管理，以及上市、銷售、交付等方面的流程已經描述得比較清楚了。」

2018 年，華為向全球 170 多個國家和地區的 1,500 多張網路提供專業服務，服務收入約占營運商總收入的三分之一。

9.3.2　消費者業務

華為最早成立了話機事業部開發電話機，後來因為產品品質等多種原因解散。2003 年開始因為 3G 網路設備沒有終端不好賣，又開始做終端，並成立了終端公司。公司曾經認為手機業務做不長久，要在全球打造一個消費品牌並建立通路和零售體系是很困難的，故想把終端賣掉，因為沒有達成一致而沒有賣掉。剛開始做手機時，開發了 100 多款，後來綁定營運商做客製手機開發，發展緩慢。直到 2011 年三亞會議，明確了「終端競爭力的起點和終點，都是源自最終消費者，要以消費者為中心」後，開始真正以滿足消費者需求為導向來做終端產品，特別是手機產品，華為消費者業務才走上了快速發展軌道。7 年過去，2018 年消費者業務收入 17,445 億元，占公司總收入的 48.4%。

一、消費者業務特點

消費者業務聚焦提供面向消費者使用的網路終端產品，包括手機、電腦、智慧型穿戴、智慧型家居等，它與營運商產品有很大不同。終端產業是一個產品概念、商業模式、技術不斷產生和變化的產業。產業發展快，顛覆也快，具有典型的「海鮮」市場特徵。

1. 終端面對的是廣大的消費群，並不是所有消費者需求都要滿足，因此需求洞察能力和設計能力是關鍵。
2. 產品推出時間快，一般 6 個月到 1 年。
3. 產品生命週期短，如手機一般半年到一年，競爭激烈，如果不能抓住機會窗口，銷量影響非常大，管理不好將帶來庫存風險。
4. 產品上市發表對消費者了解產品、激發購買欲望，對跨越銷售裂谷、銷量快速成長至關重要，需要精心策劃，行銷供貨應協調一致行動。
5. 銷售量大，採購零件量大，但也容易產生腐敗。

二、IPD 面向消費者業務的發展

終端發展的本質是要做好產品。沒有高品質的產品，不可能有好的口碑和好的品牌形象。產品是基石，如果產品做不好，消費者 BG 一切工作都沒有基礎。品質是終端立足之本，終端必須顧好產品品質，嚴格控制終端產品的出廠品質。必須改善服務，提高使用者經驗。品質、體驗、服務這三個方面是消費者能夠直接接觸到、親身感受到的，是構成口碑的三個關鍵要素。

華為發展公開市場 2C 業務，需要建立適合消費者業務發展的流程和管理體系。華為一直秉承開放的心態學習行業標竿：學 Nokia，學蘋果和三星，也學習 OPPO、vivo 和小米做得好的地方，建設與整理出適合消費者業務的行銷、研究開發、通路與零售、服務等流程與 IT。

終端產品開發進度是最大的問題，機會窗口很短，一款機型如果按規劃的時間做出來，應該很有競爭力，如果不能按規定的時間做出產品，晚三個月、半年，就一點競爭力都沒有了。

IPD 的核心理念是並行開發，是適合終端產品開發的。但手機既是一件電子產品又是一件藝術品，需要外觀漂亮，結構緊實，輕薄、可靠、防摔。一款新機要開新模，採用最新的技術和工藝，內部空間小，需要精心布局，裝配驗證，軟硬體並行開發驗證，才能縮短開發週期。產品上市發表前，零

售鋪貨和電商要準備到位，保障貨源充足。故 IPD 適用在消費者業務需要增加外觀設計、模具修模、新工藝驗證等活動。操作系統、APP 應用軟體需要不斷最佳化，故適合採用 DevOps 開發模式。

　　面向公開市場發展 2C 業務，需要加強產品行銷和品牌宣傳。華為以前是營運商設備提供商，營運商客戶總共就 300 多個，所以只做定點宣傳到客戶就可以了。但是消費者業務面對全球消費者，不能也固守「酒香不怕巷子深」。品牌對 2C 業務至關重要，品牌是公司最核心的資產和策略，包括產品、公司形象、行銷傳播、消費者的購買體驗和服務體驗等所有消費者能感知的要素總和。品牌的本質是品質和對客戶的誠信，廣告和行銷活動是提升品牌、增加銷售收入的方式之一。需要重新打理、最佳化、強化產品上市發表流程，加強產品 IMC（整合行銷傳播），進行立體品牌宣傳。

　　消費品越來越時裝化，競爭激烈，生命週期管理非常重要也特別適合消費者業務。需要加強市場上消費品表現監控，及時調整對策，做好新產品上市和舊產品下市工作。同時終端行業平均利潤薄，消費者 BG 需要堅持大膽創新，做好晶片、軟硬體平臺，模組盡量標準化、歸一化，降低成本，提高終端產品競爭力和盈利能力。

　　手機產品機會窗口短，一旦滯銷或新產品推出，庫存積壓會帶來經營風險。任正非說，終端發展的兩個死結：一個是內部腐敗，一個是庫存。所以要掌控好供應計畫的準確性和提高回應速度，提前做好關鍵器件採購，縮短供應週期，加大供應彈性，同時要從流程制度上防止因為大量採購、爆紅銷售可能帶來的腐敗問題。

9.3.3 企業業務

一、企業業務特點

　　華為 2011 年確定發展企業業務，成立了企業業務 BG。面向企業的 2B 業務涉及面廣，包括政府、金融、交通、能源、網際網路、媒體、教育、製造、零售等垂直行業。營運商業務是全球標準化的，大家都遵守 3GPP 和 ITU，而企業業務是本地化業務，沒有標準，不同的國家差異非常大。企業市場區別於營運商市場的根本特點就是「客戶多、形態多」，「單多、單小」。

　　面向企業市場，根據其特點要改變原先適用於少數大客戶的直銷／直供／直服的銷售模式。從接觸客戶的方式開始，要借用媒體、廣告、網路的方式；在銷售、交付和服務過程中，要共享業界已有的交易平臺──各類通路合作夥伴；要使產品和解決方案更加簡單、易用；在與通路、客戶的合作過程中，要簡單高效低成本，就要更多的依靠標準化的流程和 IT 系統。

　　為符合企業市場的特點，產品和解決方案也要做出一些改變。第一，針對不同企業的產品規格和容量做到系列化，而不是像經營營運商主系統一樣。第二，要簡化交易、交付和服務過程，產品要做到「三標一免」（配置標準化、價格標準化、合約標準化、免工勘），「3 免 9 自」（3 免：免勘測、免安裝〔軟體〕、免調測;9 自:自規劃、自安裝〔硬體〕、自配置、自升級、自修補、自診斷、自處理〔故障〕、自更換、自調整）。第三，由於是支撐性和辦公型系統，大部分企業客戶對技術先進性並不敏感，他們需要的是解決實際問題，並不希望對你的產品有太專業的理解。比如金融行業的客戶，他們要的是「匯款匯得快」（解決方案），而不是「風扇轉得快」（產品技術），這對產品資料和技術交流等也提出了更高的要求。第四，由於要和主業務系統配合使用，所以產品還必須符合不同行業的標準，呈現出不同的行業特徵。這些都需要在面向企業客戶時有系統的加以解決。

　　企業業務與營運商業務的差異如表 9-1 所示。

表 9-1　企業業務與營運商業務的比較

層面	企業業務	營運商業務
客戶	客戶類型多、數量多、跨度大、分布廣、散 · NA：目標集中 High Touch 客戶，聯合 AP／IS 拓展市場 · 商業市場：主要以行業「營」的方式 Low Touch 客戶，聯合各類合作夥伴拓展市場 · 分銷市場：依靠 NA 建立的基準線和普遍的品牌知名度，聯合分銷通路拓展市場	· 清晰的有限客戶，目標集中
產品與解決方案開發	· 客戶多、散，每個行業都有特定需求，需要主動洞察、聯合創新，要求整體解決方案 · 行業標準化程度低，存在事實標準 · 市場求新求變，機會窗口窄，產品交付需要更快、更敏捷	· 有清晰的目標，客戶需求清晰，容易聚焦 · 產品和技術發展路線相對穩定 · 標準化程度高
上市	· 上市週期短，GA 後必須做到全面就緒（行銷、通路、服務等），一次滿足品質要求 · 網站是品牌行銷、賦能、接觸客戶、產品導入的重要手段 · 報價器要給合作夥伴使用，不再是內部工具 · 分行業定價，通路定價	· 上市週期長，GA 後逐步上量
MKT	· 以營促銷，透過「營」產生需求和新的銷售線索 · 要與夥伴共同開展「營」的工作	· MKT 主要呈現在產品管理方面

① NA，Named Account，價值客戶。

② VAP，Value-Added Partner，經銷聯盟。

③ ISV，Independent Software Vendor，獨立軟體供應商。

層面	企業業務	營運商業務
銷售	· 上市多樣化：直銷、分銷、Hi-Touch、Mid-Touch，依賴通路生態鏈 · 價格相對透明，折讓成為一種商業模式 · 通路管理講數字 · 平均顆粒細微性小、單數多，交易需簡化	· 直銷為主 · 單單議價 · 通路管理數專案 · 顆粒度大 · 單數少
夥伴	· 通路夥伴 · 解決方案聯盟 · 服務夥伴 · 顧問夥伴	· 工程服務夥伴 · 顧問夥伴
競合	· IT 產業鏈，關注與合作夥伴的產業鏈競合	· CT 產業鏈，與供應商競合市場地盤
供應	· 需進行通路備貨、囤貨 · 要求快速到貨，從產品層面進行要貨預測	· 貨物直發 · 供貨持續時間長，從專案層面進行要貨預測
服務和交付	· 依賴間接服務、自助服務 · 嚴格按照 SLA（服務等級協定）的服務驗證	· 原廠服務 · 先服務，再收費
生命週期管理	· IT 類產品生命週期一般為 EOM 後 3～5 年 · EOX 溝通到核心價值客戶及價值通路，其他客戶公告通知	· CT 行業生命週期一般為 EOM 後 5～10 年 · EOX 溝通到大 T 客戶

華為面向企業市場定位為 ICT 基礎設施產品提供商，需要把產品嵌入合作夥伴的行業解決方案中，並透過合作夥伴交付面向最終客戶的行業解決方案。

二、IPD 面向企業業務的發展

企業業務也是 2B 業務，因此 IPD 整體上是適用的。華為最早期的 IPD 流程，對企業業務一些活動有定義，只是因為營運商業務的特點而逐步演化，反倒使得 IPD 流程在企業業務存在一些不適應，需要根據企業業務特點進行最佳化適配，建立起適合企業業務的快速回應的流程。

企業業務可以按照 IPD-Solution 流程進行解決方案開發，關鍵是要建構解決方案能力和整合能力。

產品的定案決策標準需要有些變化，目前的 IPD 流程從投入產出預測未來銷售額，企業業務有些產品要基於策略、基於未來競爭優勢來做決策。

行銷模式需要改變。華為的企業業務採用「被整合」策略，即以 High Touch ＋合作夥伴與分銷並重的市場模式面向客戶。選擇「被整合」策略的根本目的，是不與合作夥伴形成利益競爭關係，充分激發合作夥伴的積極性，是華為商業模式的選擇；其次是要有所為有所不為。不為追求短期的銷售而對各種專案大包大攬，從而消耗華為策略資源，偏離自己的業務主航道。合作在企業業務中具有非常重要的作用。

9.3.4　雲端服務業務

一、雲端服務轉型帶來的變化

隨著各行業數位化進程的深入，所有企業都必須能以雲端的方式面向客戶，雲端服務成為基本商業模式。面向客戶提供雲端服務，並幫助客戶和夥伴以雲端服務的方式實現商業變現，是華為的必然選擇。

對傳統 IT 廠商而言，向雲端服務轉型首先是商業模式的變革，是從「供應商＋客戶」到「開發＋營運」的轉變，商業模式的變革會驅動架構和開發模式產生變革，具體的變化如下。

1. 雲端軟體的商業模式變化

   ▶ 雲端軟體由賣 license 到賣服務（託管）方式。

   ▶ 軟體的部署，由過去分散小規模，轉為集中大規模。

   ▶ 客戶期望更快、更新、更好的特性和服務。

   ▶ 雲端服務商業競爭的法寶是快和體驗，按週發表特性。

2. 雲端軟體的系統架構變化

   ▶ 軟體架構模式的轉變，由過去 Silo、分層模型，轉為面向服務的架構（SOA）服務化、網狀模型。

   ▶ 由單租戶、集中式，轉為多租戶、服務化、分布式，系統用戶由百、千到現在上億用戶；因為要大規模、快速創新，這就要求軟體的子系統之間、服務與服務之間進一步解耦。

   ▶ 軟體子系統不再關注功能的全面／完備，而轉為關注精、專業以及介面的標準化，即一個子系統／服務只做一件事，這樣所有系統組成一個大平臺的時候，就類似樂高積木。

3. 雲端軟體的開發模式變化

   ▶ 全功能團隊／ Full Stack 工程師；小團隊自己規劃、自己決策、自己交付。

   ▶ 每個「人」都是圍繞業務目標，進行自我激發的，而不是依靠流程來驅動的。

   ▶ 雲端服務的核心競爭力是快和體驗，只有依靠小團隊、個人的自我激發才能實現。

DevOps 是 Development ＋ Operations 的組合，即開發＋營運，起源於軟體開發的一種方法，促進軟體開發、技術營運和品質保障等部門間的溝通和合作，具有 5 ～ 10 倍的 TTM 和效率優勢。但是，隨著 DevOps 理念的

發展，已經超越了一種研究開發模式的範疇，更是商業模式的變革，很多行業也會走向 DevOps 模式，比如，裝備製造業可以從賣製造設備走向賣製造服務，如同雲端服務的客戶從購買產品走向購買服務一樣，這種大服務的模式將重新建構客戶和供應商之間的商業關係。

DevOps 是軟體向雲端時代演進的必然趨勢。它是敏捷開發的演進，是從客戶的視角來看如何實現價值的快速開發和上市，增加可靠性的同時提高業務敏捷性，按需發表。

隨著華為 IT 企業業務和消費者業務的興起，華為的客戶也從營運商，逐漸擴展到公用雲用戶及終端消費者。2017 年，華為成立 Cloud BU 發展雲端服務業務。

華為雲端業務的策略是堅決投入，建構雲端服務核心能力和生態，抓住數位化轉型的機遇改變 IT 市場格局，成為重點行業雲端服務的領先者。建構華為及全球營運商的雲端服務產業聯盟，成為全球雲端服務的重要一員。結合自身優勢業務的雲端服務化，建構雲端服務的獨特競爭力。

二、IPD 面向雲端服務的發展

為發展雲端服務業務，需要對以下方面進行改變，並建立相適應的流程和管理體系。

· 商業決策：從基於階段（DCP ／ TR）的決策向基於商業案例的定期審視轉變。

· 行銷模式：採用網際網路的行銷模式。

· 產業鏈和生態：建立新的營運模式下聯盟合作、軟體合作夥伴管理及價值分配機制。

· 財務：適應網路交易和收費模式。

· 產品開發和交付模式：採用 DevOps 開發模式、快速線上交付業務或服務並運作維護。

因此，開發終點要延伸到運作維護營運端，對開發團隊考核不僅考核專案交付，還要考核長期業務績效，整個團隊要對商業成功負責。

華為進入雲端服務業務時間短，需要以更寬廣的胸懷不斷向業界，特別是向網路企業學習，建立適合軟體開發業務的組織模式和績效管理，不斷實踐、最佳化、完善，形成華為高效的雲端服務研究開發模式，支持華為雲端服務業務的發展。

9.4　TPM 與持續改進

9.4.1　實現 IPD變革成功，改進 TPM至關重要

IPD 變革的最終目標是獲得良好的業務效果，但 IPD 剛開始推行的兩到三年內，業務結果是不明顯的。那麼，如何衡量 IPD 推行進展和效果呢？華為採用 IPD 變革進展指標 (Transformation Progress Metrics，簡稱 TPM) 來衡量。TPM 是衡量 IPD 推行進展及業務成效的重要衡量指標，評估包括 9 類：業務分層、結構化流程、基於團隊的管理、產品開發、有效的衡量標準、專案管理、非同步開發、共用基礎模組、以用戶為中心的設計，並擴展到衡量功能部門能力和效率，如市場管理、研究開發、採購、製造。

TPM 運用開放式提問來發現 IPD 的推行狀況。評估時，評估者要對比業界標竿來衡量，既要考慮 IPD 推行的程度，又要考慮 IPD 推行的效果。透過完成問卷得出變革進展指標得分。該分數說明了公司處在哪個 IPD 階段，如果業界最佳公司進步了而自己沒有進步，則分數可能會降低，得分分為測試、推行、功能、整合、世界級 5 個級別。每年會就 TPM 評估後所提出的改進行動計畫進行追蹤，在下一年評估時回顧上一年行動計畫的改進進度和效果，並制定本年度行動計畫，形成閉環，促進業務和管理的持續改進。表 9-2 為 TPM 評估標準。

表 9-2　TPM 評估標準

推行程度	級別	推行效果	級別
0.1～1.0	測試：受控，有限的引入	0.1～1.0	測試：有部分成效，流程有較大缺陷
1.1～2.0	推行：在部分產品線／產品中開始推行	1.1～2.0	推行：關鍵衡量指標有部分改進，運作穩定，流程缺陷較小
2.1～3.0	功能：在大多數產品線／產品中進行推行，行為正在發生變化	2.1～3.0	功能：大多數衡量指標得到改進，實施有成效
3.1～4.0	整合：完成推行，文化已經變化	3.1～4.0	整合：大多數衡量指標有很大改進，實施非常有效，流程沒有缺陷
4.1～5.0	世界級：及時與新的 IPD 理念不斷保持一致	4.1～5.0	世界級：實施品質不斷提高，競爭力領先

　　經過 20 年的努力，華為 IPD TPM 得分從最初的 1.06 分提高到 2016 年的 3.6 分，達到了當初華為設定的 3.5 分的目標，這代表著 IPD 推行已經跳出研究開發內部，與周邊相關流程整合並有效運作起來，為公司的發展奠定了堅實的基石。

9.4.2　持續改進使 IPD 變成有生命的管理體系

　　IPD 從來不是一個死的體系，看今天的 IPD，跟 20 年前的 IPD，很多地方出現了根本性的變化。基於 TPM 評估，華為每年都會討論 IPD 怎樣最佳化、怎樣改進，同時還會不斷審視和最佳化 TPM 的評估問卷，這樣就使整個IPD 變成了一個有生命的體系。

　　不是每家公司推行 IPD 都會成功。從一開始，華為就著力制定了一系列變革進展衡量指標，管理層用這些指標來監督 IPD 的落地和效果。有了這些回饋，華為就能在過去的 20 年裡不斷實施和最佳化 IPD。

　　TPM 的實質就是在華為建立了一套 IPD 推行持續改進的機制，透過全員持續改進，實現客戶滿意和卓越的經營績效目標。透過不斷識別研究開發過程中的改進機會並實施改進，以持續提升研究開發品質、效率，降低研究開發成本、風險，最終形成持續改進的文化。

　　客戶的本能就是選擇品質好、服務好、價格低的產品。而這個世界又存在眾多競爭對手，品質不好，服務不好，就不用討論了，必是「死亡」這一條路。如果品質好、服務好，但成本比別人高，企業可以忍受以同樣的價格賣一段時間，但不能持久。因為長期消耗會使企業消耗殆盡，活下去都困難，更談不上發展。研究開發有競爭力的產品，離不開人才、技術、資金，而沒有管理，人才、技術、資金，形成不了力量。在網路時代，技術進步比較容易，而管理進步比較難，難就難在管理的變革，觸及的都是人的利益。因此企業間的競爭，說穿了是管理競爭，企業與企業的較量，最後拚的是綜合實力。

　　世界上唯一不變的就是變化。企業只有與時俱進、持續不斷的改進管理，提升核心競爭力，才能一直活下去。華為追求持續不斷、孜孜不倦、一點一滴的改進，促使管理的不斷改良。只有在不斷改良的基礎上，華為公司才會離先進國家業界最佳公司的先進管理越來越近。華為核心價值觀要求每個人、每個團隊，每個組織都要持續改進，持續改進早已成為華為公司文化和核心價值觀的不可或缺的一部分。透過持續改進，建立一套不斷適應市場和客戶發展需求，持續保持研究開發競爭力的活的 IPD 管理體系，並且不斷更新評估內容和標準，與業界最佳對標，華為就能立於不敗之地。

　　過去 20 年，IPD 已最佳化了 8 個大版本，支持了華為在通訊業務領域的成功，「從偶然到必然」；面向未來，華為 2019 年初已明確提出透過 IPD2.0 變革，支持華為 2030 年策略目標的實現，「從不可能到可能」。

　　任正非指出，人類探索真理的道路是否定、肯定、再否定，不斷反思、自我改進和揚棄的過程。自我批判與改進的精神代代相傳，新生力量發自內心的認同並實踐自我批判與改進，就能保證華為未來的持續進步。

縮略語表

[001] 3GPP，The 3rd Generation Partnership Project，第三代行動通訊合作計畫，是一個國際電信標準化組織，3G 技術的重要制定者。

[002] ADCP，Availability Decision Check Point，可獲得性決策評審點。

[003] ADSL，Asymmetric Digital Subscriber Line，非對稱數位用戶線路，提供的上行和下行不對稱頻寬，是一種資料傳輸方式。

[004] AI，Assembly to Order Item，裝配件，構成固定，按 MRP 計畫在工廠進行裝配，可直接銷售的庫存專案。

[005] AOC，ATO Option Class Item，ATO 可選類，指可供客戶選擇，具有某種共同特徵的PART的集合。該PART無庫存，本身不須裝配，但參與下一道工序的裝配。

[006] API，Application Programming Interface，應用程式介面。

[007] ASIC，Application-Specific Integrated Circuit，特殊應用積體電路。

[008] ATO，ATO Model Item，按訂單裝配。指按訂單生產的需要裝配調測的產品模型，清單內容可以選配。

[009] BB，Building Block，基礎模組。

[010] BG，Business Group，是華為公司 2011 年組織改革中按客戶群向度建立的業務集團。

[011] BOM，Bill of Materials，物料清單。

[012] BP，Business Plan，商業計畫，指華為公司年度商業計畫。

[013] BU，Business Unit，業務單位，指按產品或解決方案向度建立的產品線。

[014] CAPEX，Capital Expenditures，資本支出。

[015] CBB，Common Building Block，共用基礎模組。指那些可以在不同產品、系統之間共用的單元。

[016] CDCP，Concept Decision Check Point，概念決策評審點。

[017] CDMA，Code Division Multiple Access，分碼多重進接，是指一種擴頻多重數位式通訊技術，應用於 800MHz 和 1.9GHz 的超高頻（UHF）行動電話系統。

[018] CDP，Charter Development Process，任務書開發流程。

[019] CDT，Charter Development Team，任務書開發團隊。

縮略語表 ———————————

[020] CEG，Commodity Expert Group，採購專家團。

[021] CMM，Capability Maturity Model，能力成熟度模型。它是由美國卡內基梅隆大學的軟體工程研究所制定，被全球公認並廣泛實施的一種軟體開發過程的改進評估模型。

[022] CMMI，Capability Maturity Model Integration，能力成熟度模型整合。它是在 CMM 基礎上，把所有的 CMM 以及發展出來的各種能力成熟度模型，整合為一個單一框架，以更加系統化和一致的框架來指導組織改善軟體過程。

[023] CSQC，Customer Satisfaction and Quality management Committee，客戶滿意與品質管理委員會。

[024] DCP，Decision Check Point，決策評審點。

[025] DI，Density of Issues，遺留問題密度。

[026] EBO，Emerging Business Opportunity，新興商業機會。

[027] EC，Engineering Change，工程變更。

[028] eCl@SS，是用於劃分和描述產品和服務類別的國際化標準。它按產品規格具備不同的架構層次，並能進行精確的描述和認定。

[029] EMS，Equipment Manufacturing Supplier，設備製造供應商。

[030] EMT，Executive Management Team，經營管理團隊，它是華為公司經營、客戶滿意度的最高責任機構。

[031] EOFS，End of Full Support，停止全面支援。

[032] EOM，End of Marketing，停止銷售。

[033] EOP，End of Production，停止生產。

[034] EOS，End of Service & Support，停止服務與支援。

[035] ERP，Enterprise Resource Planning，企業資源計畫，是一種主要面向製造行業進行物質資源、資金資源和資訊資源整合一體化管理的企業資訊管理軟體組合。

[036] ESP，Early Support Program，早期客戶支援。

[037] ESS，Early Sales & Support，早期銷售支援。

[038] E2E，End to End，端到端。

[039] FRACAS，Failure Report Analysis and Corrective Action System，故障報告、分析及糾正措施系統。

[040] GA，General Availability，一般可獲得性，是產品可以批量交付給客戶的時間點。

[041] GSM，Global System for Mobile Communications，全球行動通訊系統。

[042] GTAC，Global Technical Assistance Center，全球技術支援中心。

[043] GTS，Global Technical Service，全球技術服務部。

[044] ICT，Information And Communication Technology，資訊和通訊技術。

[045] IETF，Internet Engineering Task Force，網際網路工程任務組。

[046] IPD，Integrated Product Development，整合產品開發，是一套產品開發的模式、理念與方法。

[047] IPMT，Integrated Portfolio Management Team，整合組合管理團隊，是華為代表公司對某一產品線的投資的損益及商業成功負責的跨部門團隊。

[048] IPR，Intellectual Property Rights，智慧財產權。

[049] IRB，Investment Review Board，投資評審委員會，是華為公司負責業務領域的產品與解決方案的投資組合和生命週期管理，對投資的損益及商業成功負責的組織。

[050] ISC，Integrated Supply Chain，整合供應鏈。它是由原材料、零部件的廠家和供應商等整合起來組成的網絡，透過計畫、採購、製造、訂單履行等業務運作，為客戶提供產品和服務的供應鏈管理體系。

[051] ISV，Independent Software Vendor，獨立軟體供應商。

[052] IT，Information Technology，資訊技術。

[053] ITIL，Information Technology Infrastructure Library，資訊技術基礎架構庫。

[054] ITMT，Integrated Technology Management Team，整合技術管理團隊。

[055] ITO，Inventory Turn Over，庫存周轉率或庫存周轉天數。

[056] ITR，Issue to Resolution，問題到解決。它是華為面向所有客戶服務請求到解決端到端的流程。

[057] ITU，International Telecommunication Union，國際電信聯盟。

[058] JAD，Joint Agile Delivery，聯合敏捷交付。

[059] JAO，Joint Agile Operation，聯合敏捷運行維護。

[060] JAP，Joint Agile Planning，聯合敏捷規劃。

[061] JDC，Joint Product Definition Community，聯合產品定義社群。

[062] JIC，Joint Innovation Center，聯合創新中心。

縮略語表 ———————————————————

[063] KPI，Key Performance Indicator，關鍵績效指標。

[064] LMT，Lifecycle Management Team，生命週期管理團隊。

[065] LTC，Lead to Cash，線索到回款。它是華為從線索、銷售、交付到回款端到端的業務流程。

[066] LTE，Long Term Evolution，長期演進，是由 3GPP 組織制定的 UMTS 技術標準的長期演進，是 3G 技術的升級版本，嚴格的講 LTE 只是 3.9G。

[067] MFR，Manufacturing Review，製造評審。

[068] MM，Marketing Management，市場管理。

[069] MR，Marketing Review，市場評審。

[070] NA，Named Account，價值客戶。

[071] NC，Named Channel，重點管道。

[072] NFV，Network Functions Virtualization，網路功能虛擬化。

[073] NGN，Next Generation Network，次世代網路，是一種業務驅動型的分組網路。

[074] OBP，Offering Business Plan，產品包年度商業計畫。

[075] ODP，Offering Definition Process，Offering 定義流程。

[076] OPEX，Operating Expense，是指企業的營運成本。

[077] OR，Offering Requirement，組合需求，又叫產品組合需求，包括內外部客戶需求。

[078] OSBP，Offering/Solution Business Plan，產品組合／解決方案商業計畫。

[079] OTT，即 Over The Top 的縮寫，是指越過營運商，發展基於網際網路的各種影片及資料等業務服務。

[080] PBI，Product Base Information，產品基礎資訊。

[081] PCN，Product Change Notice，產品變更通知。

[082] PCR，Plan Change Request，計畫變更請求。

[083] PDC，Portfolio Decision Criteria，組合決策標準，華為公司評估投資優先級的工具。

[084] PDCP，Plan Decision Check Point，計畫決策評審點。

[085] PDT，Product Development Team，產品開發團隊。

[086] PDU，Product Development Unit，產品開發部。

[087] PH，Phantom Item，虛擬專案。

[088] PI，Purchased Item，採購專案。

[089] PM，Project Manager，專案經理。

[090] PMBOK，Project Management Body of Knowledge，專案管理知識體系，由美國專案管理協會（PMI）定期更新。

[091] PMP，Project Management Professional，指專案管理專業人士資格認證。它是由美國專案管理協會（PMI）發起的，評估專案管理人員知識技能是否具有高品質的資格認證考試。

[092] PMT，Portfolio Management Team，組合管理團隊。

[093] POC，PTO Option Class Item，PTO 可選類，一個直接發貨的 PART 的集合，直接用於訂單發貨。

[094] POR，Procurement Review，採購評審。

[095] PQA，Product Quality Assurance Engineer，產品品質保證工程師。

[096] PSST，Products & Solutions Staff Team，產品和解決方案實體組織辦公會議，是研究開發實體組織進行日常商業決策與營運管理的平臺。

[097] PTO，Pick To Order Model，按訂單挑選發貨。是既含按訂單裝配的 ATO 模型，又含無須裝配而只用於發貨的其他物料的一個產品模型的混合體。

[098] QCC，Quality Control Circle，品質控制圈，是由基層員工組成，自主管理的品質改進小組。

[099] QMS，Quality Management System，品質管理體系。

[100] RAT，Requirement Analysis Team，需求分析團隊。

[101] RDP，Roadmap Planning，路線規劃。

[102] RDR，Research and Development Review，研究開發評審。

[103] RMT，Requirement Management Team，需求管理團隊。

[104] RoI，Return on Investment，投資報酬率。

[105] ROADS，Real time，On demand，All online，DIY，Social，全線上、自助設置、按需即時享受資訊服務和社交分享。

[106] Scrum，是一種疊代增量式軟體開發過程，通常用於敏捷軟體開發。

[107] SDN，Software-Defined Networking，軟體定義網路，是一種新型網路創新架構。

縮略語表

[108] SDT，Solution Development Team，解決方案開發團隊。

[109] SE，System Engineer，系統工程師。

[110] SI，Supply Item，供應專案。

[111] SIT，System Integration Test，系統整合測試。

[112] SMT，Solution Management Team，解決方案管理團隊，華為代表 IRB 管理跨產品線解決方案投資決策的組織。

[113] SOA，Service-Oriented Architecture，面向服務的架構。

[114] SP，Strategy Plan，策略規劃，指公司及各規劃單位的中長期發展計畫。

[115] SPDT，Super Product Development Team，超級產品開發團隊。它作為一個獨立產業的經營團隊，直接面向外部獨立的細分市場，對本產業內的端到端經營損益及客戶滿意度負責。

[116] SR，Service Review，服務評審。

[117] ST，Staff Team，辦公會議，華為公司實體組織進行日常業務協調與決策的平臺，對組織內的營運事務進行日常管理。

[118] SWOT，Superiority Weakness Opportunity Threats，態勢分析法。

[119] TCO，Total Cost of Ownership，整體擁有成本。

[120] TD，Technology Development，技術開發流程。

[121] TDR，Technical Development Review，技術開發評審。

[122] TDT，Technology Development Team，技術開發團隊。

[123] TMG，Technical Management Group，技術專家組，是專項技術專家組成的團隊。

[124] TMT，Technology Management Team，技術管理團隊。

[125] TMS，Technical Management System，技術管理體系。

[126] TPM，Transformation Progress Metrics，變革進展指標。

[127] TPMT，Technology Portfolio Management Team，技術組合管理團隊。

[128] TPP，Technology Planning Progress，技術規劃流程。

[129] TR，Technical Review，技術評審點。

[130] TTM，Time To Market，上市時間。

[131] UCD，User Centered Design，以使用者為中心的設計。

[132] UMTS，Universal Mobile Telecommunications System，通用行動通訊系

統，一種第三代行動技術，用於發送速率達 2Mbit/s 的寬頻資訊。

[133] UNSPSC，The Universal Standard Products and Services Classification，是第一個應用於電子商業的產品與服務分類系統。

[134] VAP，Value-Added Partner，經銷聯盟。

[135] WBS，Work Breakdown Structure，工作分解結構，專案管理術語，是對專案團隊為實現專案目標，創建所需可交付成果而需要實施的全部工作範圍的層級分解。

[136] WCDMA，Wideband Code Division Multiple Access，寬頻分碼多工接取，是第三代無線通訊技術之一。

縮略語表 ————————————————

後記

　　這是一本講述華為研究開發投資與管理理念、流程、管理方法與實踐的書，華為今天能發展和逐步領先，進入世界 100 強，得力於華為長期遵從並不斷完善這套研究開發投資管理體系。正是有了這套體系，華為才能持續制度化的提供品質好、成本低、滿足客戶需求且有市場競爭力的產品和解決方案。

　　編寫這部書，始於 3 年前。2016 年 8 月我作為編委及責任編輯，協助完成黃衛偉主編、中信出版社出版的《以客戶為中心》一書之後，輪值董事長徐直軍先生要求我組織編寫一本講華為研究開發理念與實踐的書。最初的想法是基於華為公司內部整理的《IPD 業務管理綱要》來編，並已完成書稿，但考慮到可讀性和實用性，我組織華為原 IPD 變革專案組成員、相關研究開發部門主管與專家對新書架構、關鍵概念和寫作大綱進行了多次討論，之後對整部書進行重新編寫，歷時近 3 年，經多次修改，現在才呈現給大家。

　　在本書出版之際，特別要感謝徐直軍先生，他百忙中還對書稿進行逐字逐句的審改並親自作序。還要感謝公司的相關主管和專家，他們提供了相關素材和實際案例，使得本書不至於流於空洞說教、缺乏實用價值。

　　華為是一家長期專注研究開發投入，堅持開放創新，不斷掌握核心專利和技術，具有核心競爭力的高科技企業。希望本書的出版有助於讀者了解真實的華為，為企業管理研究開發投資，提升研究開發能力與產品核心競爭力提供參考和借鑑。由於編者能力有限，書中難免有錯誤遺漏之處，歡迎批評指正。

夏忠毅

從執行到升級，從偶然到必然：

理念、流程、方法、實踐，最深入、最真實的華為研究開發與投資管理

編　　著：夏忠毅

發 行 人：黃振庭

出 版 者：崧燁文化事業有限公司

發 行 者：崧燁文化事業有限公司

E - m a i l：sonbookservice@gmail.com

粉 絲 頁：https://www.facebook.com/
　　　　　sonbookss/

網　　址：https://sonbook.net/

地　　址：台北市中正區重慶南路一段六十一號八
　　　　　樓 815 室

Rm. 815, 8F., No.61, Sec. 1, Chongqing S. Rd.,
Zhongzheng Dist., Taipei City 100, Taiwan

電　　話：(02)2370-3310

傳　　真：(02)2388-1990

印　　刷：京峯彩色印刷有限公司（京峯數位）

律師顧問：廣華律師事務所 張珮琦律師

定　　價：420 元

發行日期：2022 年 09 月第一版

◎本書以 POD 印製

國家圖書館出版品預行編目資料

從執行到升級，從偶然到必然：理
念、流程、方法、實踐，最深入、
最真實的華為研究開發與投資管理
/ 夏忠毅編著 . -- 第一版 . -- 臺北市
：崧燁文化事業有限公司 , 2022.09
　　面 ；　 公分
POD 版
ISBN 978-626-332-717-7(平裝)
1.CST: 華為技術有限公司 2.CST:
企業管理
494　　　 111013789

電子書購買

臉書

獨家贈品

親愛的讀者歡迎您選購到您喜愛的書,為了感謝您,我們提供了一份禮品,爽讀 app 的電子書無償使用三個月,近萬本書免費提供您享受閱讀的樂趣。

ios 系統

安卓系統

讀者贈品

請先依照自己的手機型號掃描安裝 APP 註冊,再掃描「讀者贈品」,複製優惠碼至 APP 內兌換

優惠碼(兌換期限2025/12/30)
READERKUTRA86NWK

爽讀 APP

📖 多元書種、萬卷書籍,電子書飽讀服務引領閱讀新浪潮!

🎧 AI 語音助您閱讀,萬本好書任您挑選

🔍 領取限時優惠碼,三個月沉浸在書海中

🔔 固定月費無限暢讀,輕鬆打造專屬閱讀時光

不用留下個人資料,只需行動電話認證,不會有任何騷擾或詐騙電話。